1+X 职业技能等级证书（数控车铣加工）系列教材

数控车铣加工理论考试指导

武汉华中数控股份有限公司　组编

主　　编　谭赞武　伍贤洪　熊艳华
副 主 编　李　强　姚　钢　王玉方　周世权　王宝刚
参　　编　张　剑　许孔联　肖林伟　朱　雷　史立峰
　　　　　杨开怀　冯　娟　段睿斌
主　　审　蒋荣良　宁　柯

机械工业出版社

本书以数控车铣加工职业技能等级标准为依据，紧扣标准考核大纲，对应理论题库各项目内容，包括机械制图、公差与测量技术、机械设计基础、机械制造基础、工程材料及热处理、金属切削原理与刀具等 20 个模块。

本书各模块均包含考核点、考题样例两个部分。考核点描述简洁，是技能等级标准与考核大纲要求必须背记和掌握的内容；考题样例精选理论题库中有代表性的、易错的考题，均附有参考答案，标注了适用等级，并根据考题难易程度适当地进行了解析。

本书适合数控车铣加工职业技能等级证书（初、中、高级）理论考试考前培训及复习使用，也可供全国中等、高等职业院校相关专业师生参考使用以及相关从业人员培训使用。

图书在版编目（CIP）数据

数控车铣加工理论考试指导/武汉华中数控股份有限公司组编；谭赞武，伍贤洪，熊艳华主编. —北京：机械工业出版社，2023.2

1+X 职业技能等级证书（数控车铣加工）系列教材

ISBN 978-7-111-72461-2

Ⅰ.①数… Ⅱ.①武… ②谭… ③伍… ④熊… Ⅲ.① 数控机床-车床-加工工艺-职业技能-鉴定-教材②数控机床-铣床-加工工艺-职业技能-鉴定-教材 Ⅳ.①TG519.1 ②TG547

中国国家版本馆 CIP 数据核字（2023）第 010890 号

机械工业出版社（北京市百万庄大街 22 号　邮政编码 100037）
策划编辑：汪光灿　　　　　责任编辑：汪光灿　杨　璇
责任校对：张晓蓉　张　薇　封面设计：鞠　杨
责任印制：李　昂
唐山三艺印务有限公司印刷
2023 年 5 月第 1 版第 1 次印刷
184mm×260mm・19.25 印张・476 千字
标准书号：ISBN 978-7-111-72461-2
定价：59.80 元

电话服务　　　　　　　　　　网络服务
客服电话：010-88361066　　　机　工　官　网：www.cmpbook.com
　　　　　010-88379833　　　机　工　官　博：weibo.com/cmp1952
　　　　　010-68326294　　　金　书　网：www.golden-book.com
封底无防伪标均为盗版　　　　机工教育服务网：www.cmpedu.com

1+X 职业技能等级证书(数控车铣加工)系列教材编审委员会（排名不分先后）

顾　问　陈吉红　宋放之　汤立民　陈晓明
主　任　龚方红　蒋荣良　刘怀兰　向罗生　杨　斌
副主任　李　强　舒大松　许孔联　王　骏　裴江红
　　　　　欧阳波仪　郭文星　周世权　高　倩　詹华西
　　　　　禹　诚　张伦玠　孙海亮　周　理　宁　柯
秘书长　刘怀兰

1+X 职业技能等级证书（数控车铣加工）系列教材编写委员会（排名不分先后）

总　编	刘怀兰				
副总编	李　强	许孔联	王　骏	周远成	唐立平
	谭赞武	卓良福	聂艳平	裴江红	欧阳陵江
	孙海亮	周理宁	柯	熊艳华	金　磊
	汪光灿				
委　员	王　佳	谭大庆	王振宇	伍贤洪	何延钢
	张　鑫	史家迎	毕亚峰	罗建新	刘卫东
	蔡文川	赵建林	周世权	张李铁	陈瑞兵
	杨　铨	裘旭东	黄　丽	廖璘志	宋艳丽
	张飞鹏	黄力刚	戴护民	梁　庆	徐　亮
	周　奎	林秀朋	韩　力	金文彬	骆书芳
	王玉方	张　剑	肖林伟	朱　雷	孙中柏
	阎辰浩	王宝刚	车明浪	段睿斌	史立峰
	杨开怀	冯　娟	唐满宾	姚　钢	董海涛
	范友雄	谭福波	吴志光	杨　林	杨珍明
	谢海东	张　勇	高亚非	董　延	张　虎
	刘　玲	欧阳波仪	马延斌	高淑娟	王翠凤
	余永盛	齐　壮	马慧斌	朱卫峰	卢洪胜
	喻志刚	陆忠华	魏昌洲	徐　新	程　坤
	黄志辉	曹旺萍	杨　飞	孙晓霞	赵青青
	李银标	闫国成	裴兴林	刘　琦	孙晶海
	张小丽	郭文星	李跃中	石　磊	吴　爽
	张文灼	张李铁			

1+X 职业技能等级证书(数控车铣加工)系列教材联合建设单位（排名不分先后）

无锡职业技术学院	池州职业技术学院
湖南网络工程职业学院	河北机电职业技术学院
湖南工业职业技术学院	宁夏工商职业技术学院
机械工业出版社	山西机电职业技术学院
武汉第二轻工学校	黑龙江职业技术学院
宝安职业技术学校	沈阳职业技术学院
武汉职业技术学院	集美工业学校
陕西工业职业技术学院	武汉高德信息产业有限公司
南宁职业技术学院	高等教育出版社
长春机械工业学校	武汉重型机床集团有限公司
吉林工业职业技术学院	中国航发南方工业有限公司
河南工业职业技术学院	中航航空高科技股份有限公司
黑龙江农业工程职业学院	湖北三江航天红阳机电有限公司
内蒙古机电职业技术学院	中国船舶重工集团公司第七一二研究所
重庆工业职业技术学院	吉林省吉通机械制造有限责任公司
湖南汽车工程职业学院	中国航天科工集团公司三院一五九厂
河南职业技术学院	湖北三江航天红峰控制有限公司
九江职业技术学院	宝鸡机床集团有限公司

序

为进一步深化产教融合，国务院在发布的《国家职业教育改革实施方案》中明确提出：在职业院校、应用型本科高校启动"学历证书+若干职业技能等级证书"制度试点工作。方案中明确了开展深度产教融合、"双元"育人的具体指导政策与要求，其中，1+X证书制度是统筹考虑、全盘谋划职业教育发展，推动企业深度参与协同育人和深化复合型技术技能人才培养培训而做出的重大制度设计。

武汉华中数控股份有限公司是国产装备制造业龙头企业和第三批"数控车铣加工职业技能等级证书"与"多轴数控加工职业技能等级证书"培训评价组织，为了高质量实施数控1+X方向职业技能等级证书制度试点工作，应广大院校要求，公司组织无锡职业技术学院、湖南网络工程职业学院和湖南工业职业技术学院等多所院校和企业共同编写了本系列教材。

本教材是1+X职业技能等级证书（数控车铣加工）系列教材，是根据教育部数控技能型紧缺人才培养培训方案的指导思想及数控车铣加工职业技能等级证书标准要求，结合当前数控技术的发展及学生的认知规律编写而成。本系列教材采用了典型工作任务的教学方法，采用国内通用的CAD/CAM软件，由浅入深地介绍数控车铣综合加工的数控加工工艺、编程方法和加工技巧，使学习者能够更好地掌握理解零件工程图，读懂和设计工艺文件，编制数控加工程序，最终完成复杂零件数控加工的全过程。

本系列教材适用于参与数控车铣加工1+X证书制度试点的中职、高职、职教本科、应用型本科高校和本科层次职业教育试点院校中装备制造大类相关专业的教学和培训，同时也适用于企业职工和社会人员的培训与认证等。

通过这套系列教材中的实际案例和详实的工艺分析可以看出，编者们为此付出了辛勤的劳动。相信这套系列教材的出版一定能给准备参加数控车铣加工1+X证书考试的学习者带来收获。同时，也希望这套系列教材可以在数控技能培训与教学以及高技能人才培养中发挥出更好的作用。

第41届至第46届世界技能大赛
数控车项目中国技术指导专家组组长
宋放之

前　言

随着自动化、数字化、网络化、智能化技术的快速发展及广泛应用，制造业的人才需求由某一个领域单一技术的技能人才转变为"通才+专才"复合类型的高素质技术技能人才。为进一步深化产教融合，国务院在发布的《国家职业教育改革实施方案》中明确提出：在职业院校、应用型本科高校启动"学历证书+若干职业技能等级证书"制度试点工作。方案中明确了开展深度产教融合、"双元"育人的具体指导政策与要求，其中1+X证书制度是统筹考虑、全盘谋划职业教育发展、推动企业深度参与协同育人和深化复合型技术技能人才培养培训而做出的重大制度设计。

武汉华中数控股份有限公司是第三批入选国家"数控车铣加工职业技能等级证书"和"多轴数控加工职业技能等级证书"两项证书制度试点工作的职业教育培训评价组织。华中数控是国产装备制造业龙头企业，公司以数控系统技术为核心，以智能制造、数控机床和工业机器人为三个主营业务方向，实施"一核三翼"发展战略。依据新的时代和社会背景下"人口红利"转向"工程师红利"的创新人才培养方式的阶梯形变化，对接现代职业教育体系和职业标准等，我们以"综合加工+高端加工"技术为主线，组织开发"数控车铣加工职业技能等级证书"和"多轴数控加工职业技能等级证书"标准，支持建立和实施"学历+专业能力"证书制度，进而完善职业教育专业人才培养培训体系，提升专业技能人才的就业竞争力，满足产业对数控领域复合型技术技能人才的需求，助推制造业转型升级。

为了高质量实施数控1+X方向职业技能等级证书制度试点工作，应广大院校要求，武汉华中数控股份有限公司组织无锡职业技术学院、湖南网络工程职业学院、湖南工业职业技术学院等职业院校共同编写了本系列教材。

本书是数控车铣加工1+X培训教材系列教材之一，是根据教育部数控技能型紧缺人才培养培训方案的指导思想及数控车铣加工职业技能等级证书标准要求，紧扣标准考核大纲，对应理论题库各项目模块编写而成。

本书共分20个模块，各模块均包含考核点、考题样例两个部分。考核点是技能等级标准与考核大纲要求必须背记和掌握的内容；考题样例精选理论题库中有代表性的、易错的考题，均附有参考答案，标注了适用等级，并根据考题难易程度适当地进行了解析。

本书由谭赞武、伍贤洪、熊艳华担任主编，李强、姚钢、王玉方、周世权、王宝刚担任副主编。蒋荣良、宁柯担任主审。张剑、许孔联、肖林伟、朱雷、史立峰、杨开怀、冯娟、段睿斌也参加了本书的编写。

本书主要用于参与数控车铣加工1+X证书制度试点的中职、高职院校、职教本科、应用型本科高校和本科层次职业教育试点院校中装备制造大类相关专业学生的教学和培训，同时也适用于企业职工和社会人员的培训与认证等。

本书在编写过程中得到了相关行业、院校和企业技术人员的大力支持，在此一并表示感谢。

本书中的不足之处，欢迎广大读者提出宝贵意见。

编　者

目 录

序
前言

模块 1　机械制图

1.1　制图基本知识和国家标准
　　　要求 ……………………………… 1
1.2　投影基础 ………………………… 2
1.3　基本体三视图识读与绘制 ……… 4
1.4　截交线和相贯线 ………………… 5
1.5　组合体视图识读与绘制 ………… 6
1.6　视图表达方法 …………………… 8
1.7　剖视图表达方法 ………………… 9
1.8　断面图表达方法 ………………… 10
1.9　螺纹及螺纹紧固件的表达 ……… 11
1.10　键与销的表达 …………………… 13
1.11　齿轮的表达 ……………………… 14
1.12　零件图作用与内容 ……………… 15
1.13　零件的常见工艺结构 …………… 16
1.14　零件图读图 ……………………… 17
1.15　装配图的作用、内容及
　　　画法 ……………………………… 18

模块 2　公差与测量技术

2.1　尺寸公差的基本术语与
　　　定义 ……………………………… 20
2.2　标准公差和基本偏差系列 ……… 21
2.3　配合与配合制 …………………… 22
2.4　测量方法 ………………………… 23
2.5　测量器具及使用方法 …………… 24
2.6　测量误差 ………………………… 24
2.7　几何公差 ………………………… 25
2.8　公差原则 ………………………… 29
2.9　几何误差检测 …………………… 30
2.10　表面粗糙度及测量 ……………… 31
2.11　尺寸链 …………………………… 32
2.12　三坐标测量机原理与使用 ……… 33

模块 3　机械设计基础

3.1　机构与常见机构类型 …………… 36
3.2　平面连杆机构的类型与应用 …… 37
3.3　平面连杆机构的工作特性 ……… 39
3.4　凸轮机构 ………………………… 40
3.5　螺旋机构 ………………………… 42
3.6　齿轮机构及切齿原理 …………… 43
3.7　齿轮的常见失效形式与材料
　　　选择 ……………………………… 45
3.8　螺纹连接 ………………………… 46
3.9　键连接 …………………………… 47
3.10　轴的分类及结构设计 …………… 48
3.11　滚动轴承 ………………………… 50
3.12　联轴器与离合器 ………………… 51

模块 4　机械制造基础

4.1　常用金属毛坯成形方法 ………… 53
4.2　毛坯的选择 ……………………… 54
4.3　金属切削机床分类及型号
　　　标注 ……………………………… 55
4.4　机床的运动 ……………………… 57
4.5　机床的传动装置 ………………… 58
4.6　车床结构及加工工艺范围 ……… 60
4.7　铣床结构及加工工艺范围 ……… 61
4.8　钻床结构及加工工艺范围 ……… 62
4.9　镗床结构及加工工艺范围 ……… 63
4.10　磨床结构及加工工艺范围 ……… 65
4.11　特种加工 ………………………… 65
4.12　加工精度及其影响因素 ………… 66
4.13　加工表面质量 …………………… 67

模块 5　工程材料及热处理

5.1　金属材料的力学性能 …………… 69
5.2　晶体结构与结晶 ………………… 70

5.3	金属材料的塑性变形	70
5.4	铁碳合金	71
5.5	常用碳素钢种类及应用	72
5.6	常用合金钢种类及应用	74
5.7	铸铁种类及应用	76
5.8	钢的热处理原理	76
5.9	钢的退火和正火	77
5.10	钢的淬火和回火	78
5.11	钢的表面热处理和化学热处理	80
5.12	有色金属及其合金	80
5.13	硬质合金	81
5.14	刀具材料的种类与选用	82

模块 6　金属切削原理与刀具

6.1	切削运动与切削要素	84
6.2	刀具切削部分几何参数	85
6.3	金属切削基本规律	87
6.4	提高金属切削效益的途径	89
6.5	刀具材料及刀具磨损	91
6.6	数控车刀与选用	92
6.7	数控铣刀与选用	93

模块 7　机械加工工艺

7.1	机械加工工艺过程及组成	95
7.2	生产纲领和生产类型	96
7.3	机械加工工艺规程	97
7.4	零件的工艺性分析	98
7.5	基准的概念及定位基准的选择	99
7.6	加工阶段划分及加工顺序安排	100
7.7	加工余量的确定	101
7.8	工序尺寸及其公差的确定	103
7.9	切削用量的选择	104
7.10	工时定额的确定	105
7.11	工艺尺寸链	106
7.12	轴类零件加工工艺	107
7.13	套类零件加工工艺	108
7.14	箱体类零件加工工艺	109
7.15	装配工艺及装配方法	111

模块 8　夹具设计与制造

8.1	机床夹具在机械加工中的作用	113
8.2	机床夹具的组成	114
8.3	六点定位原则	115
8.4	自由度的判断	117
8.5	工件的定位方式	118
8.6	常用定位元件所限制的自由度数	119
8.7	产生定位误差的原因	122
8.8	工件夹紧装置的组成	122
8.9	确定夹紧力的原则	123
8.10	夹具体的作用	124

模块 9　数控机床

9.1	数控机床的产生与发展	127
9.2	数控机床的组成及数控系统的工作过程	128
9.3	数控机床的精度	129
9.4	数控机床的分类	130
9.5	数控系统的组成与结构	131
9.6	数控系统的输入/输出接口及通信	132
9.7	数控机床的检测装置	133
9.8	步进电动机的结构及工作原理	134
9.9	直流伺服电动机的结构及工作原理	135
9.10	交流伺服电动机的结构及工作原理	135
9.11	数控机床机械结构的特点及基本要求	136
9.12	数控机床的主传动机构	137
9.13	数控机床的进给传动机构	138
9.14	数控车床的自动换刀装置	139

模块 10　数控机床编程

- 10.1　坐标和运动方向命名的原则 …… 141
- 10.2　标准坐标系的规定 …… 142
- 10.3　运动方向的确定 …… 142
- 10.4　绝对坐标系与增量（相对）坐标系 …… 143
- 10.5　机床坐标系与工件坐标系 …… 144
- 10.6　程序的结构与格式 …… 145
- 10.7　准备功能指令 …… 146
- 10.8　辅助功能指令 …… 147
- 10.9　插补功能指令 …… 148
- 10.10　进给功能指令 …… 149
- 10.11　机床参考点指令 G28/G29/G30 …… 150
- 10.12　坐标系指令 G54～G59、G53 与坐标平面选择指令 G17/G18/G19 …… 152
- 10.13　坐标与尺寸单位指令 …… 152
- 10.14　刀具补偿功能指令 …… 153
- 10.15　固定循环指令 …… 154
- 10.16　用户宏程序 …… 157

模块 11　数控加工工艺

- 11.1　数控机床的选用 …… 160
- 11.2　数控机床常用夹具及选择 …… 161
- 11.3　切削用量选用原则 …… 162
- 11.4　切削液选择 …… 164
- 11.5　刀具进给路线设计 …… 164
- 11.6　数控加工工序专用技术文件 …… 166
- 11.7　数控车削加工工艺 …… 167
- 11.8　数控铣削加工工艺 …… 169
- 11.9　加工中心加工工艺 …… 171
- 11.10　数控特种加工工艺 …… 172

模块 12　CAD/CAM 技术

- 12.1　CAD/CAM 技术内涵 …… 174
- 12.2　CAD/CAM 系统的结构组成 …… 175
- 12.3　CAD/CAM 建模技术 …… 176
- 12.4　CAD/CAM 数据交换格式 …… 177
- 12.5　计算机辅助工程分析 …… 178
- 12.6　计算机辅助工艺设计 …… 180
- 12.7　计算机辅助数控编程 …… 181
- 12.8　CAD/CAM 集成技术 …… 183

模块 13　多轴数控加工

- 13.1　多轴数控加工概念 …… 185
- 13.2　多轴机床结构 …… 187
- 13.3　五轴机床的 RTCP 功能 …… 190
- 13.4　驱动几何体概念 …… 191
- 13.5　刀轴控制 …… 191

模块 14　电工技术

- 14.1　电路和电路模型 …… 195
- 14.2　电压、电流与功率 …… 196
- 14.3　电路有载、短路与开路 …… 197
- 14.4　电位的分析与计算 …… 198
- 14.5　电路分析方法 …… 198
- 14.6　单相正弦交流电路 …… 199
- 14.7　纯电阻电路 …… 200
- 14.8　纯电感电路 …… 201
- 14.9　纯电容电路 …… 201
- 14.10　正弦交流电路的分析 …… 202
- 14.11　三相交流电路 …… 203
- 14.12　电气设备——变压器 …… 205
- 14.13　变压器的运行 …… 205
- 14.14　电气设备——电动机 …… 206
- 14.15　电动机的控制 …… 207

模块 15　液压与气动

- 15.1　液压传动系统 …… 209
- 15.2　液压油 …… 210
- 15.3　液压动力元件 …… 211
- 15.4　液压控制元件 …… 213
- 15.5　液压执行元件 …… 215
- 15.6　液压辅助元件 …… 216
- 15.7　液压回路 …… 217

15.8 气压传动系统 …………… 220
15.9 气动元件 ………………… 221
15.10 气动回路 ……………… 223

模块 16 机床电气控制

16.1 时间继电器 ……………… 226
16.2 三相异步电动机Y-△降压起动控制电路分析 …………… 227
16.3 行程开关 ………………… 228
16.4 三相异步电动机自动往返控制电路分析 ……………… 229
16.5 三相异步电动机双速控制电路分析 …………………… 231
16.6 三相异步电动机的反接制动控制电路分析 …………… 232
16.7 三相异步电动机的多地起停控制电路分析 …………… 233
16.8 卧式车床电气控制电路分析 ………………………… 234
16.9 X62W 型铣床控制电路分析 ………………………… 235
16.10 PLC 的基本知识 ……… 238
16.11 PLC 基本指令 ………… 239

模块 17 数控诊断与维修

17.1 数控机床的日常保养制度 … 241
17.2 数控机床润滑系统保养与维护 ………………………… 242
17.3 数控机床冷却系统保养与维护 ………………………… 243
17.4 数控机床排屑装置保养与维护 ………………………… 245
17.5 数控机床换刀装置保养与维护 ………………………… 248
17.6 数控系统维护及软件升级 … 250
17.7 数控机床水平测量调整 …… 251
17.8 数控机床几何精度检测 …… 252
17.9 数控机床定位精度检测 …… 253
17.10 数控机床超程故障维修 … 253
17.11 数控机床急停故障维修 … 254

17.12 数控机床主轴常见故障维修 …………………………… 255
17.13 数控机床常见 PLC 报警信息处理 ……………………… 256

模块 18 云数控

18.1 工艺参数评估 …………… 258
18.2 健康保障 ………………… 259
18.3 全生命周期机床负荷图 …… 260
18.4 故障录像回放 …………… 261
18.5 刀具智能管理 …………… 262
18.6 误差补偿 ………………… 263
18.7 智优曲面加工 …………… 264
18.8 数控云服务平台 ………… 265
18.9 数控云管家 APP ………… 267

模块 19 智能制造技术

19.1 离散型智能制造模式 …… 268
19.2 流程型智能制造模式 …… 270
19.3 网络协同智能制造模式 … 272
19.4 大规模个性化定制模式 … 273
19.5 远程运维服务模式 ……… 274
19.6 工业机器人离线编程 …… 276

模块 20 生产现场管理

20.1 现场管理六大要素(5M1E) … 278
20.2 生产人员管理 …………… 279
20.3 生产设备的操作和维护 … 280
20.4 生产物料管理 …………… 281
20.5 生产工序管理 …………… 281
20.6 生产环境管理 …………… 282
20.7 质量检查与反馈 ………… 283
20.8 ISO9000 族质量管理体系 … 284
20.9 质量管理 QC 七大工具 … 285
20.10 现场管理基础：5S 管理 … 288
20.11 库存 ABC 管理 ………… 290
20.12 "5why"分析法 ………… 291
20.13 识别现场七大浪费 …… 292
20.14 现场改善 PDCA 循环 … 293

参考文献 …………………………… 295

模块 1

机械制图

1.1 制图基本知识和国家标准要求

【考核点】

图纸幅面是指由图纸的长度 L 和宽度 B 组成的图面。绘制图样时，应优先采用国家标准规定的 A0、A1、A2、A3、A4 五种基本幅面。

比例是指图中图形与其实物相应要素的线性尺寸之比。图形中所标注的尺寸数值必须是实物的实际大小，与图形的比例无关。

图样上除了表达机件形状的图形外，还要用文字和数字说明机件的大小、技术要求和其他内容。

字体的高度代表字体的号数。

制图标准中规定的基本线型见表 1-1。

表 1-1 基本线型

线 型	名称	线宽	一 般 应 用
———————	粗实线	d	可见轮廓线、可见棱边线等
———————	细实线	$d/2$	尺寸线与尺寸界线、剖面线、重合断面轮廓线、指引线和参考线、过渡线、螺纹牙底线、表示平面的对角线等
～～～～～	波浪线	$d/2$	断裂处边界线、视图和剖视图的分界线
– – – – – –	细虚线	$d/2$	不可见轮廓线、不可见棱边线
– · – · – · –	细点画线	$d/2$	中心线、对称线、轴线等

(续)

线　型	名称	线宽	一　般　应　用
————————	细双点画线	$d/2$	相邻辅助零件的轮廓线、运动零件的极限位置的轮廓线、成形前轮廓线、毛坯图中制成品的轮廓线、中断线等
∿∿∿∿	细双折线	$d/2$	断裂处边界线、视图和剖视图的分界线
— — — —	粗虚线	d	允许表面处理的表示线
— · — · —	粗点画线	d	限定范围表示线

机件的真实大小应以图样上所注的尺寸数值为依据，与图形的大小及绘图的准确度无关。每个完整的尺寸一般由尺寸界线、尺寸线和尺寸数字组成，通常称为尺寸三要素。

【考题样例】

1. 判断题

国家标准《技术制图　图纸幅面和格式》规定，绘制图样时，应采用代号为 A0~A4 的五种基本幅面。(　　)

参考答案：错　适用等级：初级

解析：绘制图样时，应优先采用国家标准规定的 A0、A1、A2、A3、A4 五种基本幅面。

2. 单项选择题

图样不论放大或缩小绘制，在标注尺寸时，应标注(　　)。
A. 放大或缩小之后的图形尺寸　　B. 机件的实际尺寸
C. 机件的设计要求尺寸

参考答案：B　适用等级：初级

3. 多项选择题

在机械图样中，细点画线表示(　　)。
A. 齿轮分度圆　　B. 轴线　　C. 对称线　　D. 剖面线

参考答案：ABC　适用等级：中级

1.2　投影基础

【考核点】

正投影法是机械制图的基础。正投影法的基本特性有真实性、积聚性、类似性。

在机械图样中，用正投影法绘制出的形体投影图称为视图，如图 1-1 所示。三视图的形成及其位置关系如图 1-2 和图 1-3 所示。

投影面的平行线是与一个投影面平行，与另外两个投影面倾斜的直线。三种平行线分别为水平线、正平线、侧平线。

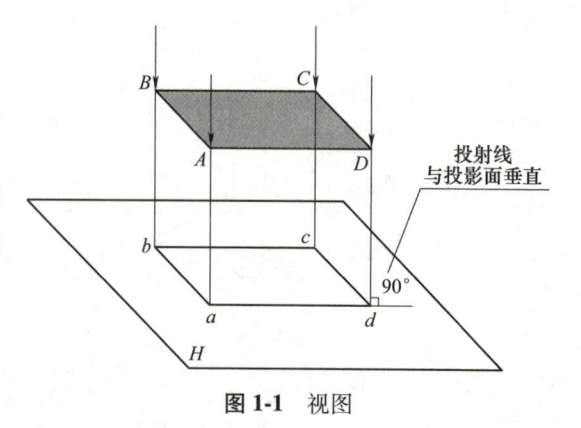

图 1-1　视图

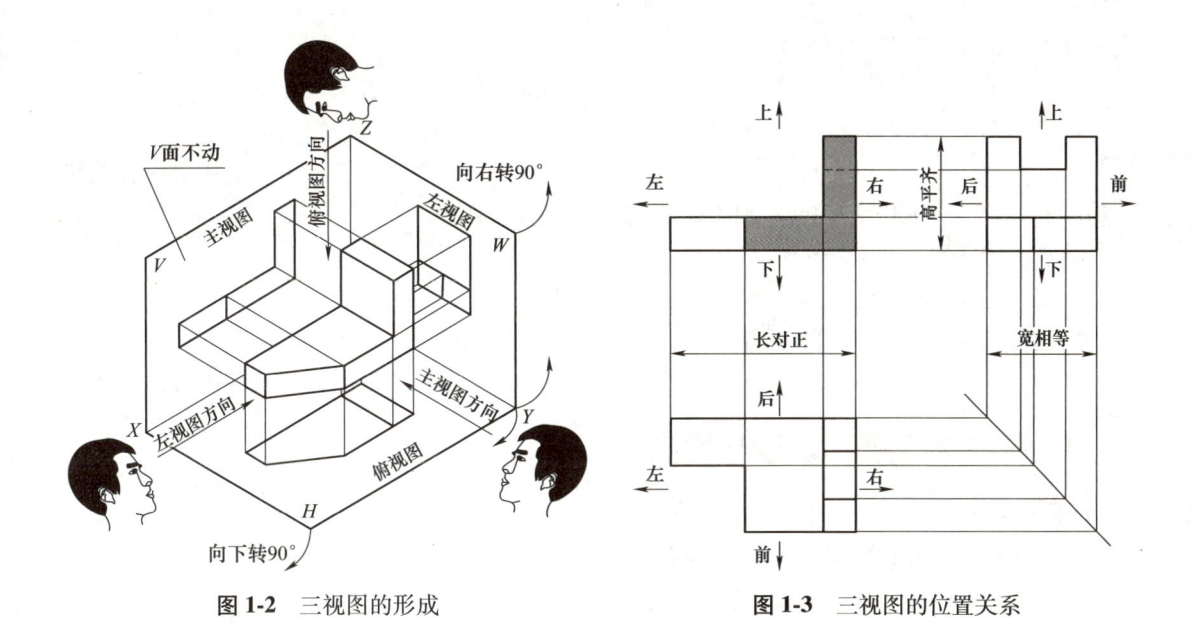

图 1-2 三视图的形成

图 1-3 三视图的位置关系

投影面垂直线是与一个投影面垂直，与另外两个投影面平行的直线。三种垂直线分别为铅垂线、正垂线、侧垂线。

与三个投影面都倾斜的直线，称为一般位置直线。

投影面平行面是平行于一个投影面，并必与另外两个投影面垂直的平面。与 H 面平行的平面称为水平面，与 V 面平行的平面称为正平面，与 W 面平行的平面称为侧平面。

投影面垂直面是垂直于一个投影面，并与另外两个投影面倾斜的平面。与 H 面垂直的平面称为铅垂面，与 V 面垂直的平面称为正垂面，与 W 面垂直的平面称为侧垂面。

【考题样例】

1. 判断题

正平线的正面投影与 X 轴平行，水平投影反映实长。（　　）

参考答案：错　适用等级：中级

2. 单项选择题

1）图 1-4 所示投影图中的 AB、CD 直线为（　　）。

A. 平行直线
B. 相交直线
C. 交叉直线

参考答案：C　适用等级：中级

解析：AB、CD 直线在主视图和俯视图中的投影为平行线，表示两线不相交，可以排除相交直线选项；在左视图中的投影为相交线，可以排除平行直线选项；综合，AB、CD 直线为交叉直线。

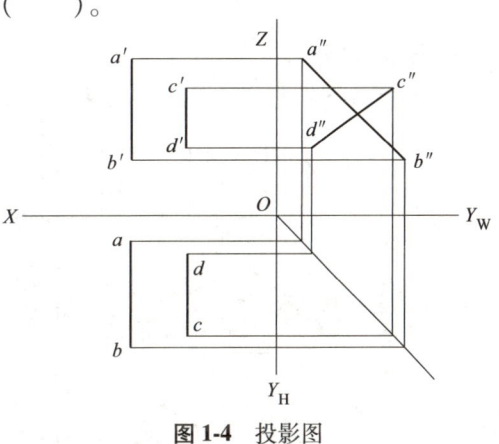

2）已知点 A（8，0，10），点 B（0，8，

图 1-4 投影图

模块 1　机械制图

10)，下列说法正确的是（　　）。

A. 点 A 在点 B 之前
B. 直线 AB 为水平线
C. 点 B 在 XOY 平面上

参考答案：B　　适用等级：高级

解析：根据点 A 和点 B 的 Z 轴坐标相同，判断直线 AB 必平行于 H 面。

3. 多项选择题

正投影法的基本特性有（　　）。

A. 真实性　　　B. 积聚性　　　C. 类似性　　　D. 合理性

参考答案：ABC　　适用等级：中级

1.3　基本体三视图识读与绘制

【考核点】

按照基本体表面的性质不同，基本体通常分为平面基本体和曲面基本体。

棱柱体是由相互平行的顶面、底面及若干侧棱面围成的立体。棱线相互平行且垂直于顶面、底面的棱柱体称为直棱柱，底面、顶面为正多边形的直棱柱称为正棱柱体。

棱锥体由底面和侧棱面围成，侧棱面为三角形，棱线相交于一点（锥顶）。正棱锥体的底面为正多边形，侧棱面是全等的等腰三角形。锥顶在底面的投影是底面多边形的中心。

表面或部分表面是曲面的基本几何形体，称为曲面立体。常见的曲面立体为回转体，如圆柱体、圆锥体和圆球体，其曲面为回转面。

圆柱体是由圆柱面、顶面、底面组成，其圆柱面可以看成由一条直母线绕与它平行的轴线回转而成。

圆锥体由圆锥面和底面组成，圆锥面是由一条直母线绕与它相交的轴线回转而成。母线转至任一位置时称为素线。

圆球面可由一圆（母线）绕它的任一直径回转而成。

【考题样例】

1. 判断题

由两个底面和几个侧棱面组成的立体称为棱锥体。（　　）

参考答案：错　　适用等级：初级

2. 单项选择题

1）在图 1-5 中，点 A 为五棱柱表面上的点，其投影正确的是（　　）。

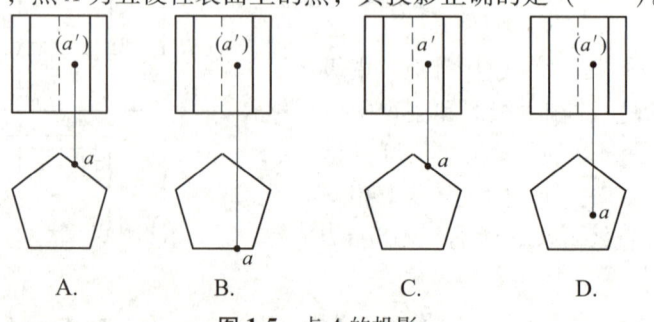

图 1-5　点 A 的投影

参考答案：A　适用等级：中级

2）用辅助直线法进行形体表面取点作图只适合于（　　）的表面取点。
A. 圆柱体　　　　　　B. 棱锥体　　　　　　C. 棱柱体　　　　　　D. 圆球体

参考答案：B　适用等级：中级

3）在图1-6中，点 B 为圆锥体表面上的点，其投影正确的是（　　）。

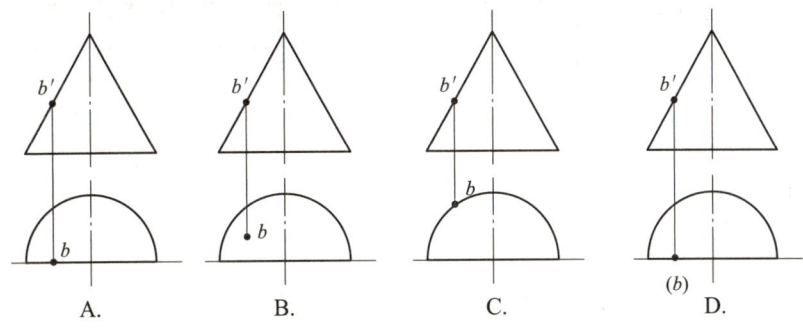

A.　　　　B.　　　　C.　　　　D.

图1-6　点 B 的投影

参考答案：A　适用等级：中级

3. 多项选择题

画直立圆柱体的三面投影时，需画其（　　）的轮廓素线投影。
A. 最左　　　　　　B. 最右　　　　　　C. 最前　　　　　　D. 最后

参考答案：ABCD　适用等级：中级

1.4　截交线和相贯线

【考核点】

被平面截切后的基本体称为截断体。用以截切基本体的平面通常称为截平面。截平面与基本体表面的交线称为截交线。截交线围成的平面图形称为截断面。

平面基本体的截交线是由直线围成的平面图形，截交线每一条边都是截平面与平面立体棱面或顶、底面相交形成的交线。

平面截切圆柱体时，截平面垂直于轴线，截交线为圆；截平面平行于轴线，截交线为矩形；截平面倾斜于轴线，截交线为椭圆。

圆球体被任意方向的平面切割，其截交线都是圆。

按基本体的表面性质不同，基本体相交的形式有两平面立体相交、平面立体和曲面立体相交、曲面立体与曲面立体相交以及混合相交等，其表面交线——相贯线的形式有直线和曲线。

相贯线一般是封闭的空间曲线，特殊情况下是平面曲线或直线。

相贯线是两立体表面的公共线或分界线，是两立体表面上一系列公共点的连线。

【考题样例】

1. 判断题

截平面与立体表面的交线称为截交线，截交线是一段封闭的空间曲线。（　　）

参考答案：错　适用等级：中级

解析：截交线为平面和立体共有，截交线应该为平面曲线。

2. 单项选择题

1）在图 1-7 中，根据形体的主视图和俯视图，选择正确的左视图是（　　）。

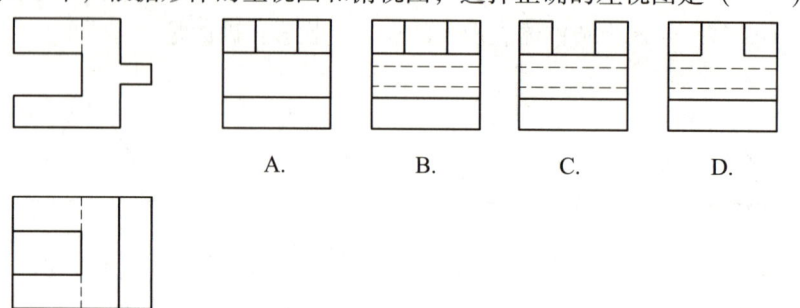

图 1-7　形体投影图（一）

参考答案：B　适用等级：中级

2）在图 1-8 中，根据形体的主视图和俯视图，选择正确的左视图是（　　）。

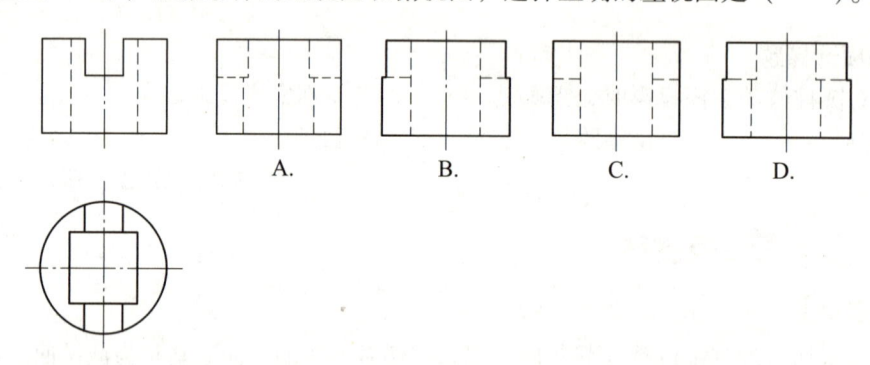

图 1-8　形体投影图（二）

参考答案：B　适用等级：高级

3. 多项选择题

平面与圆柱体相交，截平面可为（　　）。
A. 圆　　　　　　　B. 椭圆　　　　　　　C. 抛物线　　　　　D. 双曲线

参考答案：AB　适用等级：高级

1.5　组合体视图识读与绘制

【考核点】

由若干基本体按一定方式组合而成的、形状比较复杂的立体称为组合体。

若两个简单体叠加后，邻接的两个表面共面，即成为一个平面，则在共面处没有交线。

若不共面，在画其视图时，注意在形体的连接处应画出交线。

由于相切处两形体的表面光滑过渡，没有轮廓线，因此视图上也不画切线投影。

平面基本体的大小通常是由长、宽、高三个方向的尺寸来确定。

回转体应注出高和底圆的直径，圆锥台还应加注顶圆直径，在直径数字前加注"φ"；圆球体需在直径数值前加注"Sφ"。

标注确定形体形状和大小的定形尺寸、各部分相对位置的定位尺寸和总体尺寸。

几个视图联系起来看，寻找特征视图，想象出各部分形体的形状与位置，注意分析视图上线框、图线，明确它们的空间含义。

读图方法主要有形体分析法和线面分析法。

【考题样例】

1. 判断题

一个封闭的线框表示物体的一个面，这个面只能是平面或曲面。（　　）

参考答案：错　　适用等级：中级

解析：还可表示相切的组合面。

2. 单项选择题

1）在图1-9中，正确的俯视图是（　　）。

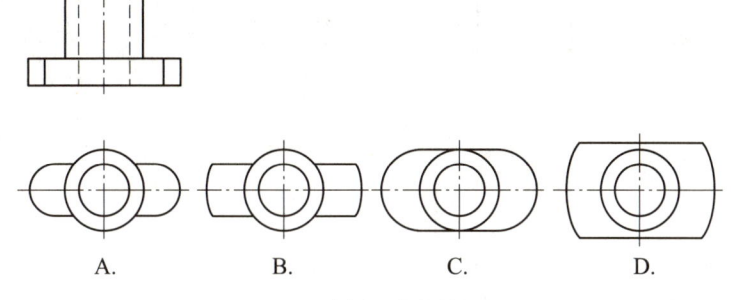

图1-9　选择正确的俯视图

参考答案：D　　适用等级：中级

2）在图1-10中，选择正确的三视图是（　　）。

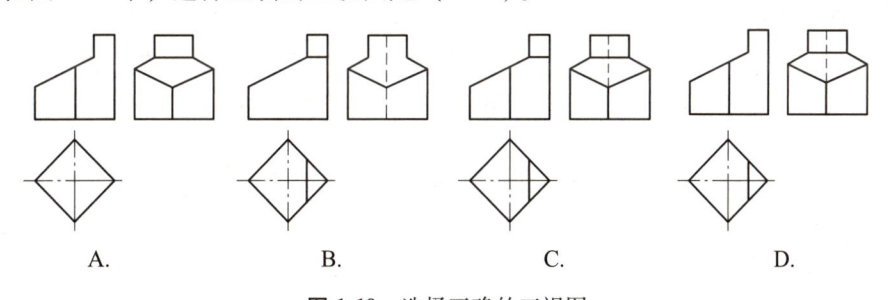

图1-10　选择正确的三视图

参考答案：D　　适用等级：中级

3. 多项选择题

下面（　　）的尺寸线不需要在组合体的三视图中标出。

A. 相贯线　　　　　　　　　　　　B. 截交线

C. 投影不是整个圆的圆弧　　　　　D. 圆柱的底圆直径

参考答案：AB　适用等级：高级

1.6　视图表达方法

【考核点】

基本视图是物体向六个基本投影面投射所得到的视图，分别为主视图、左视图、俯视图、后视图、仰视图、右视图，如图 1-11 所示。基本视图投影关系保持"长对正、高平齐、宽相等"的规律。基本视图的方位关系以主视图为基准，除后视图外，各视图中靠近主视图的一边为物体的后面，远离主视图的一边为物体的前面。

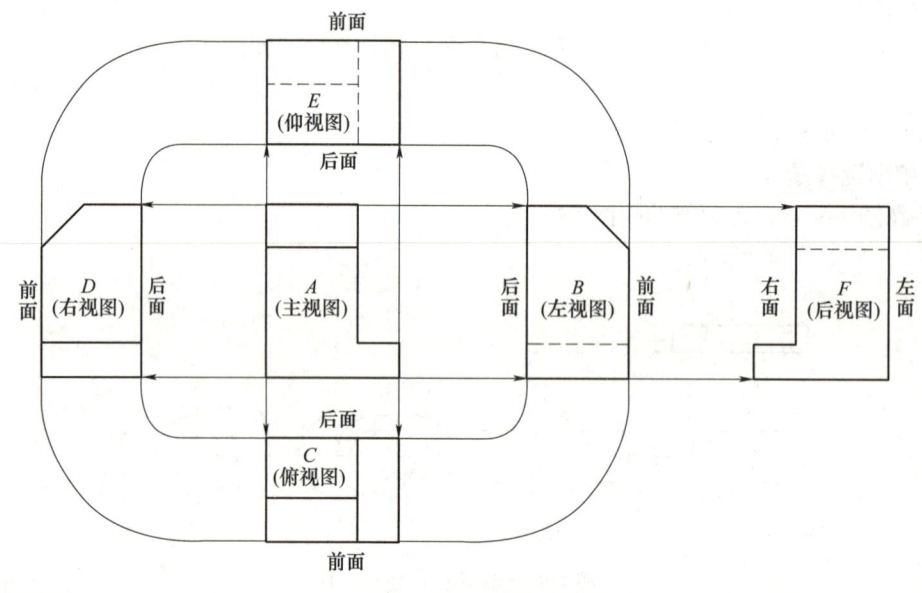

图 1-11　基本视图

可以自由配置的基本视图，称为向视图。在相应的视图附近用箭头线表示投射方向以及用大写字母表示向视图名称。

局部视图是将物体的某一部分向基本投影面投射所得到的视图。按基本视图形式配置，中间没有其他图形隔开，可以省略标注。用箭头线表示投射方向，标出表示相应局部视图名称的大写字母。

将物体向不平行于基本投影面的平面投射所得到的视图称为斜视图。斜视图通常用于物体上倾斜结构的表达。

【考题样例】

1. 判断题

斜视图的画法不存在"三等"规律。（　　）

参考答案：错　适用等级：中级

2. 单项选择题

在基本视图中，除后视图外，各视图靠近主视图的一边表示物体的（　　）。

A. 前面　　　　B. 后面　　　　C. 左面　　　　D. 右面

3. 多项选择题

下列视图中属于基本视图的是（   ）。

A. 局部剖视图　　　B. 斜视图　　　C. 主视图　　　D. 仰视图

参考答案：CD　　适用等级：中级

1.7　剖视图表达方法

【考核点】

假想用一个平面（称为剖切平面）剖开物体，将处在观察者与剖切平面之间的部分移去，剩余部分向投影面投射所得到的视图称为剖视图，简称为剖视。

剖切平面与物体接触的部分，称为剖面区域，要在剖面区域画上剖面符号。在同一张图样中，同一个物体的所有剖视图的剖面符号应该相同，其剖面线的方向和间距应一致。

剖视图是一种假想画法，并不是真的将物体切除一部分，因此，将一个视图画成剖视图后，其他视图仍应按完整物体画出。

剖视图是物体被剖切后剩余部分的完整投影，所以，剖切平面后的可见轮廓线应全部绘出，不得遗漏。

在其他视图上已经表达清楚的结构且在剖视图上此部分结构的投影为细虚线时，可省略不画；对于没有表达清楚的结构，允许画少量细虚线来表达。

剖视图分为全剖视图、半剖视图、局部剖视图三类。

用剖切平面完全地剖开物体所得到的剖视图，称为全剖视图，简称为全剖视。全剖视图适合于内部结构形状复杂、不对称、外形简单的物体。

当物体具有对称平面时，向垂直于对称平面的投影面上投射所得到的图形，可以对称中心线为界，一半画成视图，另一半画成剖视图，这种组合的图形称为半剖视图。

剖切平面局部地剖开物体所得到的剖视图称为局部剖视图，简称为局部剖视。

可以用单一平面、几个平行的平面或几个相交的平面剖切物体。

【考题样例】

1. 判断题

剖视图是指画出被剖物体断面部分投影的视图。（   ）

参考答案：错　　适用等级：初级

2. 单项选择题

在图 1-12 中，已知物体的俯视图，则正确的半剖主视图为（   ）。

参考答案：C　　适用等级：中级

图 1-12　选择正确的半剖主视图

3. 多项选择题

剖视图分为（   ）。

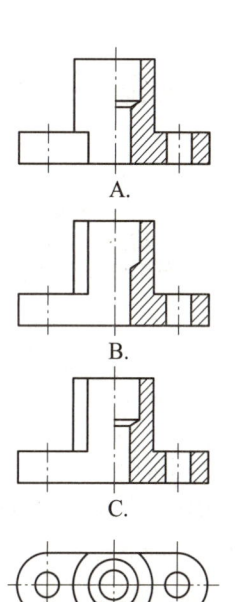

A. 全剖视图　　　　B. 半剖视图　　　　C. 局部剖视图　　　　D. 整剖视图

参考答案：ABC　　适用等级：中级

1.8 断面图表达方法

【考核点】

假想用剖切平面将物体某处切断，仅绘出该剖切平面与物体接触部分的图形称为断面图，简称为断面。

根据断面图配置的位置不同，分为移出断面图和重合断面图。

移出断面图尽量配置在剖切线或剖切符号的延长线上，也允许配置在图上适当位置，但需要标注。当剖切平面通过物体上回转面形成的孔或凹坑的轴线时，这些结构按剖视画出。当剖切平面通过非圆孔会导致出现完全分离的两个断面时，这结构也应按剖视画出。

移出断面图的标注方法如图 1-13 所示。

	对称的移出断面图		不对称的移出断面图	
配置在剖切线或剖切符号的延长线上	省略标注 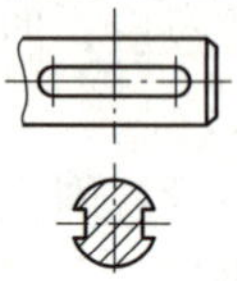		不必标注字母 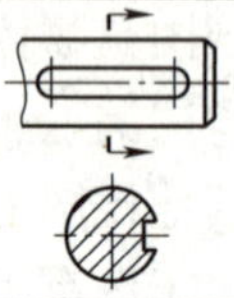	
按投影关系配置		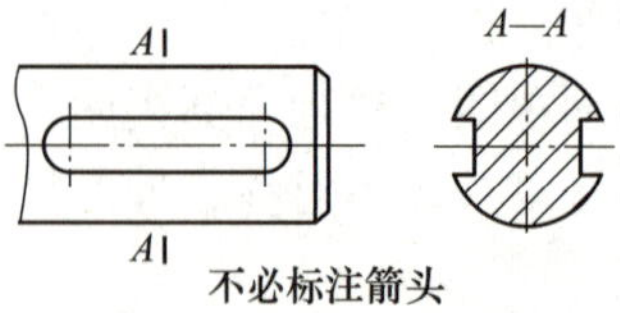 不必标注箭头		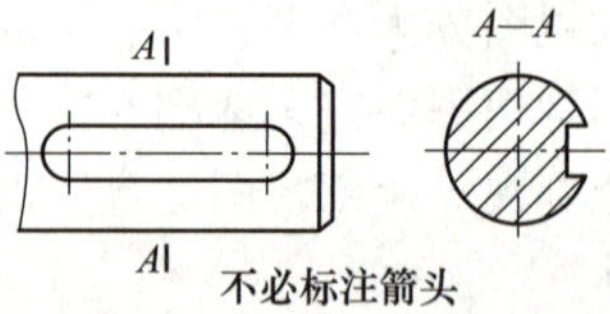 不必标注箭头
配置在其他位置	不必标注箭头 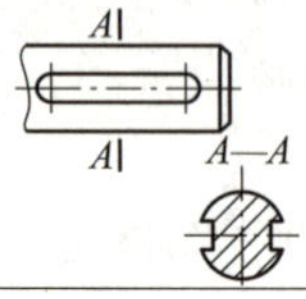		应标注剖切符号、箭头和字母 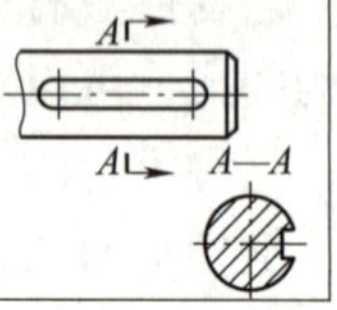	

图 1-13　断面图的标注方法

当视图的轮廓线与重合断面图的图形线相交或重叠时，视图的轮廓线仍要完整地画出，不得中断。对称的重合断面图不必标注。不对称的重合断面图，在不引起误解时，可省略标注。

【考题样例】

1. 判断题

对称的移出断面图在标注时，可以省略箭头。（　　）

参考答案：对　　适用等级：初级

2. 单项选择题

在图 1-14 中，选择正确的移出断面图是（　　）。

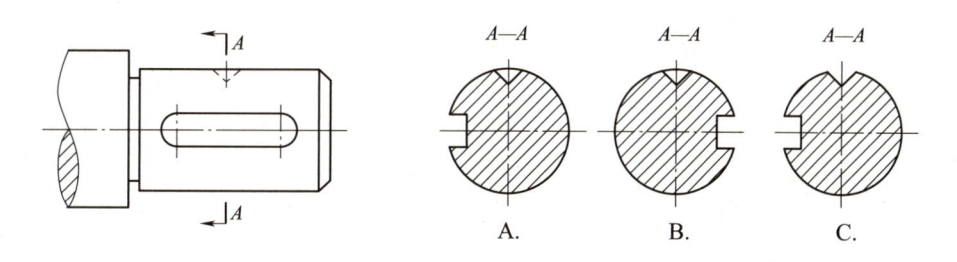

图 1-14 轴的移出断面图

参考答案：A　适用等级：中级

3. 多项选择题

下列属于移出断面图和重合断面图区别的是（　　）。
A. 移出断面图画在视图之外，重合断面图画在视图之内
B. 移出断面图用粗实线绘制，重合断面图用细实线绘制
C. 移出断面图不可省略标注，重合断面图可省略标注

参考答案：AB　适用等级：中级

1.9　螺纹及螺纹紧固件的表达

【考核点】

螺纹是在圆柱体或圆锥体的表面沿着螺旋线所形成的具有相同剖面的连续凸起和凹槽。外表面上形成的螺纹称为外螺纹，内表面上形成的螺纹称为内螺纹。

螺纹的基本要素有牙型、直径、线数、螺距和导程、旋向。

单线螺纹：导程等于螺距，即 $Ph=P$；多线螺纹：导程等于 n 倍螺距，即 $Ph=nP$。

外螺纹的画法如图 1-15 所示。

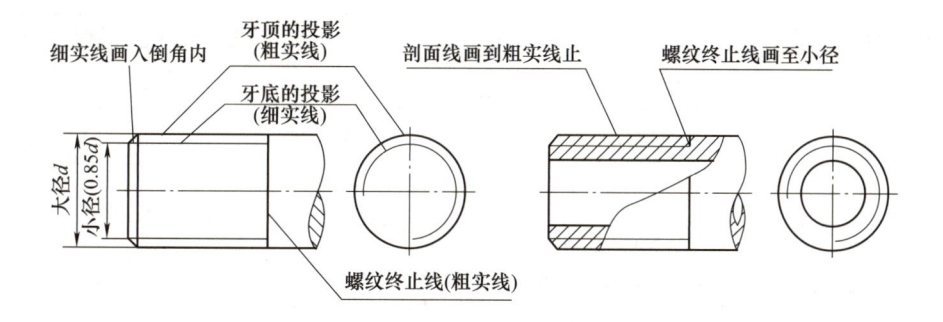

图 1-15　外螺纹的画法

内螺纹的画法如图 1-16 所示。
螺纹联接的画法如图 1-17 所示。
普通螺纹的标记方法如图 1-18 所示。

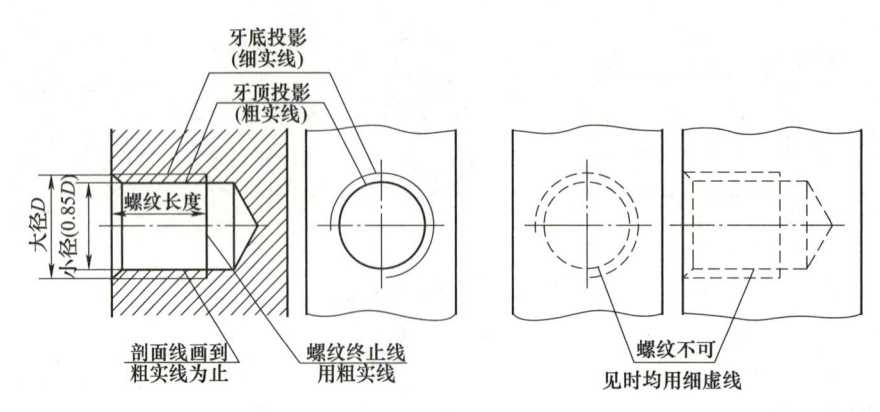

图 1-16 内螺纹的画法

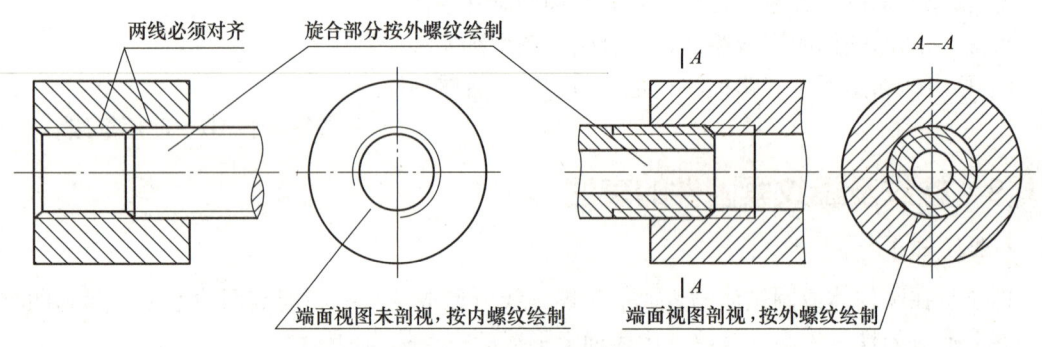

图 1-17 螺纹联接的画法

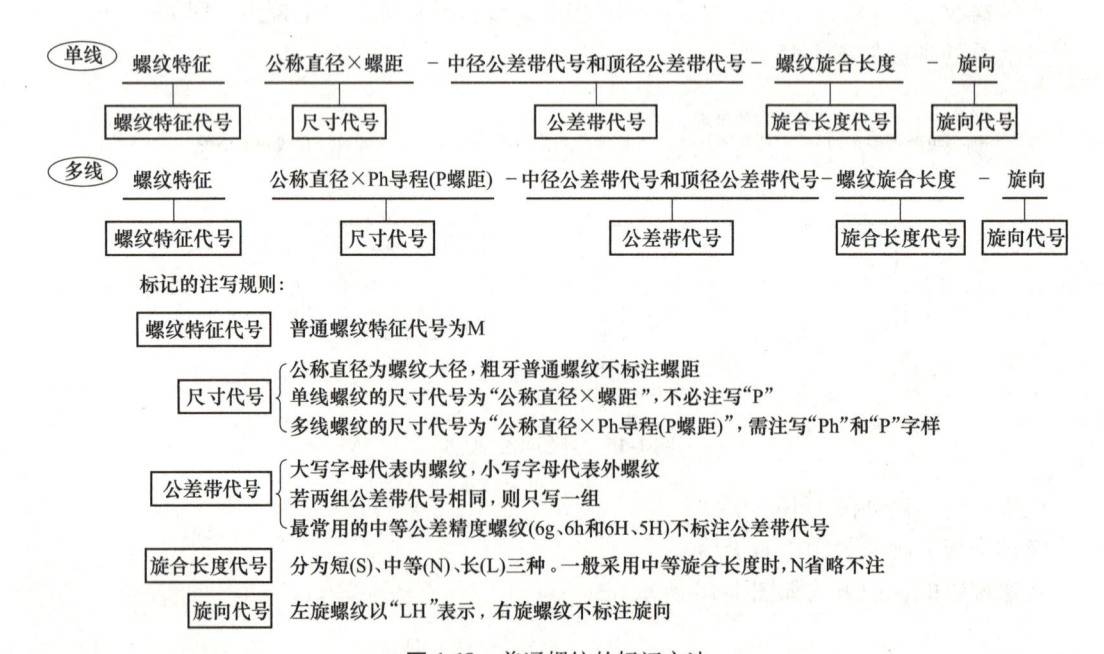

单线：螺纹特征 公称直径×螺距 — 中径公差带代号和顶径公差带代号 — 螺纹旋合长度 — 旋向
螺纹特征代号　尺寸代号　　　　公差带代号　　　　　　　　旋合长度代号　旋向代号

多线：螺纹特征 公称直径×Ph导程(P螺距) — 中径公差带代号和顶径公差带代号 — 螺纹旋合长度 — 旋向
螺纹特征代号　尺寸代号　　　　　　　公差带代号　　　　　　　旋合长度代号　旋向代号

标记的注写规则：

螺纹特征代号　普通螺纹特征代号为M

尺寸代号
- 公称直径为螺纹大径，粗牙普通螺纹不标注螺距
- 单线螺纹的尺寸代号为"公称直径×螺距"，不必注写"P"
- 多线螺纹的尺寸代号为"公称直径×Ph导程(P螺距)"，需注写"Ph"和"P"字样

公差带代号
- 大写字母代表内螺纹，小写字母代表外螺纹
- 若两组公差带代号相同，则只写一组
- 最常用的中等公差精度螺纹(6g、6h和6H、5H)不标注公差带代号

旋合长度代号　分为短(S)、中等(N)、长(L)三种。一般采用中等旋合长度时，N省略不注

旋向代号　左旋螺纹以"LH"表示，右旋螺纹不标注旋向

图 1-18 普通螺纹的标记方法

【考题样例】

1. 判断题

外螺纹的牙顶投影用粗实线表示，内螺纹的牙顶投影用细实线表示。（　　）

参考答案：错　适用等级：中级

2. 单项选择题

螺栓上的螺纹终止线用（　　）绘制。

A. 粗实线　　　　　B. 细实线　　　　　C. 细虚线　　　　　D. 细点画线

参考答案：A　适用等级：中级

3. 多项选择题

螺纹的三要素是（　　）。

A. 大径　　　　　B. 小径　　　　　C. 螺距　　　　　D. 牙型

参考答案：ACD　适用等级：中级

1.10　键与销的表达

【考核点】

键通常用于连接轴和装在轴上的齿轮、带轮等传动零件，起传递转矩的作用。销用于零件连接和定位。它们都是标准件。

普通平键连接的规定画法如图 1-19 所示。

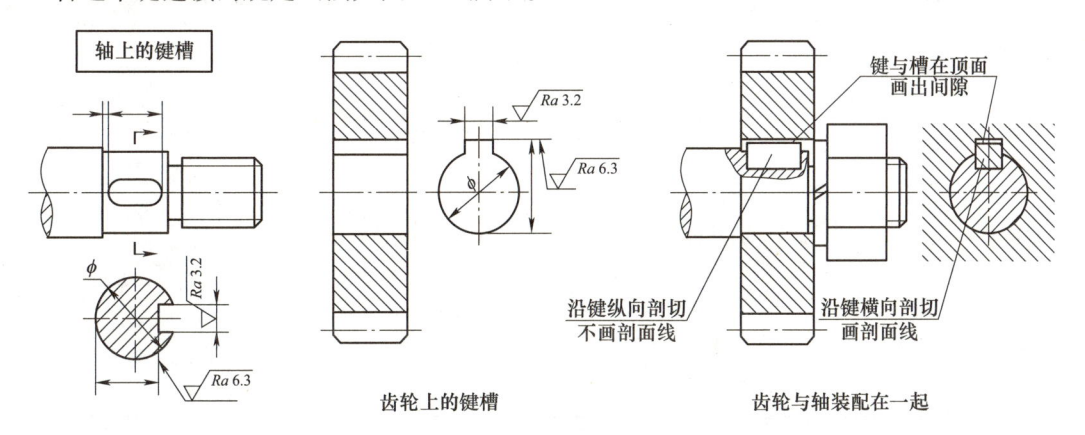

图 1-19　普通平键连接的规定画法

【考题样例】

1. 判断题

1）在平行于花键轴线的投影面的视图中，花键大径用细实线绘制，小径用粗实线绘制。（　　）

参考答案：错　适用等级：中级

2）圆柱销和圆锥销可作为连接零件之用，但不可作为定位之用。（　　）

参考答案：错　适用等级：中级

2. 单项选择题

1）在机器中，可以用（　　）连接轮和轴，使它们一起转动。

A. 键　　　　　　　B. 轴承　　　　　　　C. 弹簧　　　　　　　D. 垫圈

参考答案：A　适用等级：初级

2）销在机器中主要起连接和（　　）作用。

A. 定位　　　　　　B. 传递转矩　　　　　C. 传动　　　　　　　D. 紧固

参考答案：A　适用等级：初级

1.11　齿轮的表达

【考核点】

齿轮是一种广泛运用于机械传动的零件，可以用它传递动力、改变转动速度和方向。国家标准仅对齿轮的部分结构参数实行标准化，因此我们称其为常用件。齿轮的种类很多，按照啮合齿轮轴线的相对位置不同，可分为圆柱齿轮、锥齿轮、蜗杆蜗轮。

端面齿距 p 除以圆周率 π 所得的商，称为齿轮的模数，用符号"m"表示。分度圆直径 $d=mz$。相互啮合的一对齿轮，其齿距必须相等。由于 $m=p/\pi$，因此它们的模数必须相等。

直齿圆柱齿轮各部分尺寸计算公式见表 1-2。

表 1-2　直齿圆柱齿轮各部分尺寸计算公式

名称及代号	计　算　公　式	名称及代号	计　算　公　式
模数 m	$m=d/z$	分度圆直径 d	$d=mz$
齿顶高 h_a	$h_a=m$	齿顶圆直径 d_a	$d_a=d+2h_a$ $=mz+2m$ $=m(z+2)$
齿根高 h_f	$h_f=1.25m$	齿根圆直径 d_f	$d_f=d-2h_f$ $=mz-2.5m$ $=m(z-2.5)$
齿高 h	$h=h_a+h_f$ $=2.25m$	中心距 a	$a=(d_1+d_2)/2$ $=(mz_1+mz_2)/2$ $=m(z_1+z_2)/2$

直齿圆柱齿轮的规定画法如图 1-20 所示。

【考题样例】

1. 判断题

在标准齿轮中，相互啮合的两齿轮，模数必须相同，但齿距可以不等。（　　）

参考答案：错　适用等级：高级

2. 单项选择题

已知一直齿圆柱齿轮的齿数为 30，模数为 2mm，则其齿顶圆直径为（　　）mm。

A. 60　　　　　　　B. 62　　　　　　　　C. 64　　　　　　　　D. 66

参考答案：C　适用等级：高级

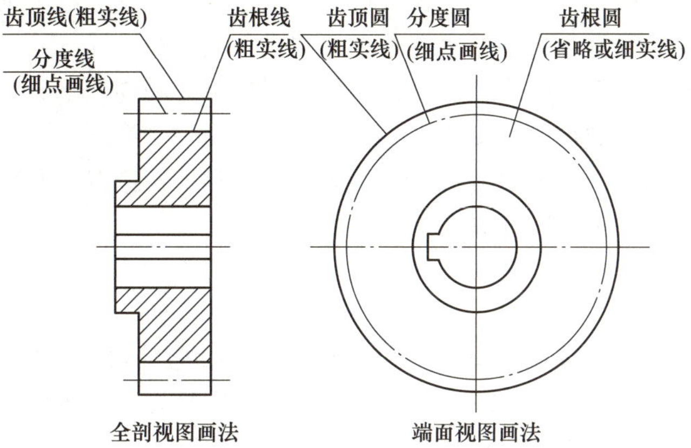
齿顶线(粗实线)
分度线
(细点画线)
齿根线
(粗实线)
齿顶圆
(粗实线)
分度圆
(细点画线)
齿根圆
(省略或细实线)
全剖视图画法
端面视图画法

图 1-20　直齿圆柱齿轮的规定画法

3. 多项选择题

在图 1-21 中，根据直齿圆柱齿轮啮合区的画法，选出的正确图形是（　　）。

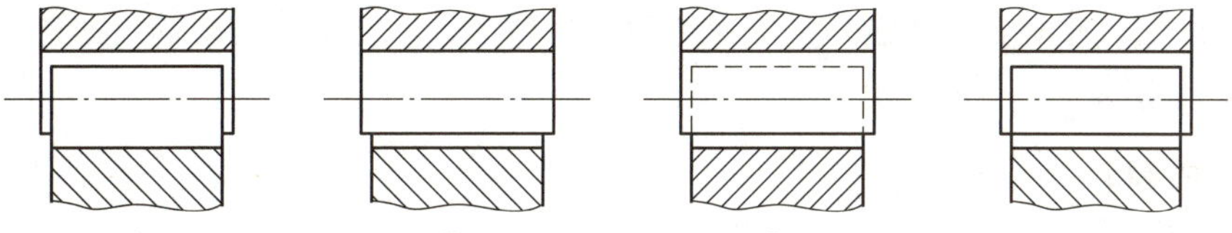
A.
B.
C.
D.

图 1-21　直齿圆柱齿轮啮合区的画法

参考答案：AB　适用等级：中级

1.12　零件图作用与内容

【考核点】

零件是组成机器或部件的基本单位。制造机器时，先根据零件图制造出全部零件，再按装配图要求将零件装配成机器。

表示零件结构、大小及技术要求的图样称为零件图。零件图是制造和检验零件的依据，是组织生产的主要技术文件之一。

完整的零件图包括一组视图、一组尺寸、技术要求、标题栏四个部分。

按照零件的结构特征，可以把零件图分为轴套类零件图、轮盘类零件图、叉架类零件图和箱体类零件图。

轴套类零件多数是由几段直径不同的圆柱体、圆锥体所组成，构成阶梯状，轴向尺寸远大于其径向尺寸。主视图按加工位置选择，一般将轴线水平放置，垂直轴线方向为主视图的投射方向。轴上的局部结构，一般采用断面图、局部剖视图、局部放大图、局部视图来表达。用移出断面图反映键槽的深度，用局部放大图表达定位孔的结构。

轮盘类零件基本形状是扁平的盘状，主体部分多为回转体，径向尺寸远大于其轴向尺寸。轮盘类零件大部分是铸件，如各种齿轮、带轮、手轮、减速器的一些端盖、齿轮泵的泵盖等都属于这类零件。根据轮盘类零件的结构特点，主要加工表面以车削为主，因此在表达这类零件时，其主视图经常是将轴线水平放置，并进行全剖视。

叉架类零件一般由三部分构成，即支持部分、工作部分和连接部分。连接部分多是肋板结构，且形状弯曲、倾斜的较多。支持部分和工作部分的局部结构也较多，如圆孔、螺孔、油槽、油孔等。选主视图时，主要考虑零件的形状特征和工作位置，常需要两个或两个以上的基本视图，一般把零件主要轮廓放在垂直或水平位置。

箱体类零件主要用来支承和包容其他零件，其内外结构都比较复杂，一般为铸件，如泵体、阀体和减速器的箱盖、箱体等。

零件图的表达，首先是选择主视图。主视图要选择最能反映零件形状特征的投射方向，要能够清晰表达零件。主视图确定后，再选择其他视图以完善表达零件结构，优先选择基本视图。如果还有内部结构要表达，再选择剖视图或断面图等表达方法。在明确表达零件结构的前提下，使视图数量为最少。

根据机器的结构和设计要求，用以确定零件在机器中位置的一些面、线、点，称为设计基准。根据零件加工制造、测量和检验等工艺要求所选定的一些面、线、点，称为工艺基准。

标注零件图尺寸时，需注意：功能尺寸应直接标注；避免注成封闭的尺寸链；考虑加工方法、符合加工顺序；考虑测量方便。

【考题样例】

1. 判断题

轴类零件的主视图按加工位置选择，一般将轴线水平放置。（　　）

参考答案：对　适用等级：初级

2. 单项选择题

1）轴套类零件的加工，大部分工序是在车床或磨床上进行，因此在画主视图时，一般轴线放置的位置是（　　）。

A. 水平　　　　　B. 垂直　　　　　C. 倾斜　　　　　D. 任意

参考答案：A　适用等级：中级

2）某零件有弯曲或倾斜结构，并带有肋板、轴孔、耳板、底板等结构，局部结构常有油槽、油孔、螺孔、沉孔，它属于（　　）。

A. 轴套类零件　　B. 轮盘类零件　　C. 叉架类零件　　D. 箱体类零件

参考答案：C　适用等级：中级

3. 多项选择题

以下可作为尺寸基准的是（　　）。

A. 零件结构中的对称面　　　　　B. 零件的主要支承面和装配面
C. 零件主要回转面的轴线　　　　D. 零件的次要加工面

参考答案：ABC　适用等级：高级

1.13　零件的常见工艺结构

【考核点】

零件的结构形状不仅要满足设计要求，还要符合制造工艺、装配等方面的要求，以保证零件质量好、成本低、效率高。

圆角尺寸通常较小，一般为 R2~R5，在零件图上可省略不画，而在技术要求中统一说明。

铸件的壁厚不宜相差太大。如果壁厚不均匀，铁液冷却速度不同，会产生缩孔和裂纹，应采取措施避免。

为了去除零件的毛刺、锐边和便于装配，在轴、孔的端部，一般都加工成倒角。为了避免因应力集中而产生裂纹，在轴肩处往往加工成圆角。在切削加工中，特别在车螺纹和磨削时，为了便于退出刀具或使砂轮可以稍稍越过加工面，通常在零件待加工面的末端，先车出螺纹退刀槽或砂轮越程槽。

用钻头钻出的不通孔，在底部有一个 120° 的锥角。钻头轴线垂直于被钻孔的端面，以保证钻孔准确和避免钻头折断。

为了减少加工面积，并保证零件表面之间接触，通常在铸件上设计出凸台或加工出凸台或凹坑。

【考题样例】

1. 判断题

同一轴上的两个键槽不能设计在同一侧。（　　）

参考答案：对　适用等级：中级

2. 单项选择题

为了传递动力，轴上常装有齿轮、V 带轮，多利用键来连接，因此在轴上加工有（　　）。

A. 键槽　　　　　B. 孔　　　　　C. 螺纹　　　　　D. 退刀槽

参考答案：A　适用等级：中级

3. 多项选择题

以下说法正确的是（　　）。

A. 两零件在保证可靠性的前提下，应尽量减少加工面积
B. 用钻头钻孔时，要求钻头轴线垂直于被钻孔的端面
C. 为了避免应力集中产生裂纹，在轴肩处往往加工成圆角的过渡形式

参考答案：ABC　适用等级：中级

1.14 零件图读图

【考核点】

读零件图的顺序如下。

1. 看标题栏

读一张零件图，首先从标题栏入手，标题栏内列出了零件的名称、材料、比例等信息，从标题栏可以得到一些有关零件的概括信息。

2. 分析表达方案

3. 分析视图，想象零件形状结构

4. 分析尺寸

分析零件图上尺寸的目的是明确零件各组成部分的定形、定位尺寸及零件的总体尺寸，识别和判断各方向的主要尺寸基准。

5. 分析技术要求

分析零件图上的表面粗糙度、极限与配合、几何公差及文字说明的加工、制造、检验等要求，了解零件的加工制造方法。

【考题样例】

1. 判断题

1）读零件图首先通过标题栏了解零件的名称、材料、绘图比例等内容，并粗看视图，大致了解零件的结构特点和大小。（　　）

参考答案：对　　适用等级：中级

2）分析尺寸的要求为：根据零件的结构特点、设计和制造的工艺要求，找出尺寸基准，分清设计基准和工艺基准，明确尺寸种类和标注形式。（　　）

参考答案：对　　适用等级：中级

2. 单项选择题

分析视图首先要找到（　　）。

A. 主视图　　　　B. 俯视图　　　　C. 左视图　　　　D. 剖视图

参考答案：A　　适用等级：中级

3. 多项选择题

1）读零件图的目的是（　　）。

A. 了解零件的名称、用途、材料等
B. 了解零件各部分的结构、形状以及它们之间的相对位置
C. 了解零件的大小、制造方法和所提出的技术要求
D. 了解零件的装配方法

参考答案：ABC　　适用等级：中级

2）读零件图的步骤为（　　）。

A. 概括了解　　　　　　　　　　B. 分析视图
C. 分析尺寸　　　　　　　　　　D. 分析技术要求

参考答案：ABCD　　适用等级：中级

1.15　装配图的作用、内容及画法

【考核点】

表达机器或部件的工作原理、各零件之间的相对位置、装配关系等内容的工程图样，称为装配图。

在制造、装配产品时，需要根据装配图将零件组装成机器或部件。装配图是了解产品结构和进行调试、维修的主要依据。

一张完整的装配图具备以下内容：一组视图、一组尺寸、技术要求、零件序号和明细栏、标题栏。

装配图的规定画法如图 1-22 所示。

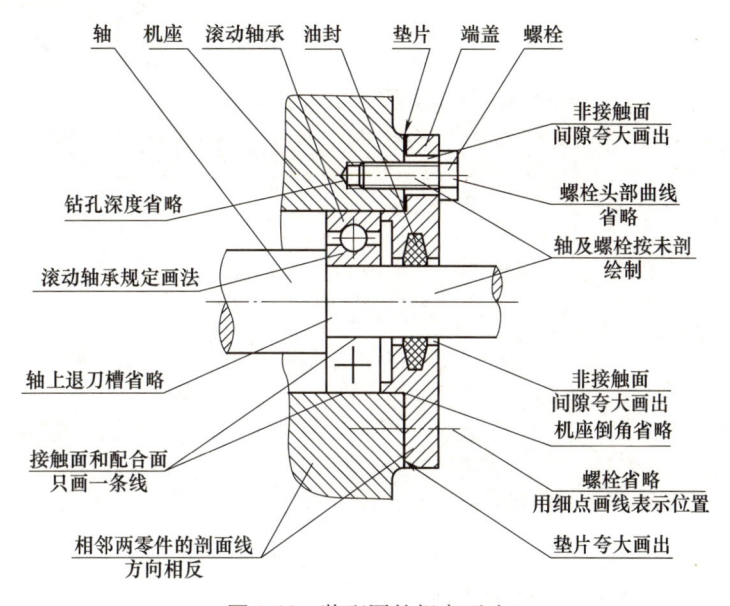

图 1-22　装配图的规定画法

【考题样例】

1. 判断题

1）零件图上所采用的图样画法（如视图、剖视图、断面图等）在表达装配体时也同样适用。（　　）

参考答案：对　　适用等级：中级

2）在装配图中，两相邻零件的接触面和配合面画一条线，不接触的表面画两条线，如果间隙较小，也可以画一条线。（　　）

参考答案：错　　适用等级：中级

3）对于间隙配合两零件表面的接触处，可以画两条线。（　　）

参考答案：错　　适用等级：中级

2. 单项选择题

对薄片零件、细丝弹簧和微小间隙等，若按其实际尺寸在装配图上很难画出或难以明显表示时，可采用（　　）画法。

A. 局部放大　　　　B. 夸大　　　　C. 省略不画　　　　D. 涂黑

参考答案：D　　适用等级：中级

3. 多项选择题

装配图中应标注的尺寸有（　　）。

A. 零件的定形和定位尺寸　　　　B. 装配尺寸
C. 安装尺寸　　　　　　　　　　D. 外形尺寸

参考答案：BCD　　适用等级：中级

模块 2

公差与测量技术

2.1 尺寸公差的基本术语与定义

【考核点】

尺寸公差的基本术语包括孔与轴、尺寸、偏差和公差、公差带及公差带图。孔与轴的含义是广义的,通常孔是指圆柱形内表面,也包括非圆柱形内表面,而轴是指圆柱形外表面,也包括非圆柱形外表面。尺寸包括公称尺寸、实际尺寸和极限尺寸。公称尺寸为设计给定的尺寸,实际尺寸为通过测量所得的尺寸,而极限尺寸是指允许尺寸变化的两个界限值。极限尺寸又分为上极限尺寸和下极限尺寸。偏差分为尺寸偏差、实际偏差和极限偏差三种。极限尺寸减其公称尺寸所得的代数差,称为极限偏差,极限偏差有上极限偏差和下极限偏差。尺寸公差是指允许的尺寸变动量,简称为公差。公差带表示零件的尺寸相对其公称尺寸所允许变动的范围。用图所表示的公差带,称为公差带图。

【考题样例】

1. 判断题

1) 极限尺寸是指允许尺寸变化的两个界限值,包括上极限尺寸和下极限尺寸。( )

参考答案:对 适用等级:初级

2) 同一公差等级的孔和轴的标准公差数值一定相等。( )

参考答案:错 适用等级:初级

2. 单项选择题

1) 图 2-1 所示为面对基准线的平行度公差,公差带含义解释正确的是( )。

A. 上表面必须位于距离为 0.02mm,且平行于内圆柱表面的两平行平面之间

B. 上表面必须位于距离为公差数值 0.02mm,且平行于基准轴线的两平行平面

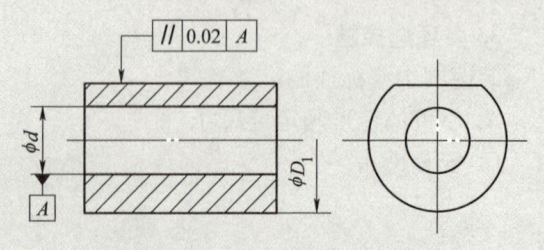

图 2-1 面对基准线的平行度公差

之间

  C. ϕD_1 的轴线必须位于距离为公差数值 0.02mm，且平行于基准轴线的两平行平面之间

  D. 上表面必须位于距离为公差数值 0.02mm，且平行于 ϕD_1 下侧母线的两平行平面之间

参考答案：B　适用等级：中级

2) $\phi 30^{+0.051}_{+0.016}$ mm 的零件，其上极限偏差是（　　）mm。

  A. +0.016　　　　B. 0.067　　　　C. 0.035　　　　D. +0.051

参考答案：D　适用等级：初级

3. 多项选择题

公差带由基本要素（　　）组成。

  A. 标准公差　　　B. 基本偏差　　　C. 极限偏差　　　D. 极限尺寸

参考答案：AB　适用等级：初级

2.2　标准公差和基本偏差系列

【考核点】

标准公差系列是国家标准制定出的一系列标准公差数值。标准公差等级是指确定尺寸精确程度的等级。不同零件和零件上不同部位的尺寸，对其精确程度的要求往往不同。为了满足生产使用要求，孔、轴规定了 20 个标准公差等级，其代号由标准公差符号 IT 和数字组成，它们分别用 IT01、IT0、IT1、IT2、…、IT18 表示。其中 IT01 最高，等级依次降低，IT18 最低。基本偏差代号用一或两位拉丁字母表示，孔用大写字母表示，轴用小写字母表示，各有 28 种基本偏差代号，其构成了基本偏差系列。

【考题样例】

1. 判断题

1) 一般以靠近零线的上极限偏差（或下极限偏差）为基本偏差。（　　）

参考答案：对　适用等级：初级

解析：基本偏差是指用来确定公差带相对于零线位置的上极限偏差或下极限偏差，一般是指靠近零线的那个偏差。

2) 标准公差数值与公差等级有关，而与基本偏差无关。（　　）

参考答案：对　适用等级：初级

2. 单项选择题

1) 标准公差数值与（　　）有关。

  A. 公称尺寸和公差等级　　　　　　　B. 公称尺寸和基本偏差
  C. 公差等级和配合性质　　　　　　　D. 基本偏差和配合性质

参考答案：A　适用等级：初级

2) 设置基本偏差的目的是将（　　）加以标准化，以满足各种配合性质的需要。

  A. 公差带相对于零线的位置　　B. 公差带的大小　　C. 各种配合

参考答案：A　适用等级：初级

3. 多项选择题

下列关于公差等级的论述中，正确的有（　　）。

A. 公差等级越高，则公差带越宽

B. 在满足使用要求的前提下，应尽量选用低的公差等级

C. 公差等级的高低，影响公差带的大小，决定配合的精度

D. 孔轴相配合，均为同级配合

E. 国家标准规定，标准公差分为 18 级

参考答案：BC　适用等级：初级

2.3 配合与配合制

【考核点】

配合是指公称尺寸相同，相互结合的孔和轴公差带之间的关系。组成配合的孔与轴的公差带位置不同，便形成不同的配合性质。

按照配合性质可以分为间隙配合、过盈配合和过渡配合三种。

允许间隙或过盈的变动量称为配合公差，用符号 T_f 表示，其表示配合松紧的变化范围。

配合公差的大小表示配合精度。在间隙配合中，配合公差等于最大间隙与最小间隙之差的绝对值；在过盈配合中，配合公差等于最小过盈与最大过盈之差的绝对值；在过渡配合中，配合公差等于最大间隙与最大过盈之差的绝对值。

为了以最少的标准公差带形成最多的配合，且获得良好的技术经济效益，国家标准规定了两种基准制，即基孔制和基轴制。基孔制是指基本偏差为一定的孔的公差带与不同基本偏差的轴的公差带所形成的各种配合的一种制度。基轴制是指基本偏差为一定的轴的公差带与不同基本偏差的孔的公差带形成的各种配合的一种制度。

【考题样例】

1. 判断题

1) 配合公差的数值越小，则相互配合的孔、轴的尺寸公差等级越高。（　　）

参考答案：对　适用等级：初级

2) 内径为 $\phi50H7$ 的滚动轴承与 $\phi50k5$ 的轴颈配合，其配合性质是间隙配合。（　　）

参考答案：错　适用等级：初级

2. 单项选择题

1) $\phi50H7/g6$ 属于（　　）。

A. 基轴制配合　　　B. 过渡配合　　　C. 过盈配合　　　D. 间隙配合

参考答案：D　适用等级：初级

2) 机械制造中常用的优先配合的基准孔是（　　）。

A. H7　　　　　　B. H2　　　　　　C. D2　　　　　　D. h7

参考答案：A　适用等级：初级

3) 下列各组配合中，配合性质相同的是（　　）。

A. $\phi40H7/g6$ 和 $\phi40H7/f6$　　　　　B. $\phi40P7/h6$ 和 $\phi40H8/p7$

C. $\phi40M8/h8$ 和 $\phi40H8/m8$　　　　D. $\phi40H7/m6$ 和 $\phi40M7/h6$

参考答案：A　适用等级：初级

3. 多项选择题

在（　　）条件下，配合间隙应考虑增加。

A. 有冲击负荷　　B. 有轴向运动　　C. 旋转速度增高

D. 配合长度增大　　E. 经常拆卸

参考答案：BCD　适用等级：初级

2.4　测量方法

【考核点】

测量是指确定被测对象的量值而进行的实验过程，即将一个被测量与一个作为测量单位的标准量进行比较的过程。测量方法是指测量时所采用的测量原理、测量器具以及测量条件的总和。

【考题样例】

1. 判断题

1）梯形螺纹测量一般是用三针测量法测量螺纹的小径。（　　）

参考答案：错　适用等级：中级

2）水平仪可用于测量机件相互位置的平行度误差。（　　）

参考答案：对　适用等级：初级

2. 单项选择题

1）用百分表测量轴上键槽中心的方法称为（　　）。

A. 环表对刀法　　B. 划线对刀法　　C. 擦边对刀法　　D. 切痕对刀法

参考答案：A　适用等级：中级

2）测量基准是指工件在（　　）时所使用的基准。

A. 检验　　B. 装配　　C. 加工　　D. 维修

参考答案：A　适用等级：初级

3）测量孔的深度时，应选用（　　）。

A. 深度千分尺　　B. 正弦规　　C. 三角板　　D. 量块

参考答案：A　适用等级：初级

3. 多项选择题

下列论述中不正确的有（　　）。

A. 无论气温高低，只要零件的实际尺寸都介于上、下极限尺寸之间，就能判断其为合格

B. 一批零件的实际尺寸最大为 20.01mm，最小为 19.98mm，则可知该零件的上极限偏差为+0.01mm，下极限偏差为-0.02mm

C. j~f 的基本偏差为上极限偏差

D. 对零部件规定的公差数值越小，则其配合公差也必定越小

E. H7/h6 和 H9/h9 配合的最小间隙相同，最大间隙不同

参考答案：ABC　适用等级：中级

2.5 测量器具及使用方法

【考核点】

测量器具是量具、量规、量仪和其他用于测量目的的测量装置的总称。测量器具按结构特点可分为量具、量规、量仪和测量装置四类。常用的量具有量块，常用的量规有光滑极限量规和螺纹量规，常用的量仪有游标卡尺、千分尺、百分表、千分表、三坐标测量仪等。

【考题样例】

1. 判断题

1) 游标卡尺在使用前，应擦净两卡脚测量面，合拢两卡脚，检查游标"0"线与主尺"0"线是否对齐。（　　）

参考答案：对　适用等级：初级

2) 50分度游标卡尺的测量精度为0.01mm。（　　）

参考答案：错　适用等级：初级

2. 单项选择题

1) 游标深度卡尺用于测量零件的深度或（　　）和槽的深度。
A. 长度　　　　　　B. 台阶尺寸　　　　　C. 直径　　　　　　D. 宽度

参考答案：B　适用等级：初级

2) 塞尺又称为（　　）或间隙片，用来检测两个面之间的间隙尺寸。
A. 半径规　　　　　B. 尺规　　　　　　　C. 厚薄规　　　　　D. 量规

参考答案：C　适用等级：初级

3) 游标卡尺使用中，50分度的精度是（　　）mm。
A. 0.002　　　　　 B. 0.01　　　　　　 C. 0.02　　　　　　D. 0.001

参考答案：C　适用等级：初级

3. 多项选择题

量规按用途可分为（　　）。
A. 工作量规　　　　B. 通规　　　　　　　C. 止规
D. 验收量规　　　　E. 校对量规

参考答案：ADE　适用等级：初级

2.6 测量误差

【考核点】

由于测量器具本身的误差和测量条件的限制，造成的测量结果与被测量要素真值之差，称为测量误差。测量误差常用绝对误差和相对误差两种指标评定。测量误差由量具产生的误差、测量方法误差、环境引起的误差和人员操作误差组成。测量误差按其性质分为随机误差、系统误差和粗大误差（过失和反常误差）。

【考题样例】

1. 判断题

1) 测量误差在技术熟练的情况下可完全避免。（　　）

参考答案：错　适用等级：初级

2）杠杆千分表的测杆轴线与被测工件的夹角越小，测量误差就越大。（　　）

参考答案：错　适用等级：初级

2. 单项选择题

1）取多次重复测量的平均值来表示测量结果可以减少（　　）。
A. 定值系统误差　　　B. 变值系统误差　　　C. 随机误差　　　D. 粗大误差

参考答案：C　适用等级：初级

2）下列（　　）不是加工误差产生的原因。
A. 加工过程中工艺系统产生的各种误差
B. 工件内应力引起的误差
C. 加工过程中使用了主轴定向指令
D. 测量误差

参考答案：D　适用等级：中级

3. 多项选择题

1）测量误差产生的原因有（　　）。
A. 仪器误差　　　　　　　　　　B. 观测者误差（人的因素）
C. 环境误差　　　　　　　　　　D. 失误

参考答案：ABC　适用等级：初级

2）误差传播定律包括（　　）函数。
A. 倍数函数　　　B. 和差函数　　　C. 一般线性函数　　　D. 一般函数

参考答案：ABCD　适用等级：中级

2.7　几何公差

【考核点】

零件的实际形状和位置相对理想的形状和位置所产生的偏离，称为几何误差。机械加工中，规定几何误差的变动范围即为几何公差。几何公差分为形状公差、方向公差、位置公差和跳动公差，见表2-1。几何公差带是限制实际被测要素变动的区域。几何公差带控制的是点、线、面、圆等区域，不仅有大小，还具有形状、方向、位置。

表2-1　几何公差

公差类型	几何特征	符　号	有无基准
形状公差	直线度	—	无
	平面度	▱	无
	圆度	○	无
	圆柱度	⌀	无
	线轮廓度	⌒	无
	面轮廓度	⌒	无

（续）

公差类型	几何特征	符　号	有无基准
方向公差	平行度	∥	有
	垂直度	⊥	有
	倾斜度	∠	有
	线轮廓度	⌒	有
	面轮廓度	⌒	有
位置公差	位置度	⊕	有或无
	同心度（用于中心点）	◎	有
	同轴度（用于轴线）	◎	有
	对称度	═	有
	线轮廓度	⌒	有
	面轮廓度	⌒	有
跳动公差	圆跳动	↗	有
	全跳动	⌁	有

部分几何公差的图例及说明见表 2-2 和表 2-3。

表 2-2　形状公差的图例及说明

项目	图　例	说　明
直线度	—⌀0.01　⌀20；实际轴线 ⌀0.01	轴线直线度公差为 $\phi0.01$mm，实际轴线应位于 $\phi0.01$mm 的圆柱面内
平面度	▱ 0.1；0.1 实际平面	平面度公差为 0.1mm，实际平面应位于距离为 0.1mm 的两平行平面内
圆度	○ 0.005　⌀18；0.005 实际圆	圆度公差为 0.005mm，在任一横截面内，实际圆应位于半径差为 0.005mm 的两同心圆之间

（续）

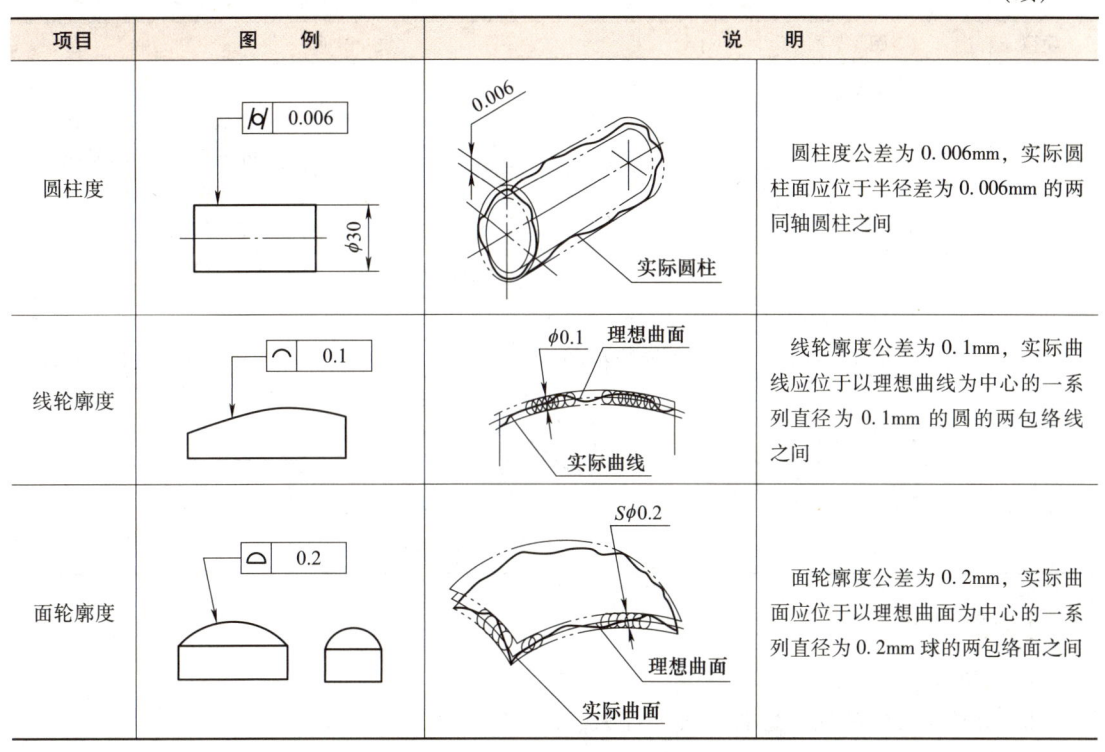

项目	图 例	说 明
圆柱度	⌭ 0.006, φ30	圆柱度公差为 0.006mm，实际圆柱面应位于半径差为 0.006mm 的两同轴圆柱之间
线轮廓度	⌒ 0.1	线轮廓度公差为 0.1mm，实际曲线应位于以理想曲线为中心的一系列直径为 0.1mm 的圆的两包络线之间
面轮廓度	⌓ 0.2	面轮廓度公差为 0.2mm，实际曲面应位于以理想曲面为中心的一系列直径为 0.2mm 球的两包络面之间

表 2-3　其他几何公差的图例及说明

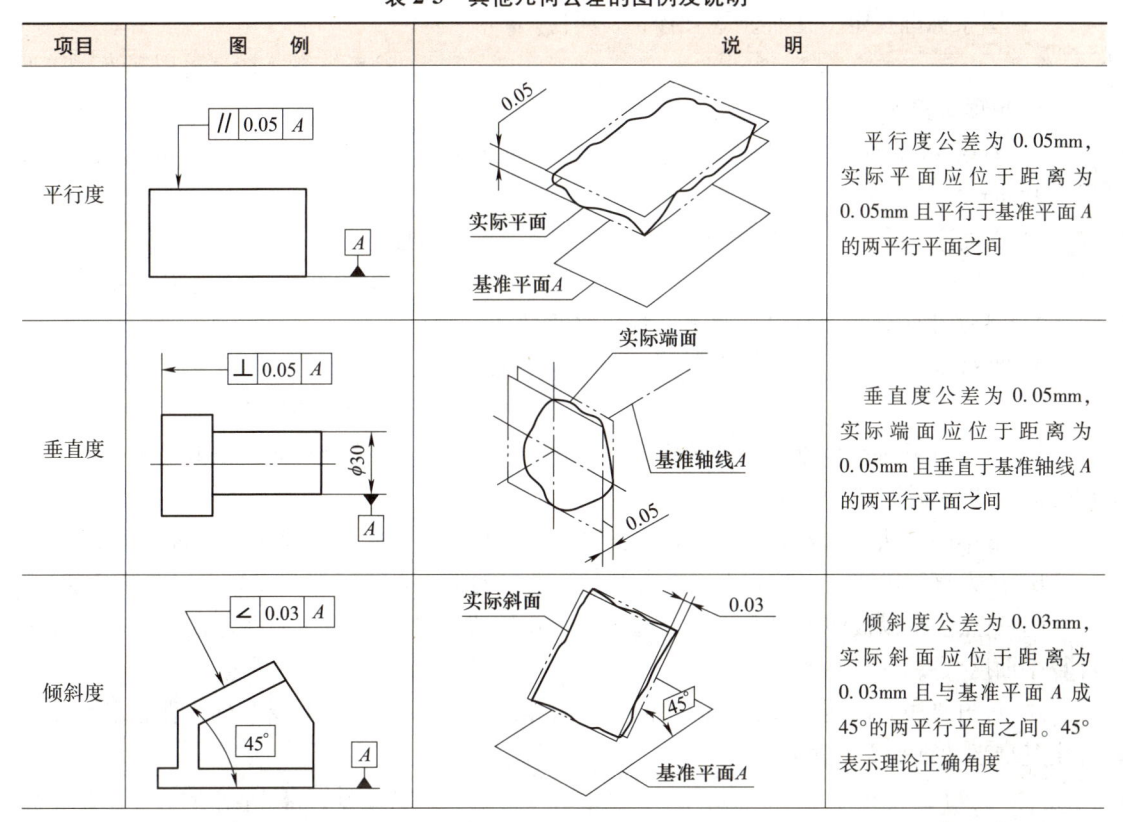

项目	图 例	说 明
平行度	∥ 0.05 A	平行度公差为 0.05mm，实际平面应位于距离为 0.05mm 且平行于基准平面 A 的两平行平面之间
垂直度	⊥ 0.05 A，φ30	垂直度公差为 0.05mm，实际端面应位于距离为 0.05mm 且垂直于基准轴线 A 的两平行平面之间
倾斜度	∠ 0.03 A，45°	倾斜度公差为 0.03mm，实际斜面应位于距离为 0.03mm 且与基准平面 A 成 45°的两平行平面之间。45°表示理论正确角度

(续)

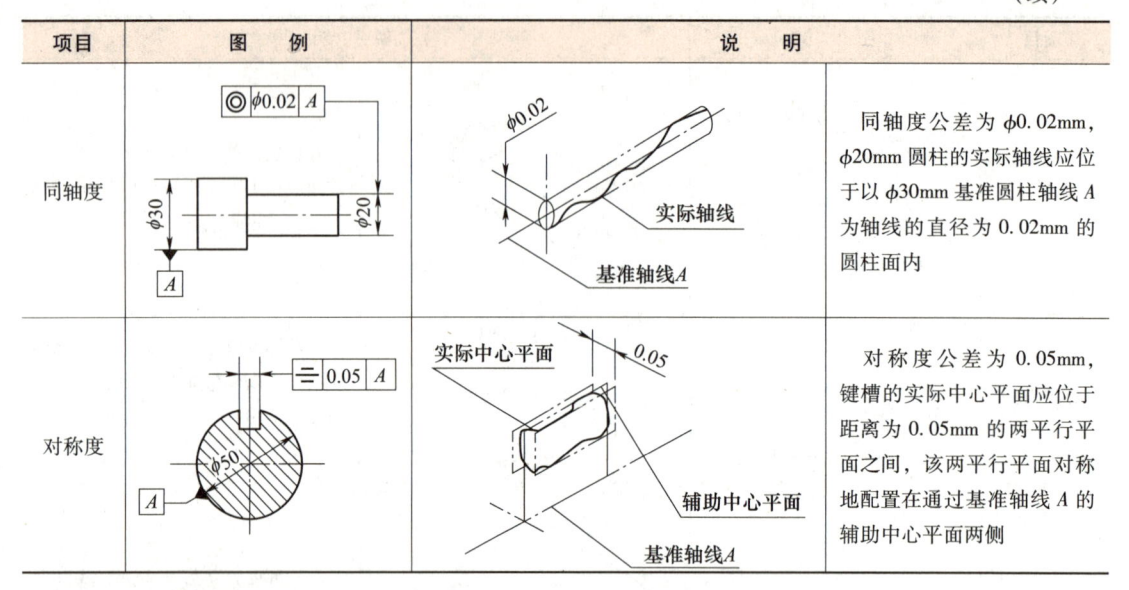

项目	图例	说明
同轴度	◎ φ0.02 A，φ30，φ20，A	同轴度公差为 φ0.02mm，φ20mm 圆柱的实际轴线应位于以 φ30mm 基准圆柱轴线 A 为轴线的直径为 0.02mm 的圆柱面内
对称度	═ 0.05 A，φ50，A	对称度公差为 0.05mm，键槽的实际中心平面应位于距离为 0.05mm 的两平行平面之间，该两平行平面对称地配置在通过基准轴线 A 的辅助中心平面两侧

【考题样例】

1. 判断题

1）几何公差用于限制零件的尺寸误差。（　　）

参考答案：错　适用等级：初级

2）国家标准规定，几何公差只有 5 个项目。（　　）

参考答案：错　适用等级：初级

2. 单项选择题

1）若某测量面对基准面的平行度误差为 0.08mm，则其（　　）误差必不大于 0.08mm。

A. 平面度　　　　B. 对称度　　　　C. 垂直度　　　　D. 位置度

参考答案：A　适用等级：初级

2）下列几何公差项目中，属于形状公差的是（　　）。

A. 平行度　　　　B. 倾斜度　　　　C. 位置度　　　　D. 平面度

参考答案：D　适用等级：初级

3）在下列几种平面度误差的评定方法中，只有（　　）符合平面度误差的定义，其余均是近似的评定方法。

A. 最小区域法：包容实际表面距离为最小的两平行平面间的距离作为平面度误差值

B. 最大直线度法：以被测平面上各测量截面内的最大直线度误差作为平面度误差值

C. 三点法：以被测平面上相隔最远的三个点组成的理想平面作为评定误差的基准面来计算平面度误差

D. 对角线法：以通过被测平面上的一条对角线且与另一条对角线平行的理想平面作为评定基准来计算平面度误差

参考答案：A　适用等级：中级

3. 多项选择题

1) 与给定一个方向的直线度公差带形状相同的是（　　）。
   A. 线对面的平行度公差带　　　　　B. 面对线的垂直度公差带
   C. 线对面的垂直度公差带　　　　　D. 面对面的平行度公差带
   E. 面的平面度公差带

   参考答案：ABDE　　适用等级：中级

2) 与一直线任意方向的直线度公差带形状相同的是（　　）。
   A. 直线对平面的垂直度公差带
   B. 圆柱度公差带
   C. 同轴度公差带
   D. 直线对直线任意方向的平行度公差带
   E. 直线对直线给定相互垂直的两个方向的平行度公差带

   参考答案：ACD　　适用等级：中级

2.8 公差原则

【考核点】

公差原则分为独立原则和相关要求。

独立原则是指图样上给定的每一个尺寸和形状、位置要求均是独立的，都应满足。

相关要求是尺寸公差和几何公差相互有关的公差要求，包括包容要求、最大实体要求、最小实体要求和可逆要求。包容要求是要求实际要素处处位于具有理想的包容面内的一种公差要求。最大实体要求是控制被测要素的实际轮廓处于其最大实体实效边界之内的一种公差要求。最小实体要求是当零件的实际要素偏离最小实体尺寸时，允许其几何误差值超出其给定的公差值。可逆要求是既允许尺寸公差补偿几何公差，反过来也允许几何公差补偿尺寸公差的一种要求。

【考题样例】

1. 判断题

1) 最大实体尺寸是孔和轴的上极限尺寸的总称。（　　）

   参考答案：错　　适用等级：中级

2) 包容要求是控制作用尺寸不超出最大实体边界的公差要求。（　　）

   参考答案：错　　适用等级：中级

2. 单项选择题

1) 最大实体尺寸是（　　）的统称。
   A. 孔的下极限尺寸和轴的下极限尺寸
   B. 孔的上极限尺寸和轴的上极限尺寸
   C. 轴的下极限尺寸和孔的上极限尺寸
   D. 轴的上极限尺寸和孔的下极限尺寸

   参考答案：D　　适用等级：中级

2) 从加工过程看，零件尺寸的"终止尺寸"是（　　）。

A. 上极限尺寸 B. 最大实体尺寸
C. 下极限尺寸 D. 最小实体尺寸

参考答案：B　适用等级：初级

3）从使用寿命看，机器使用寿命较长，孔、轴的尺寸为（　　）。
A. 上极限尺寸 B. 最大实体尺寸
C. 下极限尺寸 D. 最小实体尺寸

参考答案：B　适用等级：初级

3. 多项选择题

下列论述正确的有（　　）。
A. 孔的最大实体实效尺寸 = D_{max} - 几何公差
B. 孔的最大实体实效尺寸 = 最大实体尺寸 - 几何公差
C. 轴的最大实体实效尺寸 = d_{max} + 几何公差
D. 轴的最大实体实效尺寸 = 实际尺寸 + 几何公差
E. 最大实体实效尺寸 = 最大实体尺寸

参考答案：BC　适用等级：中级

2.9　几何误差检测

【考核点】

几何误差检测的步骤如下：
1）根据误差项目和检测条件确定检测方案，根据方案选择检测器具，并确定测量基准。
2）进行测量，得到被测实际要素的有关数据。
3）进行数据处理，按最小条件确定最小包容区域，得到几何误差数值。

几何误差的检测原则：与理想要素比较的原则、测量坐标值原则、测量特征参数原则和测量跳动原则。

【考题样例】

1. 判断题

1）将被测零件放置在平板上，移动百分表，在被测表面上按规定进行测量，百分表最大与最小读数之差值，即为平行度误差。（　　）

参考答案：对　适用等级：中级

2）在振摆仪上，零件旋转一周时，百分表最大与最小读数之差值，作为该零件的同轴度误差。（　　）

参考答案：错　适用等级：中级

2. 单项选择题

1）用三针法测量并经过计算出的螺纹中径是（　　）。
A. 单一中径 B. 作用中径
C. 中径公称尺寸 D. 大径和小径的平均尺寸

参考答案：A　适用等级：初级

2）用游标卡尺测量孔的中心距，此测量方法称为（　　）。
A. 直接测量　　　　　　　B. 间接测量　　　　　　C. 绝对测量　　　　　D. 比较测量
参考答案：B　适用等级：初级

3）齿轮传递运动准确性的必检指标是（　　）。
A. 齿厚偏差
B. 齿廓总偏差
C. 齿距累积误差
D. 螺旋线总偏差
参考答案：C　适用等级：初级

3. 多项选择题

1）直线型检测元件有（　　）。
A. 感应同步器
B. 光栅
C. 磁栅
D. 激光干涉仪
参考答案：ABCD　适用等级：中级

2）几何误差的检测原则有（　　）。
A. 与理想要素比较的原则
B. 测量坐标值原则
C. 测量特征参数原则
D. 测量跳动原则
参考答案：ABCD　适用等级：中级

2.10　表面粗糙度及测量

【考核点】

测量和评定表面粗糙度时所规定的一段基准长度，称为取样长度 lr。它在轮廓总的走向上取。表面粗糙度的评定参数有：幅度参数（轮廓算术平均偏差 Ra，轮廓最大高度 Rz）、间距参数、混合参数以及曲线和相关参数（轮廓支承长度率 $Rmr(c)$）。测量表面粗糙度的方法有比较法、光切法、感触法和干涉法四种。

【考题样例】

1. 判断题

1）实际尺寸相同的两副过盈配合件，表面粗糙度值小的具有较大的实际过盈量，可取得较大的连接强度。（　　）
参考答案：对　适用等级：初级

2）零件各种表面所选的加工方法的经济精度和表面粗糙度应与加工表面的要求相吻合。（　　）
参考答案：对　适用等级：初级

2. 单项选择题

1）表面粗糙度是指（　　）。
A. 表面微观的几何形状误差
B. 表面波纹度
C. 表面宏观的几何形状误差
D. 表面形状误差
参考答案：A　适用等级：初级

2）表面粗糙度测量仪可以测（　　）值。
A. Ra 和 Rz
B. Ra
C. Rz

参考答案：A 适用等级：初级

3）表面粗糙度是指加工表面的微观几何形状误差，主要由（　　）以及切削过程中塑性变形和振动等因素决定。

A. 刀具的形状　　　B. 机床　　　C. 操作者　　　D. 工件大小

参考答案：A 适用等级：初级

3. 多项选择题

1）关于表面粗糙度符号描述正确的是（　　）。

A. 表面粗糙度加工纹理符号 C，表示表面纹理为近似的同心圆且圆心与表面中心相关
B. 表面粗糙度加工纹理符号 =，表示表面纹理平行于视图所在的投影面
C. 表面粗糙度加工纹理符号 X，表示表面纹理呈两斜向交叉且与视图所在的投影面相关
D. 表面粗糙度加工纹理符号 R，表示表面纹理呈近似放射形与表面圆心相关
E. 表面粗糙度加工纹理符号 M，表示表面纹理呈多方向

参考答案：ABCDE 适用等级：中级

2）下列属于加工精度内容的是（　　）。

A. 尺寸精度　　　B. 形状精度　　　C. 位置精度
D. 表面粗糙度　　E. 表面波纹度

参考答案：ABC 适用等级：初级

2.11 尺寸链

【考核点】

尺寸链是在机器装配或零件加工过程中，由相互连接的尺寸形成的封闭尺寸组，其特点为：封闭性，即必须由一系列互相关联的尺寸排列成为封闭的形式；制约性，即某一尺寸的变化将影响其他尺寸的变化。完全互换法是按尺寸链中各环的极限尺寸来计算公差的，但是在大量生产中，零件实际尺寸的分布是随机的，多数情况下可考虑成正态分布或偏态分布。如果加工中工艺调整中心接近公差带中心时，大多数零件的尺寸分布于公差带中心附近，靠近极限尺寸的零件数目极少。

【考题样例】

1. 判断题

1）尺寸链是在机器装配或零件加工过程中，由相互连接的尺寸形成的封闭尺寸组。（　　）

参考答案：对 适用等级：初级

2）尺寸链是由封闭环和组成环（增环和减环）组成。（　　）

参考答案：对 适用等级：初级

2. 单项选择题

1）尺寸链按其功能可分为设计尺寸链和（　　）。

A. 工艺尺寸链　　　　　　B. 线性尺寸链
C. 加工尺寸链　　　　　　D. 角度尺寸链

参考答案：A　适用等级：初级

2）封闭环的公差等于各组成环的（　　）。
A. 公称尺寸之和的 3/5
B. 公称尺寸之和或者之差
C. 公差之和
D. 公差之差

参考答案：C　适用等级：初级

3）下列有关封闭环计算的竖式正确的是（　　）。
A. 减环上下极限偏差照抄，增环的上下极限偏差对调
B. 增环上下极限偏差照抄，减环的上下极限偏差对调
C. 增环上下极限偏差相减，减环的上下极限偏差对调
D. 减环上下极限偏差相减，减环的上下极限偏差对调

参考答案：B　适用等级：初级

4）下列各项中有关封闭环的说法正确的是（　　）。
A. 封闭环的公差等于各组成环的公差之差
B. 封闭环的公差等于各组成环的公差之积
C. 封闭环的公差等于各组成环的公差之和
D. 封闭环的公差等于各组成环的公差之商

参考答案：C　适用等级：初级

3. 多项选择题

下列关于封闭环公称尺寸的计算不正确的是（　　）。
A. 封闭环的公称尺寸等于各增环的公称尺寸之和减去各减环的公称尺寸之和
B. 封闭环的公称尺寸等于各增环的公称尺寸之差减去各减环的公称尺寸之和
C. 封闭环的公称尺寸等于各增环的公称尺寸之差乘以各减环的公称尺寸之和
D. 封闭环的公称尺寸等于各增环的公称尺寸之差除以各减环的公称尺寸之和
E. 封闭环的公称尺寸等于各增环的公称尺寸之和除以各减环的公称尺寸之和

参考答案：BCDE　适用等级：初级

2.12　三坐标测量机原理与使用

【考核点】

三坐标测量机的基本结构和测量基本原理。三坐标测头系统由测针、测针模块和测针座组成。三坐标测量软件的使用包括三坐标测量机的测头校正、基本元素的测量（点元素和矢量元素）。常用基本元素见表 2-4。

表 2-4　常用基本元素

名称	测点数 n		X、Y、Z 表示含义	距离/角度/直径	形状误差
点	$n=1$		点的坐标	—	—

(续)

名称	测点数 n		X、Y、Z 表示含义	距离/角度/直径	形状误差
直线	n≥2		当前坐标原点到该直线作垂线，垂足点的坐标	—	直线度
平面	n≥3		当前坐标原点到该面作垂线，垂足点的坐标	—	平面度
圆	n≥3		圆点的坐标	圆的直径	圆度

三坐标测量机使用注意事项包括开机前准备、使用过程中的注意事项和测量结束后的注意事项等。

【考题样例】

1. 判断题

1) 三坐标测头的大小对测量误差有影响，因为包容性不一样，接触面不一样，所以得出的结果也不一样。（　　）

参考答案：对　适用等级：中级

2) 三坐标测量机的工作温度为 18~20℃，湿度在 25%~100% 范围内。（　　）

参考答案：错　适用等级：中级

2. 单项选择题

1) 三坐标测量机基本结构主要由（　　）组成。

A. 机床、传感器、数据处理系统三大部分

B. 解码器、反射灯两大部分

C. 机床、放大器两大部分

D. 传感器、编辑器、驱动箱三大部分

参考答案：A　适用等级：中级

2) 以下可以测量圆度的设备是（　　）。

A. 三坐标测量机　　B. 高度仪　　C. 硬度仪　　D. 粗糙度仪

参考答案：A　适用等级：中级

3) 下列不是基本尺寸输出的是（　　）。

A. 位置输出　　　　　　B. 基本输出　　　　　C. 角度输出　　　　　D. 距离输出

　　　　　　　　　　　　　　　　　　　　参考答案：A　适用等级：中级

3. 多项选择题

通常三坐标测量仪有（　　）三种采集的方法。

A. 自动识别元素　　　　　　　　　　B. 从属元素
C. 构造元素　　　　　　　　　　　　D. 从模型上采集元素

　　　　　　　　　　　　　　　　　参考答案：ACD　适用等级：中级

模块 3

机械设计基础

3.1 机构与常见机构类型

【考核点】

机器是一种用来转换或传递能量、物料和信息,执行机械运动的装置。

机器中不可拆卸的制造单元称为零件,因此从制造的角度看,机器由零件组成。组成机器的各个相对运动的实体单元称为构件,因此从运动的角度看,机器由构件组成。

机构是指能实现预期的运动和动力传递的多个实体的人为组合,一般由主动件、从动件和机架组成。机构的功能只能是用于传递运动和动力,而机器除用于传递运动和动力外,还能实现能量、物料和信息的转换与传递。从运动和结构的角度看,机构与机器并无区别,因此工程上常将机构和机器统称为机械。

常见机构类型有平面连杆机构、凸轮机构、螺旋机构、间歇运动机构等。

【考题样例】

1. 判断题

从运动和结构的角度看,机构与机器并无区别。(   )

参考答案:对 适用等级:初级

解析:机构是指能实现预期的运动和动力传递的多个实体的人为组合,而机器除用于传递运动和动力外,还能实现能量、物料和信息的转换与传递。从运动和结构的角度看,机构与机器并无区别。

2. 单项选择题

1) 机器与机构的区别在于(   )。

A. 能否传递运动
B. 能否传递动力
C. 能否实现能量、物料和信息的转换与传递

参考答案:C 适用等级:中级

2) 从运动的角度看,机器由(   )组成。

A. 零件　　　　　　　B. 构件　　　　　　　C. 机构

参考答案：B　适用等级：初级

3. 多项选择题

常见的机构类型有（　　）。

A. 平面连杆机构　　　　　　　B. 凸轮机构
C. 螺旋机构　　　　　　　　　D. 间歇运动机构

参考答案：ABCD　适用等级：初级

3.2　平面连杆机构的类型与应用

【考核点】

1. 平面连杆机构

两构件直接接触形成的可动连接称为运动副。构件间为面接触形式的运动副称为低副，常见的平面低副有转动副和移动副。构件间为点、线接触形式的运动副称为高副，常见的高副有凸轮副和齿轮副，如图 3-1 所示。平面连杆机构是由许多刚性构件用低副连接组成的平面机构。一般连杆机构以其所含杆的数目而命名，由四个构件组成的平面连杆机构称为平面四杆机构，工程中应用最广。构件间用四个转动副相连的平面四杆机构，称为铰链四杆机构。铰链四杆机构是平面四杆机构最基本的形式，按两连架杆的运动形式不同，分为三种基本类型，即曲柄摇杆机构、双曲柄机构和双摇杆机构，如图 3-2 所示。

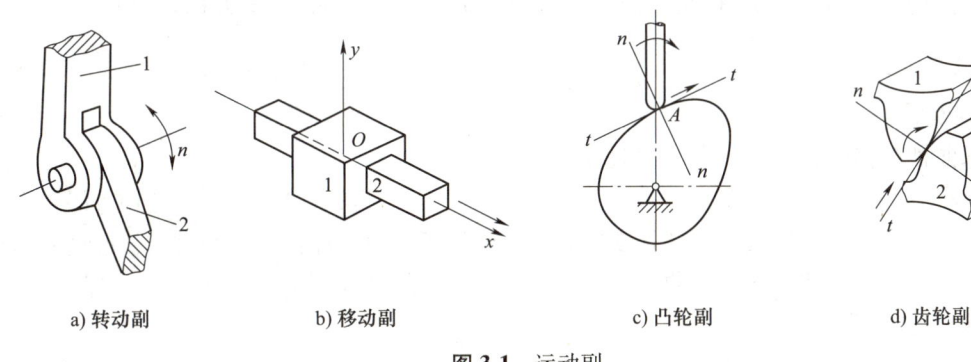

a) 转动副　　　b) 移动副　　　c) 凸轮副　　　d) 齿轮副

图 3-1　运动副

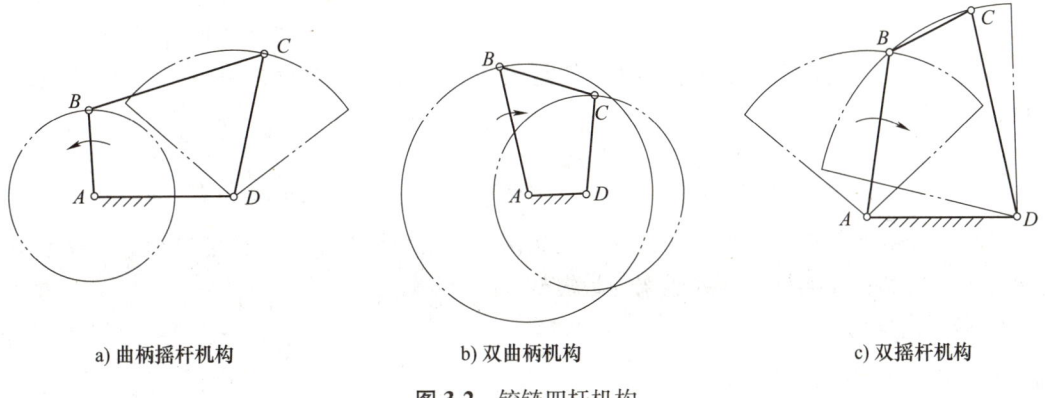

a) 曲柄摇杆机构　　　b) 双曲柄机构　　　c) 双摇杆机构

图 3-2　铰链四杆机构

曲柄摇杆机构：在两连架杆中，一个为曲柄，而另一个为摇杆。它可实现曲柄转动与摇杆摆动的相互转换。曲柄为主动件，做匀速转动；摇杆为从动件，做变速摆动。

双曲柄机构：两连架杆均为曲柄。当主动曲柄匀速转动时，从动曲柄可做同向或反向、等速或变速转动。

双摇杆机构：两连架杆均为摇杆。它可实现两个摇杆摆动的相互转换。

对于铰链四杆机构，可按下述方法判别其类型。

1) 如果最短杆与最长杆长度之和小于或等于其他两杆长度之和，则：取最短杆为机架时，为双曲柄机构；取最短杆为连架杆之一时，为曲柄摇杆机构；取最短杆为连杆时，为双摇杆机构。

2) 如果最短杆与最长杆长度之和大于其他两杆长度之和，则为双摇杆机构。在实际生产中，铰链四杆机构除基本形式外，还有以下演化形式。

曲柄滑块机构：铰链四杆机构中一个转动副转化为移动副。

曲柄移动导杆机构：铰链四杆机构中两个转动副转化为移动副。

导杆机构：由曲柄滑块机构改换机架演化而成。

2. 平面连杆机构的应用

1) 向较远处传递运动的操纵机构，如自行车手闸机构、车床和汽车上离合器的操纵机构等。

2) 转变运动形式的传动机构，如牛头刨床的横向进刀机构（转动-摆动），缝纫机上的踏板机构（摆动-转动）。

3) 直接进行工作的执行机构，如汽车的刮水器机构，公共汽车的开门机构等。

【考题样例】

1. 判断题

在双曲柄机构中，曲柄一定是最短杆。（　　）

参考答案：错　适用等级：中级

解析：当满足最短杆与最长杆长度之和小于或等于其他两杆长度之和时，若最短杆为机架时，得到双曲柄机构，此时，曲柄为连架杆，并不是最短杆。

2. 单项选择题

1) 构件间为点、线接触形式的运动副称为（　　）。

A. 低副　　　　　B. 高副　　　　　C. 球面副

参考答案：B　适用等级：初级

2) 铰链四杆机构存在曲柄的必要条件是最短杆与最长杆长度之和（　　）其他两杆之和。

A. 小于或等于　　B. 大于或等于　　C. 大于　　　　D. 等于

参考答案：A　适用等级：高级

解析：铰链四杆机构中存在曲柄的充要条件是：最短杆与最长杆长度之和小于或等于其他两杆长度之和；连架杆之一或机架为最短杆。

3. 多项选择题

常见的平面高副有（　　）。

A. 移动副　　　　B. 齿轮副　　　　C. 凸轮副　　　　D. 转动副

参考答案：BC　适用等级：初级

解析：构件间为点、线接触形式的运动副称为高副，齿轮副为线接触，凸轮副为点接触，而移动副和转动副均为面接触。

3.3　平面连杆机构的工作特性

【考核点】

1. 急回特性

以曲柄摇杆机构为例，当主动件曲柄做等速转动时，做往复摆动的从动件摇杆在空载行程中的平均速度大于工作行程中的平均速度，这一性质称为平面连杆机构的急回特性，通常用行程速度变化系数 K 来表示这种特性，一般 $1<K<2$。曲柄在回转一周的过程中有两次与连杆共线，这时摇杆分别处在左右两个极限位置，此两极限位置时曲柄所在直线所夹的锐角 θ 称为极位夹角，它也是标志机构有无急回特性的重要参数。

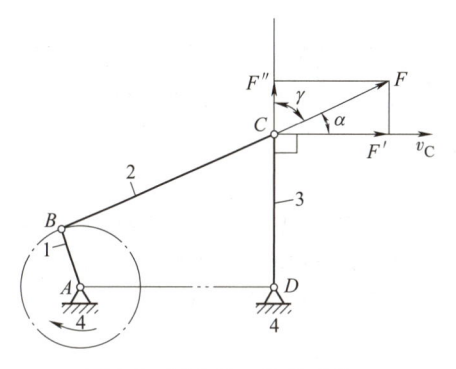

2. 传力性能的标志——压力角 α 和传动角 γ

在如图3-3所示的曲柄摇杆机构中，若不考虑构件的惯性力和运动副中的摩擦力，则连杆可视为二力构件。当主动件为曲柄时，通过连杆作用于从动件摇杆上的力 F 沿 BC 方向，其作用线必与连杆共线。力 F 作用点 C 的绝对速度 v_C 的方向与 CD 杆垂直。作用在从动件3上的驱动力 F 与该作用点绝对速度 v_C 之间所夹的锐角 α 称为压力角，压力角 α 的余角称为传动角 γ。

将 F 分解可得推动摇杆的有用分力 $F'=F\cos\alpha$，只能产生摩擦阻力的有害分力 $F''=F\sin\alpha$。压力角 α 越小或传动角 γ 越大，有用分力越大，有害分力越小，机构的传力性能越好。压力角 α 或传动角 γ 的大小，表征了机构传力性能的好坏。

图3-3　压力角 α 和传动角 γ

3. 死点位置

在曲柄摇杆机构中，如以摇杆3作为主动件往复摆动，一般也可驱动从动件曲柄1做回转运动。但当摇杆处于极限位置 C_1D 和 C_2D 时，连杆2和曲柄1共线，若忽略不计运动副中的摩擦与各构件的质量和转动惯量，则摇杆通过连杆传给曲柄的力将通过铰链中心 A，此时传动角 $\gamma=0°$，即 $\alpha=90°$，故 $F'=0$，因该力对 A 点不产生力矩，所以不能驱使曲柄转动。机构的这种位置称为死点位置。

避免机构在死点位置出现卡死或运动不确定现象，可以对从动件施加外力，或利用飞轮的惯性带动从动件通过死点。在实际应用中也有利用死点位置的性质来进行工作的，如在夹具中利用死点位置来夹紧工件。

【考题样例】

1. 判断题

曲柄摇杆机构运动时，无论何构件为主动件，一定有急回特性。（　　）

参考答案：错　适用等级：高级

解析：曲柄摇杆机构运动时，当行程速度变化系数 $K>1$ 或极位夹角 $\theta>0°$ 时，才有急回特性。

2. 单项选择题

1) 为使机构具有急回特性，要求行程速度变化系数（　　）。
A. $K=1$　　　　　B. $K>1$　　　　　C. $K<1$　　　　　D. $K\leq 1$

参考答案：B　　适用等级：中级

解析：当行程速度变化系数 $K>1$ 时，机构有急回特性。

2) 设计连杆机构时，为了具有良好的传动条件，应使（　　）。
A. 传动角大一些，压力角小一些
B. 传动角和压力角都小一些
C. 传动角和压力角都大一些
D. 传动角小一些，压力角大一些

参考答案：A　　适用等级：中级

解析：将 F 分解可得推动摇杆的有用分力 $F'=F\cos\alpha$，只能产生摩擦阻力的有害分力 $F''=F\sin\alpha$。压力角 α 越小或传动角 γ 越大，有用分力越大，有害分力越小，机构的传力性能越好。

3. 多项选择题

当曲柄为主动件时，下述哪些机构具有急回特性（　　）。
A. 平行双曲柄机构
B. 对心曲柄滑块机构
C. 偏心曲柄滑块机构
D. 摆动导杆机构

参考答案：CD　　适用等级：高级

解析：平行双曲柄机构和对心曲柄滑块机构中极位夹角 $\theta=0°$，所以没有急回特性；偏心曲柄滑块机构和摆动导杆机构中极位夹角 $\theta>0°$，所以有急回特性。

3.4 凸轮机构

【考核点】

凸轮机构是由凸轮、从动件和机架组成的高副机构。凸轮是一个具有曲线轮廓或凹槽的主动件，一般做等速连续转动，从动件则按预定运动规律做间歇（或连续）直线往复移动或摆动。凸轮机构可使从动件实现各种复杂的运动规律，其结构简单紧凑，易于设计，但因含点、线接触的高副，易磨损，主要用于传递运动，在各种机械，尤其是自动机械中应用广泛。

凸轮机构的类型很多，可按如下方法分类。

1) 按凸轮形状，分为盘形凸轮、移动凸轮和圆柱凸轮机构。
2) 按从动件端部形状，分为尖顶从动件、滚子从动件和平底从动件。
3) 按从动件的运动方式，分为直动从动件和摆动从动件。
4) 按从动件与凸轮保持接触的方式，分为力锁合和形锁合两种凸轮机构。

凸轮机构的工作过程如图 3-4 所示。

1) 在凸轮上，以凸轮轮廓的最小向径 r_b 为半径所作的圆，称为基圆，点 A 为基圆与轮廓的交点，点 A 位置称为初始位置。

2）当凸轮以等角速顺时针转过 δ_t 时，凸轮将从动件按一定运动规律从点 A 推至点 B'，此为推程，h 为行程，δ_t 为推程运动角。

3）凸轮继续转过 δ_s 时，因凸轮 BC 段向径不变，从动件停在 B' 不动，此为远休止，δ_s 为远休止角。

4）凸轮继续转过 δ_h 时，从动件沿 CD 段下降至最低点，此为回程，δ_h 为回程运动角。

5）凸轮继续转过 δ'_s，从动件在最近位置点 A 停止不动，此为近休止，δ'_s 为近休止角。凸轮继续回转，进行下一个运动循环。

从动件的位移、速度和加速度随时间 t（或凸轮转角 δ）的变化规律称为从动件的运动规律。常用的从动件运动规律有：①等速运动规律，从动件的运动速度为定值的运动规律；②等加速等减速运动规律，从动件在推程的前半段为等加速，后半段为等减速的运动规律。

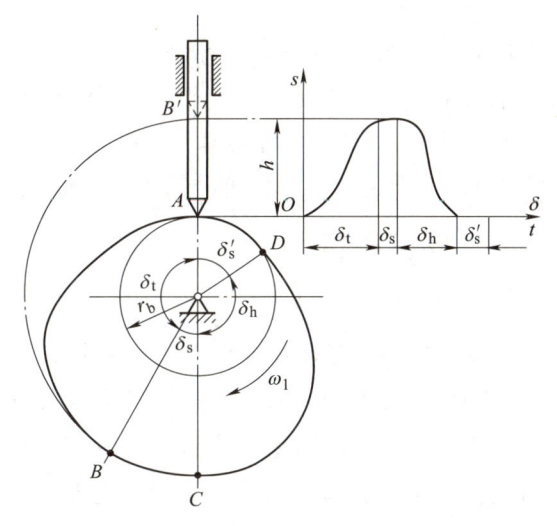

图 3-4 凸轮机构的工作过程

【考题样例】

1. 判断题

凸轮机构可以实现任意拟定的运动规律。（　　）

参考答案：对　适用等级：中级

2. 单项选择题

1）在靠模机械加工中，应用的是（　　）。
A. 盘形凸轮　　　　B. 圆柱凸轮　　　　C. 移动凸轮

参考答案：C　适用等级：中级

解析：在靠模机械加工中，凸轮相对机架做直线运动，故属于移动凸轮。

2）从动件的端部分为三种形状，如果要求传动性能好、效率高且转速较高时应选用（　　）。
A. 尖顶从动件　　　B. 滚子从动件　　　C. 平底从动件

参考答案：C　适用等级：高级

解析：尖顶从动件常用于受力不大、低速的情况；滚子从动件磨损小，可用于传递较大的动力，应用较广；平底从动件受力平稳，效率高，润滑好，常用于高速传动。

3. 多项选择题

在凸轮机构中，从动件在推程时按等速运动规律上升，将在（　　）位置发生刚性冲击。
A. 推程开始点　　　　　　　　　　B. 推程结束点
C. 回程开始点　　　　　　　　　　D. 回程结束点

参考答案：ABCD　　适用等级：高级

解析：凸轮机构做等速运动时，在运动开始位置，速度由零突变到某一定值，加速度在理论上为无穷大，即 $a=+\infty$，同理，在行程终止位置，速度由某一定值突变到零；加速度 $a=-\infty$，因此，在推程开始点和推程结束点以及回程开始点和回程结束点，都将产生理论上为无穷大的惯性力，对机构将产生强烈的冲击，称为刚性冲击。

3.5　螺旋机构

【考核点】

螺旋机构是由螺杆和螺母以及机架组成。它的主要功用是将回转运动转变为直线运动，从而传递运动和动力。螺旋机构按螺旋副中的摩擦性质，可分为滑动螺旋机构和滚动螺旋机构两种；按用途可分为传力螺旋、传导螺旋和调整螺旋等形式。应用最广泛的是普通滑动螺旋机构，其螺纹为传动性能好、效率高的矩形螺纹、梯形螺纹和锯齿形螺纹，具有结构简单、工作连续平稳、承载能力大、传动精度高、易于自锁等优点，缺点是磨损大、效率低。一般单线螺纹用于连接，双线、三线螺纹多用于传动。

单螺旋机构分为两种形式。

1）由机架螺母和螺杆组成的单螺旋机构，其螺母与机架固连在一起，螺杆回转并做直线运动，主要用于传递动力，又称为传力螺旋机构，一般要求有较高的强度和自锁性能，如螺旋千斤顶、螺旋压力机。

2）由机架、螺母、螺杆组成的单螺旋机构，其螺杆相对机架做转动，螺母相对机架做移动，螺杆、螺母间做相对转动和移动，主要用于传递运动，又称为传导螺旋机构，要求其有较高的精度和传动效率，如车床的丝杠进给机构、牛头刨床工作台的升降机构等。

双螺旋机构螺杆上有两段不同螺距 P_1、P_2 的螺纹，分别与不同的螺母组成两个螺旋副，在机构中，不动的螺母兼作机架，螺杆转动时，一方面相对机架移动，同时又使不能回转的螺母相对螺杆移动，常用于微调装置和机床上的夹紧装置。

若将螺旋副的内、外螺纹改成内、外螺旋状的滚道，并在其间放入钢球，便是滚动螺旋机构。它的优点是摩擦阻力小、起动转矩小、传动平稳、轻便、效率高，缺点是结构复杂、制造困难、不能自锁、抗冲击能力差，在数控机床的进给机构、汽车的转向机构、飞机机翼及起落架的控制机构中有应用。

【考题样例】

1. 判断题

螺旋线按旋转方向分为左旋与右旋两种，多为左旋。（　　）

参考答案：错　　适用等级：初级

解析：螺旋线按旋转方向分为左旋与右旋两种，多为右旋。

2. 单项选择题

1）在单螺旋机构中，螺杆相对机架做转动、螺母相对机架做移动的机构称为（　　）。

A. 传力螺旋机构　　　　B. 传导螺旋机构

参考答案：B　适用等级：中级

解析：在单螺旋机构中，螺母与机架固连在一起，螺杆回转并做直线运动，主要用于传递动力，又称为传力螺旋机构；螺杆相对机架做转动，螺母相对机架做移动，螺杆、螺母间做相对转动和移动，主要用于传递运动，又称为传导螺旋机构。

2）普通螺纹的牙型为（　　）。
A. 三角形　　　　　B. 矩形　　　　　C. 梯形

参考答案：A　适用等级：初级

3. 多项选择题

滑动螺旋机构所用的螺纹可为传动性能好、效率高的（　　）。
A. 矩形螺纹　　　B. 梯形螺纹　　　C. 锯齿形螺纹　　　D. 三角形螺纹

参考答案：ABC　适用等级：高级

解析：三角形螺纹因自锁性能好主要用于连接，矩形螺纹、梯形螺纹和锯齿形螺纹由于效率高而多用于传动。

3.6　齿轮机构及切齿原理

【考核点】

齿轮机构是机械中应用最广的传动机构之一。它的优点：能保持瞬时传动比不变，适用的圆周速度及传递功率的范围较大，效率高，使用寿命长等；缺点：制造和安装精度要求高，成本高。

按两轴的相对位置不同，齿轮机构分为平行轴齿轮机构、相交轴齿轮机构和交错轴齿轮机构三大类，如图 3-5 所示，其中平行轴齿轮机构中的圆柱齿轮机构应用最广，又可分为直齿、斜齿和人字齿。直齿常见的有外啮合、内啮合和齿轮齿条啮合。

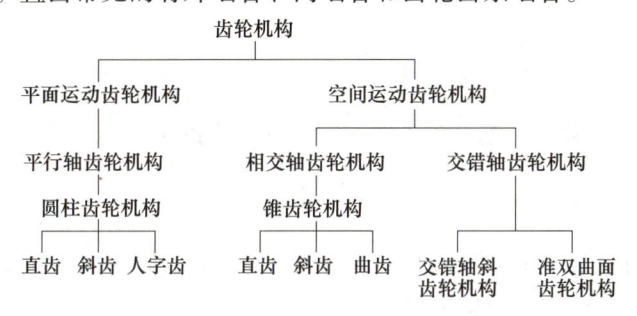

图 3-5　齿轮机构的类型

渐开线齿廓应用最广，其具有传动比恒定不变、传动中心距可分、啮合时传递压力的方向不变等特性。渐开线齿轮的三个主要参数是模数、齿数和压力角。模数、齿数、压力角、齿顶高系和顶隙系数均为标准值，且齿厚等于齿槽宽的齿轮称为标准齿轮。渐开线直齿圆柱齿轮的正确啮合条件是两齿轮的模数和压力角必须分别对应相等，并取标准值；连续传动条件是重合度 ε 大于 1。

渐开线齿轮的切齿方法就其原理来说可概括为仿形法和展成法两种。

仿形法就是在普通铣床上，用与齿廓形状相同的成形铣刀进行铣削加工。铣削时，铣刀转动，同时齿坯沿它的轴线方向移动，从而实现切削和进给运动，待切出一个齿间，也就是切出相邻两齿的各一侧齿廓，然后齿坯退回原来位置，齿坯转过一个分齿角度，再继续加工第二个齿间，直至整个齿轮加工结束，如图3-6所示。铣刀有盘状铣刀和指形铣刀两种，指形铣刀常用于加工大模数（如 $m>20mm$）的齿轮。为了控制铣刀数量，对于同一模数 m 和压力角 α 的铣刀只备用八把，每把铣刀可铣一定齿数范围的齿轮。仿形法加工精度低，生产率低，不适用于成批生产。

展成法是目前齿轮加工中常用的一种方法，如图3-7所示。它是运用包络原理求共轭曲线的方法来加工齿廓的。用展成法加工时，常用的刀具有齿轮型刀具（如齿轮插刀）和齿条型刀具（如齿条插刀、滚刀）两大类，工厂里常用的插齿、滚齿、剃齿、磨齿等加工方法都属于展成法，其中剃齿和磨齿为精加工方法。插齿时，插刀与齿坯按一对齿轮啮合关系做旋转运动，同时插刀沿齿坯的轴线做上下的切削运动，这样，插刀切削刃相对于齿坯的各个位置组成的包络线即为被加工齿轮的齿廓。插齿加工是断续加工，生产率较低。滚齿是利用滚刀在滚齿机上加工齿轮的，在垂直于齿坯轴线并通过滚刀轴线的主剖面内，刀具与齿坯相当于齿条齿轮的啮合。滚齿加工过程接近于连续过程，生产率较高。为避免展成法加工过程中的根切现象，通常选择齿数不小于17。

图 3-6 仿形法加工齿轮　　　　图 3-7 展成法加工齿轮

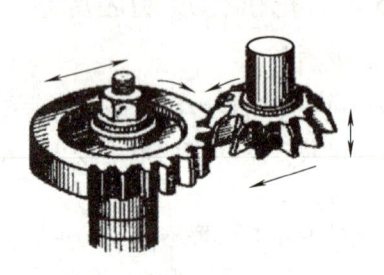

【考题样例】

1. 判断题

对渐开线直齿圆柱齿轮，当其齿数小于17时，不论用何种方法加工都会产生根切现象。（　）

参考答案：错　适用等级：中级

解析：当用展成法加工渐开线直齿圆柱齿轮时，当齿数小于17时，会产生根切现象，但用仿形法加工时，不会产生根切现象。

2. 单项选择题

1) 用一对齿轮来传递两平行轴之间的运动时，若要求两轴转向相同，应采用（　　）。
A. 外啮合　　　　　B. 内啮合　　　　　C. 齿轮与齿条

参考答案：B　适用等级：初级

解析：外啮合齿轮传动时，两轴转向相反；内啮合齿轮传动时，两轴转向相同。

2) 机器中的齿轮采用最广泛的齿廓曲线是（　　）。
A. 圆弧　　　　　B. 直线　　　　　C. 渐开线

参考答案：C　适用等级：初级

解析：理论上可作为齿轮齿廓的曲线有许多种，但实际上由于轮齿的加工、测量和强度等方面的原因，可选用的齿廓曲线仅有渐开线、摆线、圆弧线和抛物线等几种，其中渐开线齿廓应用最广。

3. 多项选择题

属于展成法加工齿轮的方法有（　　）。

A. 插齿　　　　　　B. 滚齿　　　　　　C. 剃齿　　　　　　D. 磨齿

参考答案：ABCD　适用等级：中级

3.7　齿轮的常见失效形式与材料选择

【考核点】

齿轮的失效主要是指轮齿的失效，常见的失效形式有轮齿折断、齿面点蚀、齿面胶合、齿面磨损和轮齿塑性变形。

常用的齿轮材料是钢，其次是铸铁，有时也采用非金属材料。制造齿轮多采用优质碳素结构钢和合金结构钢。通常多用锻造成形方法制成毛坯，毛坯锻造可以改善材料性能；也可用各种热处理方法，获得适用于齿轮不同工作要求的综合力学性能。常用的热处理方法有表面淬火、渗碳淬火、调质、正火、渗氮、氮碳共渗，其中调质和正火处理后的齿面硬度较低（齿面硬度≤350HBW），为软齿面，其他四种方法处理后的齿面（齿面硬度>350HBW）为硬齿面。

【考题样例】

1. 判断题

常用的齿轮材料是铸铁，其次是钢，有时也采用非金属材料。（　　）

参考答案：错　适用等级：初级

解析：常用的齿轮材料是钢，其次是铸铁，有时也采用非金属材料。制造齿轮多采用优质碳素结构钢和合金结构钢。

2. 单项选择题

1）轮齿折断发生在（　　）。

A. 齿根部位　　　　B. 齿顶部位　　　　C. 节线附近

参考答案：A　适用等级：初级

解析：轮齿折断一般发生在齿根部分，因为齿轮工作时轮齿可视为悬臂梁，齿根弯曲应力最大且有应力集中，受到脉动循环或对称循环的弯曲变应力作用而产生疲劳裂纹，继而产生疲劳折断。

2）齿面点蚀多发生在（　　）中。

A. 开式传动　　　　B. 闭式传动

参考答案：B　适用等级：初级

解析：点蚀通常发生在轮齿靠近节线的齿根面上，一般发生在软齿面闭式传动中。对于开式传动，因其齿面磨损的速度较快，当齿面还没有形成疲劳裂纹时，表层材料已被磨掉，故通常见不到点蚀现象。

3. 多项选择题

以下热处理方法获得的齿面为硬齿面的是（　　）。

A. 调质 B. 表面淬火 C. 渗碳淬火
D. 正火 E. 渗氮

参考答案：BCE　适用等级：中级

3.8　螺纹连接

【考核点】

螺纹连接是利用带有螺纹的零件将两个或两个以上的零件相对固定起来的可拆连接，应用非常广泛，主要有以下几类。

1. 螺栓连接

螺栓连接的特点是使用时不受被连接件材质的限制，结构简单，拆装方便，成本低，通常在被连接件不太厚又需经常拆装的场合使用。根据连接要求的不同，其连接形式有两种：一种是连接件上的通孔和螺栓杆间留有间隙的普通螺栓连接，孔的加工精度要求低，应用最广，工作时螺栓主要承受拉力作用；另一种是螺栓杆与孔之间采用过渡配合的铰制孔用螺栓连接，能精确固定被连接件之间的相对位置，但孔的加工精度要求高，必须进行铰削，工作时螺栓承受剪切和挤压作用。

2. 双头螺柱连接

双头螺柱连接的特点是被连接件之一为光孔，另一为螺纹孔。这种连接适用于被连接件之一太厚而不便于加工通孔并需经常拆装的场合，需配螺母使用。

3. 螺钉连接

螺钉连接的特点是不用螺母，螺钉直接拧入被连接件的螺纹孔中。这种连接适用场合与双头螺柱连接相似，但多用于受力不大、不需经常拆装的场合。

4. 紧定螺钉连接

紧定螺钉连接的特点是螺钉被旋入被连接件之一的螺纹孔中，末端顶住另一被连接件的表面或顶入相应的坑中，以固定两个零件的相对位置。这种连接适用于固定两零件的相对位置，并可传递不大的力和转矩。

大多数螺纹连接在装配时都需要拧紧，使之在承受工作载荷之前，预先受到力的作用，这个预加的作用力称为预紧力，这一拧紧过程称为预紧。预紧可增强连接的可靠性和紧密性，以防止受载后被连接件间出现缝隙或发生相对移动。通常借助测力矩扳手或定力矩扳手来控制预紧力的大小。

螺纹连接通常采用三角形螺纹，其升角 λ 小于当量摩擦角 ρ_v，满足自锁条件，一般情况下不会自行松脱。但在冲击、振动或变载荷作用下，或在高温或温度变化较大的情况下，会导致连接失效，因此，要考虑防松。常用的防松方法有摩擦防松、机械防松和变形法防松。摩擦防松有对顶螺母、弹簧垫圈、自锁螺母；机械防松有开口销与六角开槽螺母、止动垫圈、串联钢丝；变形法防松有黏合剂、冲点、焊接。

【考题样例】

1. 判断题

普通螺栓连接工作时螺栓主要承受拉力作用。（　　）

参考答案：对　适用等级：中级

解析：螺栓连接分为普通螺栓连接和铰制孔用螺栓连接两种，普通螺栓连接工作时螺栓主要承受拉力作用，铰制孔用螺栓连接工作时螺栓承受剪切和挤压作用。

2. 单项选择题

1）双头螺柱连接适用于被连接件之一太厚而不便打通孔并（　　）的场合。
A. 不需要经常拆装　　B. 需要经常拆装　　C. 受力不大

参考答案：B　适用等级：初级

2）螺栓连接通常用于被连接件不太厚又（　　）的场合。
A. 不需要经常拆装　　B. 需要经常拆装　　C. 受力不大

参考答案：B　适用等级：初级

解析：螺栓连接的特点是使用时不受被连接件材质的限制，结构简单，拆装方便，成本低，通常在被连接件不太厚又需经常拆装的场合使用，需配螺母使用。

3. 多项选择题

螺纹连接常用的防松方法有（　　）。
A. 摩擦防松　　　　B. 机械防松　　　　C. 变形法防松

参考答案：ABC　适用等级：中级

解析：螺纹连接通常采用三角形螺纹，一般情况下不会自行松脱。但在冲击、振动或变载荷作用下，或在高温或温度变化较大的情况下，会导致连接失效，因此，要考虑防松。常用的防松方法有摩擦防松、机械防松和变形法防松。

3.9　键连接

【考核点】

键是一种标准零件，通常用来实现轴与轴上零件之间的周向固定以传递转矩，有的还能实现轴上零件的轴向固定或轴向移动的导向。键连接根据装配时是否预紧，可分为松键连接和紧键连接。

1. 松键连接

松键连接依靠键与键槽侧面的挤压来传递转矩。键的两侧面是工作面。键的顶面为非工作面，与轮毂键槽底部表面之间留有间隙。松键连接具有结构简单、装拆方便、定心性好等优点，因而应用广泛，包括普通平键、导向平键、滑键和半圆键连接。普通平键有圆头（A型）、方头（B型）和单圆头（C型）三种结构形式；导向平键和滑键用于动连接，当轮毂在轴上需沿轴向移动时，可采用导向平键或滑键，导向平键用螺钉固定在轴上的键槽中，而轮毂可沿着键做轴向滑动，当滑移距离较大时，宜采用滑键，滑键固定在轮毂上，与轮毂同时在轴上的键槽中做轴向滑动；半圆键的键槽呈半圆形，键能在键槽内自由摆动以适应轴线偏转引起的位置变化，缺点是键槽较深，对轴的强度削弱大，一般用于轻载或锥形结构的连接中。

2. 紧键连接

紧键连接有楔键和切向键连接两种，连接特点是键的上下两表面是工作面，装配时，将键楔紧在轴毂之间，工作时靠键楔紧产生的摩擦力来传递转矩。楔键的上表面和与之相配合的轮毂键槽底部表面均具有1∶100的斜度，靠键楔紧产生的摩擦力来传递转矩和承受单向的轴向力。楔键连接的对中性差，仅适用于要求不高、载荷平稳、速度较低的场合。切向键由一对普通楔键组成，装配时，把一对楔键分别从轮毂的两端打入，其斜面相互贴合，共同楔紧在轴毂之间，一对切向键只能传递单向转矩，传递双向转矩时，需用两对切向键互成 120°～135°分布。切向键对轴削弱较大，故只适用于速度较小、对中性要求不高、轴径大于 100mm 的重型机械中。

【考题样例】

1. 判断题

键连接的主要用途是使轴与轮毂之间有确定的相对位置。（   ）

参考答案：错　　适用等级：初级

2. 单项选择题

1）普通平键连接的工作特点是（   ）。

A. 键的两侧面是工作面　　　　　　　　　　B. 键的上下两表面是工作面

参考答案：A　　适用等级：中级

解析：普通平键连接属于松键连接，依靠键与键槽侧面的挤压来传递转矩，键的两侧面是工作面。

2）楔键连接的工作特点是（   ）。

A. 键的两侧面是工作面　　　　　　　　　　B. 键的上下两表面是工作面

参考答案：B　　适用等级：中级

解析：楔键连接属于紧键连接，键的上下两表面是工作面，装配时，将键楔紧在轴毂之间，工作时靠键楔紧产生的摩擦力来传递转矩。

3. 多项选择题

紧键连接的类型有（   ）。

A. 楔键　　　　　　B. 半圆键　　　　　　C. 导向平键　　　　　　D. 切向键

参考答案：AD　　适用等级：中级

解析：楔键和切向键连接属于紧键连接，半圆键和导向平键连接属于松键连接。

3.10　轴的分类及结构设计

【考核点】

按所受载荷不同，轴可分为心轴、传动轴和转轴三类。心轴是只承受弯矩的轴，根据心轴工作时是否转动，可分为转动心轴和固定心轴两种；传动轴是只承受转矩的轴；转轴是既承受弯矩又承受转矩的轴。按轴线的几何形状不同，轴可分为直轴、曲轴和挠性轴三类，直轴按形状不同又可分为光轴、阶梯轴和空心轴三类。轴的材料主要采用碳素钢和合金钢。

轴的结构设计主要是确定轴的结构形状和尺寸。影响轴结构的因素很多，其结构设计具有较大的灵活性和多样性，一般需满足如下要求：①为节省材料、减轻重量，应尽量采用等强度外形和高刚度的剖面形状；②要便于轴上零件的定位、固定、装配、拆卸和位置调整；③轴上有标准件时，轴的直径要符合相应的标准或规范；④轴上结构要有利于减小应力集中以提高疲劳强度；⑤应具有良好的加工工艺性。

设计轴的结构时，主要考虑以下几个方面。

1. 轴上零件的轴向固定

轴上零件的轴向位置必须固定，以承受轴向力或不产生轴向移动。轴向固定主要有两类方法：一类是利用轴本身结构，如轴肩、轴环、锥面等；另一类是采用附件，如套筒、圆螺母、弹性挡圈、轴端挡圈、紧定螺钉、楔键和销等。

2. 轴上零件的周向固定

轴上零件必须可靠地周向固定，才能传递运动与动力。周向固定可采用键、销、成形连接等连接或过盈配合。

3. 轴上零件的定位

轴上零件利用轴肩或轴环来定位是最方便而有效的办法。为了保证轴上零件紧靠定位面，轴肩或轴环处的圆角半径 r 必须小于零件毂孔的圆角半径 R 或倒角高度 C，定位轴肩的高度 h 一般取 $(2\sim3)C$ 或 $(0.07\sim0.1)d$（d 为配合处的轴径），轴环宽度 $b\approx1.4h$。

在轴的加工和装配工艺性方面，要求轴的形状应力求简单，阶梯数尽可能少，键槽、圆角半径、倒角、中心孔等尺寸尽可能统一，以利于加工和检验；轴上需磨削的轴段应设计砂轮越程槽；车制螺纹的轴段应有退刀槽；当轴上有多处键槽时，应使各键槽位于同一母线上。为便于装配，轴端均应有倒角；阶梯轴常设计成两端小中间大，以便于零件从两端拆装；各零件装配应尽量不接触其他零件的配合表面；轴肩高度不应妨碍零件的拆装。

【考题样例】

1. 判断题

增大阶梯轴圆角半径的主要目的是使轴的外形美观。（　　）

参考答案：错　适用等级：中级

解析：增大阶梯轴圆角半径的主要目的是减小应力集中。

2. 单项选择题

1）只承受弯矩的轴是（　　）。

A. 传动轴　　　　　　B. 转轴　　　　　　C. 心轴

参考答案：C　适用等级：中级

解析：只承受弯矩的轴是心轴；只承受转矩的轴是传动轴；既承受弯矩又承受转矩的轴是转轴。

2）同一根轴的不同轴段上有两个或两个以上的键槽时，它们在轴上按（　　）方式安排才合理。

A. 相互错开 90°　　　　　　　　　B. 相互错开 180°

C. 安排在轴的同一母线上

参考答案：C　适用等级：高级

解析：考虑轴的加工工艺性，当同一根轴的不同轴段上有两个或两个以上的键槽时，要沿轴的同一母线布置。

3. 多项选择题

轴上零件的常用轴向固定方法有（　　）。

A. 轴肩与轴环　　　B. 套筒　　　　C. 圆螺母　　　　D. 平键和花键

参考答案：ABC　适用等级：中级

解析：轴上零件的常用轴向固定方法有轴肩、轴环、套筒、圆螺母、弹性挡圈、轴端挡圈、紧定螺钉、楔键和销等。

3.11 滚动轴承

【考核点】

滚动轴承是一种标准部件，其依靠内部元件间的滚动接触来支承轴及转动零件（如齿轮等）工作。滚动轴承具有摩擦力矩小，易起动，载荷、转速及工作温度的适用范围广，轴向尺寸小，润滑、维修方便等优点，在机械中应用非常广泛。

滚动轴承一般由内圈、外圈、滚动体和保持架四部分组成，内圈用过盈配合与轴颈装配在一起，外圈以较小的间隙或过渡配合装在轴承座孔内，滚动体在内、外圈的滚道间滚动。滚动体的形状有球形、圆柱形、圆锥形、鼓形、长圆柱形、滚针形等多种。滚动轴承的内圈、外圈和滚动体均采用强度高、耐磨性好的铬锰高碳钢制造，如 GCr15、GCr15SiMn 等，保持架多采用低碳钢或铜合金制造。

滚动轴承的类型如下。

1) 按滚动体的形状可分为球轴承和滚子轴承两类。

2) 按所承受载荷的方向不同，可分为以承受径向载荷为主的向心轴承和以承受轴向载荷为主的推力轴承两类。

滚动轴承的代号由前置代号、基本代号和后置代号组成。基本代号由五位数字组成，第一位数字表示类型代号，第二位数字表示宽（高）度系列代号，第三位数字表示直径系列代号，第四和第五位数字表示内径代号。滚动轴承轴系的支承结构形式有两端单向固定、一端固定及一端游动、两端游动三种。

【考题样例】

1. 判断题

滚动轴承尺寸系列代号表示轴承内径和外径尺寸的大小。（　　）

参考答案：错　　适用等级：中级

解析：滚动轴承中直径系列代号和宽（高）度系列代号统称为尺寸系列代号，表示轴承的外径和宽（高）度方面的变化情况，组合排列时，宽（高）度系列在前，直径系列在后。

2. 单项选择题

1) 某直齿轮减速器，工作转速较高，载荷平稳，应选用（　　）较为合适。

　　A. 深沟球轴承　　　　B. 推力球轴承　　　　C. 角接触球轴承

参考答案：A　　适用等级：中级

解析：深沟球轴承主要承受径向载荷，极限转速高；推力球轴承主要承受轴向载荷，不宜用于高速；角接触球轴承可同时承受较大的径向载荷和轴向载荷；而直齿轮工作时，只有圆周力和径向力，没有轴向力，故应选用深沟球轴承。

2) 对于工作温度变化较大的长轴，轴承组合的轴向固定方式应选用（　　）。

　　A. 两端单向固定　　　　　　　　　　B. 一端固定、一端游动

　　C. 两端游动

参考答案：B 适用等级：高级

解析：两端单向固定的结构适用于工作温度变化不大的短轴；一端固定、一端游动的结构适用于工作温度变化较大的长轴；两端游动的结构适用于要求两端都游动的场合。

3. 多项选择题

滚动轴承的构成有（　　）。

A. 内圈　　　　　　B. 外圈　　　　　　C. 滚动体
D. 保持架　　　　　E. 球

参考答案：ABCD 适用等级：初级

解析：滚动轴承一般由内圈、外圈、滚动体和保持架四部分组成。

3.12 联轴器与离合器

【考核点】

联轴器与离合器主要用于轴与轴的连接，以传递运动和转矩。

联轴器与离合器的区别是：联轴器用于将两轴连接在一起，机器运转时两轴不能分离，只有在机器停机时才可将两轴分离；离合器在机器运转过程中，可使两轴随时结合或分离，可用来操纵机器传动的断续，以便进行变速或换向。

联轴器的类型很多，根据对各种相对位移有无补偿能力，可分为刚性联轴器和挠性联轴器。

离合器按工作原理不同，分为牙嵌式和摩擦式两大类。牙嵌式利用零件上的牙或齿工作，传递运动和转矩，特点是承载能力大，能使主、从动轴的转速同步，但结合时有冲击力。摩擦式是靠工作表面的摩擦力传递运动和转矩，特点是即使在高速下离合也很平稳，但传递转矩较小，过载时工作面打滑，磨损严重，也使主、从动轴的转速差加大。

【考题样例】

1. 判断题

联轴器和离合器的主要区别是：联轴器靠啮合传动，离合器靠摩擦传动。（　　）

参考答案：错 适用等级：初级

2. 单项选择题

1）牙嵌离合器适合于（　　）的场合。

A. 只能在很低转速或停机时结合　　　　B. 任何转速下都能结合
C. 高速转动时结合

参考答案：A 适用等级：中级

解析：牙嵌离合器结构简单，尺寸小，工作时无滑动，并能传递较大的转矩，应用较多，缺点是运转中结合时有冲击和噪声，必须在两轴转速差很小或停机时进行结合和分离。

2）生产实践中，一般电动机与减速器高速级的连接常选用（　　）。

A. 凸缘联轴器　　　　　　　　　　　　B. 十字滑块联轴器
C. 弹性套柱销联轴器

参考答案：C 适用等级：高级

解析：凸缘联轴器多用于转速较低、载荷平稳、两轴线对中性较好的场合；十字滑块联轴器适用于两轴径向偏移较大、载荷较大的低速无冲击的场合；弹性套柱销联轴器适用于转速较高、有振动和经常正反转、起动频繁的场合。

3. 多项选择题

以下属于挠性联轴器的是（　　）。

A. 夹壳联轴器　　　　　　　　　　B. 十字滑块联轴器

C. 弹性套柱销联轴器　　　　　　　D. 万向联轴器

参考答案：BCD　适用等级：中级

解析：夹壳联轴器属于刚性联轴器，十字滑块联轴器、弹性套柱销联轴器和万向联轴器属于挠性联轴器。

模块 4

机械制造基础

4.1 常用金属毛坯成形方法

【考核点】

毛坯是根据零件（或产品）所要求的形状、工艺尺寸等制成的供进一步加工用的生产对象。毛坯种类、形状、尺寸及精度对机械加工工艺过程、产品质量、材料消耗和生产成本有着直接影响。机械产品及零件常用的毛坯种类有铸件、锻件、焊接件、型材等。

1）铸造。将金属熔炼成符合一定要求的液体并浇进铸型里，经冷却凝固、清整处理后得到有预定形状、尺寸和性能的铸件的工艺过程。它广泛用于机架、箱体类零件毛坯的成形。

2）锻造。一种利用锻压机械对金属坯料施加压力，使其产生塑性变形以获得具有一定力学性能、一定形状和尺寸的锻件的加工方法。机械中负载高、工作条件严峻的重要零件，除形状较简单的可用轧制的板材、型材或焊接件外，多采用锻件。

3）焊接。一种以加热、高温或高压的方式接合金属或其他热塑性材料（如塑料）的制造工艺及技术。在焊接过程中，焊件和焊料熔化形成熔融区域，熔池冷却凝固后便形成材料之间的连接。焊接件因生产周期短、不需要准备模具、刚性好及材料省而常用以代替铸件。

4）型材。型材是指铁或钢等具有一定强度和韧性的金属经过塑性加工成形、具有一定断面形状和尺寸的物体，如铝型材、工字钢、方钢、槽钢等。型材分为热轧和冷拉两类。热轧精度较低，价格便宜，可用于一般零件的毛坯；冷拉尺寸小，精度高，适用于自动化生产。

【考题样例】

1. 判断题

1）毛坯选择时可以不用考虑生产纲领，只需要结合现有生产条件即可。（　　）

参考答案：错　　适用等级：初级

2）某些形状比较特殊的零件，单独加工比较困难，应将毛坯制成一件，加工到一定阶段后再分离，如对开螺母、连杆等。（　　）

　　　　　　　　　　　　　　　　　　　　　　　　　参考答案：对　　适用等级：中级

2. 单项选择题

1）主轴毛坯主要有棒料和（　　）两种。
A. 锻件　　　　　B. 铸件　　　　　C. 焊接件　　　　　D. 型材

　　　　　　　　　　　　　　　　　　　　　　　　　参考答案：A　　适用等级：初级

2）下列（　　）不是铸造的特点。
A. 成形方便且适应性强　　　　　　　B. 成本较低
C. 铸件的组织性能较差　　　　　　　D. 铸件的塑性较好

　　　　　　　　　　　　　　　　　　　　　　　　　参考答案：D　　适用等级：中级

3. 多项选择题

1）机械制造中常用的毛坯种类有（　　）等。
A. 锻件　　　　　B. 铸件　　　　　C. 型材
D. 焊接件　　　　E. 冲压件

　　　　　　　　　　　　　　　　　　　　　　　参考答案：ABCD　　适用等级：初级

2）在加工中常采用铸造工艺，那么铸造具有（　　）等特点。
A. 成型方便且适应性强　　　　　　　B. 铸件的塑性较好
C. 铸件的组织性能较差　　　　　　　D. 成本较低
E. 铸造能满足各种加工工艺的性能要求

　　　　　　　　　　　　　　　　　　　　　　　参考答案：ACD　　适用等级：中级

4.2　毛坯的选择

【考核点】

毛坯选择应考虑的因素如下。

1）零件材料及其力学性能。材料为铸铁选择铸件毛坯；材料为钢，形状不复杂，力学性能要求不高，可选择型材；对于重要的、力学性能要求高的钢质零件，应选择锻件毛坯。

2）零件的结构形状和外形尺寸。

3）生产类型。

4）现有条件。主要考虑毛坯制造的工艺水平、设备状况以及外协作的可能性。

5）充分利用新工艺、新技术和新材料，如精铸、精密锻造、冷挤压、3D打印技术等，提高毛坯精度和经济效益。

【考题样例】

1. 判断题

1）毛坯材料的不同决定了不同的加工工艺、刀具和夹具等。（　　）

　　　　　　　　　　　　　　　　　　　　　　　　　参考答案：对　　适用等级：初级

2）箱体类零件多采用锻造毛坯。（　　）

　　　　　　　　　　　　　　　　　　　　　　　　　参考答案：错　　适用等级：中级

2. 单项选择题

1）下列（　　）不是毛坯选择时应考虑的因素。
　A. 零件的生产纲领　　　　　　　　　　B. 零件材料的工艺性
　C. 零件的结构形状和尺寸　　　　　　　D. 零件的重量
　　　　　　　　　　　　　　　　　　　　　　　参考答案：D　适用等级：中级

2）齿轮的毛坯主要有棒料、（　　）、铸件等。
　A. 型材　　　　　B. 冲压件　　　　　C. 焊接件　　　　　D. 锻件
　　　　　　　　　　　　　　　　　　　　　　　参考答案：D　适用等级：初级

3. 多项选择题

1）毛坯选择时应考虑的因素有（　　）。
　A. 零件的生产纲领　　　　　　　　　　B. 零件的结构形状和尺寸
　C. 零件材料的工艺性　　　　　　　　　D. 零件的加工余量
　E. 零件的重量
　　　　　　　　　　　　　　　　　　　　　参考答案：ABCD　适用等级：中级

2）毛坯种类不仅影响毛坯的制造工艺及费用，而且也与零件的机械加工工艺和加工质量密切相关。为此，需要毛坯制造和机械加工两方面的工艺人员密切配合，合理地确定（　　），并绘出毛坯图。
　A. 毛坯的种类　　　B. 毛坯的运输　　　C. 毛坯的结构形状
　D. 毛坯的多少　　　E. 毛坯的进货
　　　　　　　　　　　　　　　　　　　　　　　参考答案：AC　适用等级：中级

4.3　金属切削机床分类及型号标注

【考核点】

金属切削机床是利用切削、特种加工等方法将金属毛坯加工成机器零件的机器。

1. 机床分类

按加工性质和所用的刀具进行分类，机床分为 11 大类，包括车床、铣床、钻床、镗床、磨床、齿轮加工机床、螺纹加工机床、刨插床、拉床、锯床以及其他机床。每一类机床中，又按工艺范围、布局形式和结构等，分为若干组，每一组又细分为若干系列。

2. 机床的技术参数

机床的技术参数是表示机床的尺寸大小和加工能力的各种技术数据，一般包括主参数，第二主参数，主要工作部件的结构尺寸，主要工作部件的移动行程范围，各种运动的速度范围和级数，各电动机的功率，机床轮廓尺寸等。

3. 机床型号的编制方法

机床型号是机床产品的代号，用以简明地表示机床的类型、主要技术参数、性能和结构特点等。型号由基本部分和辅助部分组成，中间用"／"隔开，读作"之"。前者需统一管理，后者纳入型号与否由企业自定。机床通用型号含义如图 4-1 所示。

机床型号举例见表 4-1。

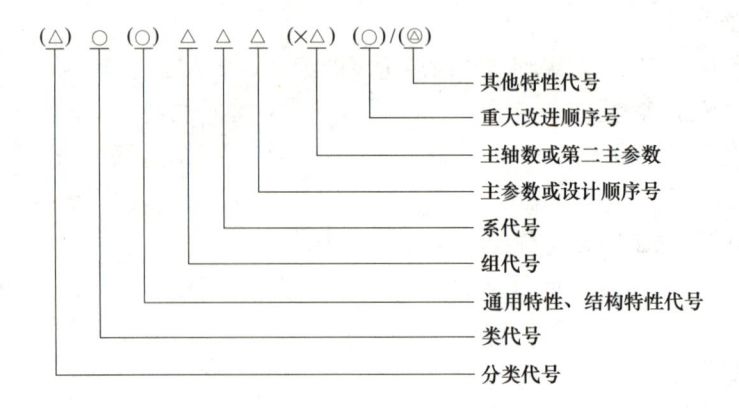

```
(△)○(○)△△△(×△)(○)/(△)
                        │  │  │  │  │   │    │
                        │  │  │  │  │   │    └─ 其他特性代号
                        │  │  │  │  │   └───── 重大改进顺序号
                        │  │  │  │  └───────── 主轴数或第二主参数
                        │  │  │  └──────────── 主参数或设计顺序号
                        │  │  └─────────────── 系代号
                        │  └────────────────── 组代号
                        └───────────────────── 通用特性、结构特性代号
```

有"( )"的代号或数字，当无内容时，则不表示。若有内容则不带括号
有"○"符号的，为大写的汉语拼音字母
有"△"符号的，为阿拉伯数字
有"⊚"符号的，为大写的汉语拼音字母，或阿拉伯数字，或两者兼有之

图 4-1　机床通用型号含义

表 4-1　机床型号举例

机床型号	表 示 含 义
CA6140A	C—车床（类代号） A—结构特性代号 6—组代号（落地及卧式车床） 1—系代号（普通落地及卧式车床） 40—主参数（最大加工件回转直径 400mm） A—第一次重大改进（重大改进顺序号）
XKA5032A	X—铣床（类代号） K—数控（通用特性代号） A—结构特性代号 50—立式升降台铣床（组系代号） 32—工作台面宽度 320mm（主参数） A—第一次重大改进（重大改进顺序号）
MBE1432	M—磨床（类代号） B—半自动（通用特性代号） E—（结构特性代号） 14—万能外圆磨床（组系代号） 32—最大磨削直径 320mm（主参数）
CX5112A/WF	C—车床（类代号） X—数显（通用特性代号） 51—单柱立式车床（组系代号） 12—最大车削直径为 1250mm（主参数） A—第一次重大改进（主参数） WF—企业代号

【考题样例】

1. 判断题

1）机床的类别用汉语拼音字母表示，居型号的首位，其中字母"C"是表示车床类。（　　）

参考答案：对　适用等级：初级

2）CQM6132 车床型号中的 32 表示主轴中心高为 320mm。（　　）

参考答案：错　适用等级：中级

2. 单项选择题

1）根据我国机床型号编制方法，最大磨削直径为 320mm、经过第一次重大改进的高精度万能外圆磨床的型号为（　　）。

A. MG1432A　　　　B. M1432A　　　　C. MG432　　　　D. MA1432

参考答案：A　适用等级：高级

2）机床型号中的第二位字母是机床通用特性代号，其中"M"表示的意思是（　　）。

A. 精密　　　　B. 万能　　　　C. 自动　　　　D. 仿形

参考答案：A　适用等级：初级

解析：通用机床的型号包含的内容有：机床的分类及代号；机床的特性代号，包括通用特性代号和结构特性代号；机床的组、系代号及主参数或设计顺序号、重大改进顺序号等。其中分类代号和类代号的含义是：C—车床，Z—钻床，T—镗床，M、2M、3M—磨床，Y—齿轮加工机床，S—螺纹加工机床，X—铣床，B—刨插床，L—拉床，G—锯床，Q—其他机床。通用特性代号的含义是：G—高精度，M—精密，Z—自动，B—半自动，K—数控，H—加工中心（自动换刀），F—仿形，Q—轻型，C—加重型，R—柔性加工单元，X—数显，S—高速。结构特性代号是为区别主参数相同而结构不同的机床而设置的。

3. 多项选择题

以下机床主参数正确的是（　　）。

A. 卧式车床为床身上最大工件回转直径
B. 钻床为最大钻孔直径
C. 外圆磨床为砂轮直径
D. 拉床为最大拉力
E. 升降台铣床为工作台面宽度

参考答案：ABDE　适用等级：中级

解析：主参数是反映机床最大工作能力的一个主要参数，其直接影响机床的其他参数和基本结构的大小。主参数一般以机床加工的最大工件尺寸或与此有关的机床部件尺寸来表示。例如，卧式车床为床身上最大工件回转直径，钻床为最大钻孔直径，外圆磨床为最大磨削直径，卧式镗床为镗轴直径，升降台铣床及龙门铣床为工作台面宽度，齿轮加工机床为最大工件直径等。有些机床的主参数不用尺寸表示，如拉床的主参数为最大拉力。

4.4　机床的运动

【考核点】

机床加工零件时，为获得所需的表面，工件与刀具之间做相对运动，既要形成母线，又要形成导线，于是形成这两条发生线所需的运动的总和，就是形成该表面所需的运动。机床上形成被加工表面所必须的运动，称为机床的工作运动，又称为表面成形运动。

在机床的工作运动中，必有一个速度较快、消耗功率较大的运动，它是产生切削作用必不可少的运动，称为主运动。其余的工作运动使切削得以继续进行，直至形成整个表面，这些运动都称为进给运动。进给运动速度较低，消耗的功率也较小，一台机床上可能有一个或几个进给运动，也可能不需要专门的进给运动。

工作运动是机床上最基本的运动。每个运动的起点、终点、轨迹、速度、方向等要素的控制和调整方式，对机床的布局和结构有重大的影响。

【考题样例】

1. 判断题

1）在切削运动中，速度较快、消耗切削功率较大的运动是主运动。（　　）

参考答案：对　　适用等级：中级

2）工件旋转做主运动，车刀做进给运动的切削加工方法称为车削。（　　）

参考答案：对　　适用等级：初级

2. 单项选择题

1）在金属切削机床加工中，下述（　　）运动是主运动。

A. 铣削时工件的移动　　　　　　　　B. 钻削时钻头直线运动
C. 磨削时砂轮的旋转运动　　　　　　D. 牛头刨床工作台的水平移动

参考答案：C　　适用等级：中级

2）机床最基本的运动是（　　），也是保证得到工件表面形状的运动。

A. 主运动　　　　B. 进给运动　　　　C. 成形运动　　　　D. 辅助运动

参考答案：A　　适用等级：初级

3. 多项选择题

机床上除了工作运动以外，下面的同样属于机床上运动的有（　　）。

A. 切入运动　　　B. 分度运动　　　C. 调位运动
D. 刀具空程运动　　E. 进给运动

参考答案：ABCD　　适用等级：中级

解析：机床上除了工作运动以外，还可能有下面的几种运动：①切入运动，刀具切入工件表面一定深度，以使工件获得所需的尺寸；②分度运动，工作台或刀架的转位或移位，以顺次加工均匀分布的若干个相同的表面，或使用不同的刀具做顺次加工；③调位运动，根据工件的尺寸大小，在加工之前调整机床上某些部件的位置，以便加工；④其他各种运动，如刀具快速趋近工件或退回原位的空程运动，控制运动的开、停、变速、换向的操纵运动等。这几类运动与表面的形成没有直接的关系，而是为工作运动创造条件，统称为辅助运动。

4.5　机床的传动装置

【考核点】

机床上最终实现所需运动的部件称为执行件，如主轴、工作台、刀架等。为执行件的运动提供能量的装置称为运动源。将运动和动力从运动源传至执行件的装置，称为传动装置。

机床的传动装置有机械、电气、液压、气动等多种类型。机械传动有带传动、链传动、啮合传动、丝杠螺母传动及其组合等多种方式。

拟定或分析机床的传动原理时，常用传动原理图。传动原理图只是用简单的符号表示各种执行件、运动源之间的传动联系，并不表示实际传动机构的种类和数量。

图4-2所示为车床的传动原理图，电动机、工件、刀具、丝杠螺母等均以简单的代号表示，1～4及4～7分别表示电动机至主轴、主轴至丝杠的传动链。

传动系统图是表示机床全部运动的传动关系的示意图，用国家标准所规定的符号代表各种传动元件，按运动传递的顺序画在能反映机床外形和各主要部件相互位置的展开图中。传动系统图上应标明电动机的转速和功率、轴的编号、齿轮和蜗轮的齿数、带轮直径、丝杠导程和头数等参数。传动系统图只表示传动关系，而不表示各零件的实际尺寸和位置。

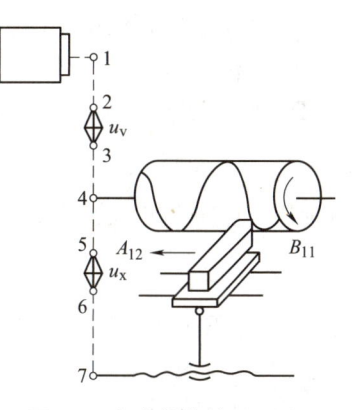

图 4-2　车床的传动原理图

【考题样例】

1. 判断题

1）变换主轴箱外手柄的位置可使主轴得到各种不同转速。（　　）

参考答案：对　适用等级：中级

2）为方便运动中变速，常用啮合式离合器变速组。（　　）

参考答案：错　适用等级：高级

2. 单项选择题

1）把传动件布置在传动轴的径向支承附近，一般可以提高传动轴的（　　）。
A. 刚度　　　　B. 强度　　　　C. 稳定性　　　　D. 精度

参考答案：A　适用等级：中级

2）机床的（　　）是在重力、夹紧力、切削力、各种激振力和升温作用下机床的精度。
A. 几何精度　　　B. 运动精度　　　C. 转动精度　　　D. 动态精度

参考答案：D　适用等级：高级

3. 多项选择题

1）在CA6140卧式车床上，车削螺纹和机动进给分别采用丝杠和光杠传动，其目的是（　　）。

A. 提高车削螺纹传动链传动精度
B. 减少车削螺纹传动链中丝杠螺母副的磨损
C. 提高传动效率
D. 增加车削螺纹时传动链的稳定性
E. 增加传动链的刚度

参考答案：ABCD　适用等级：高级

2）机械加工机床中，应用到的机械传动有（　　）。
A. 带传动　　　　B. 链传动　　　　C. 啮合传动
D. 丝杠螺母传动　E. 凸轮传动

参考答案：ABCD　　适用等级：中级

4.6　车床结构及加工工艺范围

【考核点】

使用车刀进行车削加工的机床称为车床。车床的主运动是主轴的回转运动，进给运动通常是刀具的直线运动。

1. 种类与结构

车床种类很多，按结构形式有卧式车床、落地车床、立式车床，其余还有转塔和回转车床等。还有多轴自动、半自动车床，仿形及多刀车床及其他专用车床等。

CA6140型卧式车床是最常用的机床之一。它主要由床身、主轴箱、进给箱、溜板箱、刀架及尾座等组成。其中主轴的旋转精度、刚度等对工件的加工精度和表面粗糙度有直接影响。

2. 车削加工的工艺范围

在车床上可以加工各种回转表面，如车内外圆柱面、圆锥面、成形面、螺纹等，还可以车端面（平面）、车槽或车断、钻孔、铰孔、钻中心孔、滚花等。

在车床上使用的刀具主要是车刀，还可以使用钻头、扩孔钻、铰刀、丝锥、板牙等加工刀具。车削加工的经济精度为IT8级，表面粗糙度Ra值可达$1.25\sim2.5\mu m$。

车削加工具有以下特点。

1）加工范围广　从工件类型来说，只要在车床上装夹的工件均可加工；从加工精度来说，可获得低、中和相当高的精度（如精细车有色金属可达IT5、Ra值为$0.8\mu m$）；从材料类型来说，可加工金属和非金属；从生产类型来说，适合于单件小批生产到大批量生产。

2）生产率高　一般车削是连续的，切削过程是平稳的，可以采用高的切削速度。车刀的刀杆可以伸出很短，这样刀杆的刚度好，可以采用较大的背吃刀量和进给量。

3）生产成本低　车刀的制造、刃磨和使用都很方便，通用性好；车床附件较多，可满足大多数工件的加工要求，生产准备时间短，有利于提高效率，减低成本。

3. 工件的装夹和车床附件

车削时，必须把工件装夹在车床的夹具上，经校准后进行加工。由于工件的形状、尺寸、精度和加工批量等不同情况，所以必须使用相应的车床附件。经常使用的车床附件有卡盘、顶尖、心轴、中心架、跟刀架等。

【考题样例】

1. 判断题

1）在钻中心孔时，应把其放在车端面之前。（　　）

参考答案：错　　适用等级：初级

2）车床上可以加工螺纹和圆锥体，而且能钻孔。（　　）

参考答案：对　　适用等级：初级

2. 单项选择题

1）在卧式车床上车削外圆面，其尺寸精度可达（　　）。
A. IT8～IT10　　　　B. IT12　　　　C. IT1～IT2　　　　D. IT17～IT18

　　　　　　　　　　　　　　　　　　　　参考答案：A　适用等级：初级

2）安装工件时，不需找正的附件是（　　）。
A. 自定心卡盘和花盘　　　　　　　　B. 自定心卡盘和顶尖
C. 单动卡盘和花盘　　　　　　　　　D. 单动卡盘和顶尖

　　　　　　　　　　　　　　　　　　　　参考答案：B　适用等级：中级

解析：自定心卡盘用三个卡爪夹持工件，一般不需要校正，三个卡爪能自动定心，使用方便，但定位精度较低（0.05～0.15mm）；顶尖常和拨盘、鸡心夹头组合在一起使用，用来安装轴类零件，进行切削精加工。单动卡盘的每一个卡爪可独立做径向移动，所以可装夹较复杂形状的工件，其优点是夹紧力大，但校正比较麻烦，所以适用于装夹毛坯、形状不规则的工件或较重的工件。当车削细长轴时，为了防止工件切削时产生弯曲，需要使用中心架和跟刀架。

3. 多项选择题

1）CA6140型车床能车削常用的螺纹有（　　）。
A. 米制普通螺纹　　B. 米制梯形螺纹　　C. 寸制普通螺纹
D. 管螺纹　　　　　E. 锯齿形螺纹

　　　　　　　　　　　　　　　　　　参考答案：ABCD　适用等级：中级

4.7 铣床结构及加工工艺范围

【考核点】

使用铣刀进行铣削加工的机床称为铣床。铣床主轴带动铣刀旋转做主运动，工作台带动工件做进给运动。

1. 铣床种类

常用的铣床有卧式铣床、立式铣床，其余还有龙门铣床、数控铣床及铣镗加工中心等。

2. 铣床附件

铣床的主要附件有分度头、平口钳、万能铣头和回转工作台。分度头常用于铣六方、齿轮、花键和刻线等。

3. 铣削加工的工艺范围

在铣床上可以加工各种平面、斜面、沟槽、成形面以及齿形等。

铣平面可以用圆柱铣刀、面铣刀或三面刃盘铣刀在卧式铣床或立式铣床上进行。

铣斜面的方法有：用倾斜垫铁铣斜面、用万能铣头铣斜面、用角度铣刀铣斜面、用分度头铣斜面。

在铣床上能加工的沟槽种类很多，如直槽、角度槽、V形槽、T形槽、燕尾槽和键槽等。

【考题样例】

1. 判断题

1）铣削加工的主要特点是刀具旋转、多刃切削。（　　）

参考答案：对　　适用等级：初级

2）铣削零件时走刀路线对加工精度和表面质量无直接影响。（　　）

参考答案：错　　适用等级：中级

2. 单项选择题

1）铣削不能加工的表面是（　　）。
A. 沟槽　　　　　B. 各种回转表面　　　C. 成形面　　　　　D. 平面

参考答案：B　　适用等级：初级

2）作用在工件上的切削力垂直向上且造成机床工作稳定性较差的铣削方式是（　　）。
A. 周铣　　　　　B. 端铣　　　　　　　C. 逆铣　　　　　　D. 顺铣

参考答案：C　　适用等级：中级

解析：在铣削加工中，铣刀的旋转方向和工件的进给方向相同，即铣刀对工件的作用力在进给方向上的分力与工件进给方向相同时称为顺铣。铣削时，铣刀切入工件时切削速度方向与工件进给方向相反，这种铣削方式称逆铣，切削力倾向于将铣刀与工件相互推开，背向力则倾向于将工件从工作台上提起。

3. 多项选择题

1）下面属于铣削用量的是（　　）。
A. 背吃刀量　　　　C. 侧吃刀量　　　　B. 铣削速度
D. 进给量　　　　　E. 主轴转速

参考答案：ABCD　　适用等级：中级

2）下面叙述正确的是（　　）。
A. 铣削轮廓时，为保证表面质量，最好选择单方向和双方向走刀方式
B. 在铣削封闭的凹轮廓时，刀具的切入或切出不允许外延，最好选在两面的交界处
C. 工步顺序是指同一道工序中，各个表面加工的先后次序
D. 旋转体类零件的加工一般采用数控车床或数控磨床加工
E. 铣削零件轮廓时进给路线对加工精度和表面质量有直接影响

参考答案：BCD　　适用等级：高级

4.8 钻床结构及加工工艺范围

【考核点】

钻削加工是用钻削刀具在工件上加工孔的切削加工。在钻床上加工时，工件固定不动，刀具做旋转运动（主运动），同时沿轴向移动（进给运动）。

钻床的主要类型有台式钻床、立式钻床、摇臂钻床以及专门化钻床等。钻床主参数是最大钻孔直径。台式钻床与立式钻床主要用于单件小批量的中小型零件加工，大型零件上钻孔则选用摇臂钻床。

钻床加工范围较广，在钻床上采用不同的刀具，可以完成钻中心孔、钻孔、扩孔、铰孔、攻螺纹、锪孔和锪平面等。

钻孔直径为 0.1～100mm，钻孔深度变化范围也很大，因而广泛应用于孔的粗加工。钻孔加工精度为 IT10～IT13，表面粗糙度 Ra 值可达 6.3μm。

扩孔是指用扩孔工具扩大工件孔径。扩孔可作为铰孔、磨孔前的预加工，也可以作为精

度要求不高的孔的最终加工，常用于直径在 10~100mm 范围内孔的加工。扩孔加工余量为 0.5~4mm。扩孔精度一般为 IT10 左右，表面粗糙度 Ra 值可达 3.2~6.3μm。

锪孔是指在已加工的孔上加工圆柱形沉头孔、锥形沉头孔和端面凸台等的工序。

铰孔是使用铰刀从工件孔壁切除微量金属层，以提高其尺寸精度和降低表面粗糙度值的方法。它适用于孔的精加工及半精加工，也可用于磨孔或研孔前的预加工。由于铰孔时切削余量小，所以，铰孔后其精度一般为 IT7~IT9，表面粗糙度 Ra 值为 1.6~3.2μm，精细铰尺寸精度最高可达 IT6，表面粗糙度 Ra 值为 0.4~1.6μm。铰孔不适合加工淬火钢和硬度太高的材料。

【考题样例】

1. 判断题

1）钻孔将穿透时进给量应减小，以免工件和钻头损坏。（　　）

参考答案：对　适用等级：中级

2）钻小孔时，主轴转速高，孔径越大，主轴转速应越低。（　　）

参考答案：对　适用等级：初级

2. 单项选择题

1）铰孔结束后，铰刀应（　　）退出。

A. 正转　　　　　　B. 反转　　　　　　C. 正反转均可　　　　D. 停车

参考答案：B　适用等级：初级

2）在车床上用钻头进行孔加工，其主运动是（　　）。

A. 钻头的旋转　　　　　　　　　　　B. 钻头的纵向移动

C. 工件的旋转　　　　　　　　　　　D. 工件的纵向移动

参考答案：C　适用等级：中级

3. 多项选择题

下列有关钻孔的说法正确的有（　　）。

A. 钻孔之前一般用中心钻对孔进行定位

B. 深孔钻削最好采用一次进刀加工完成

C. 对于直径比较大的孔要采取多次钻削加工

D. 对于精度为 IT8~IT10 的孔可直接采用麻花钻加工

E. 平行孔系的加工可以采用找正法、镗模法和坐标法

参考答案：ADE　适用等级：高级

4.9　镗床结构及加工工艺范围

【考核点】

镗削加工是用镗刀在已有孔的工件上使孔径扩大并达到加工精度和表面粗糙度要求的加工方法。镗床主要用于加工各种复杂和大型工件上直径较大的孔，尤其是有位置精度要求的孔和孔系。镗削加工精度可达 IT7，表面粗糙度 Ra 值为 0.8~1.6μm。

镗床适合镗削大、中型毛坯上已有或已粗加工的孔，特别适宜于加工分布在同一或不同表面上、孔距和位置精度要求很严格的孔系。加工时刀具旋转形成主运动，进给运动则根据

机床类型和加工条件不同，可由刀具或工件完成。镗床可分为卧式镗床、坐标镗床和金刚镗床等。

卧式镗床由床身、主轴箱、工作台、平旋盘和前、后立柱等组成。

镗床的工艺范围非常广泛，可进行单一表面的加工，如加工直径不大的孔，不深的大孔，加工孔边的断面，钻孔、扩孔、镗螺纹等。

此外，它还可以进行孔系加工。孔系是指在空间具有一定相对位置精度要求的两个或两个以上的孔。孔系分为同轴孔系、垂直孔系和平行孔系。镗孔分为镗同轴孔系，镗平行孔系、镗垂直孔系等。

【考题样例】

1. 判断题

1）镗削工件的夹紧力作用点应尽量远离工件的加工部位。（　　）

参考答案：错　　适用等级：初级

2）加工两端距离较大的同轴孔，可利用回转工作台进行镗孔。（　　）

参考答案：对　　适用等级：初级

2. 单项选择题

1）利用回转法镗垂直孔系，是依靠镗床工作台回转精度来保证孔系的（　　）。

A. 平行度　　　　B. 圆度　　　　C. 圆柱度　　　　D. 垂直度

参考答案：D　　适用等级：初级

2）卧式镗床床身的水平面导轨的直线度误差，将会导致镗孔时孔的（　　）误差。

A. 直线度　　　　B. 圆度　　　　C. 圆柱度　　　　D. 垂直度

参考答案：C　　适用等级：初级

3. 多项选择题

1）镗床在孔系加工中，能加工的孔系有（　　）。

A. 同轴孔系　　　　B. 平行孔系　　　　C. 垂直孔系
D. 异形孔系　　　　E. 冷却孔系

参考答案：ABC　　适用等级：中级

2）关于金刚镗床，下列的说法正确的是（　　）。

A. 金刚镗床是一种高速镗床
B. 在金刚镗床上镗削加工的工件，可获得很高的加工精度
C. 在金刚镗床上镗削加工的工件，可获得较小的表面粗糙度值
D. 金刚镗床的关键部件是工作台
E. 金刚镗床只能使用金刚石镗刀加工

参考答案：ABC　　适用等级：高级

解析：金刚镗床是一种高速精密镗床。因初期采用金刚石镗刀而得名，后已广泛使用硬质合金刀具。这种镗床的工作特点是进给量很小，切削速度很高（600～800m/min）。加工孔的圆度在 $3\mu m$ 以内，表面粗糙度 Ra 值为 $0.08～0.63\mu m$。使用金刚石或硬质合金刀具，以很小的进给量和很高的切削速度能镗削出精度较高、表面粗糙度值较小的孔，主要用于大批量生产中。

4.10 磨床结构及加工工艺范围

【考核点】

磨削是以砂轮作为刀具进行切削加工的方法，主要用于工件的精加工。特别是对于各种高硬度材料（如淬火钢、硬质合金等），磨削是最常用的加工方法。磨削加工精度可达 IT5～IT6，表面粗糙度 Ra 值为 $0.02\sim0.8\mu m$。

外圆磨床包括万能外圆磨床、普通外圆磨床、无心外圆磨床等。内圆磨床包括普通内圆磨床、行星内圆磨床、无心内圆磨床等。

磨削加工的应用范围广泛，可以加工内外圆柱面、内外圆锥面、平面、成形面和组合面等。

【考题样例】

1. 判断题

1) 外圆磨削时砂轮直径不受工件直径限制，可以很大，故工件被磨表面质量好。（ ）

参考答案：错　适用等级：初级

2) 被磨工件表面粗糙度很大程度上取决于磨粒尺寸。（ ）

参考答案：对　适用等级：中级

2. 单项选择题

1) 磨削同轴度较高的台阶轴时，工件安装应采用（ ）。
A. 双顶尖安装　　　B. 自定心卡盘安装　　　C. 虎钳安装　　　D. 单动卡盘安装

参考答案：A　适用等级：初级

2) 在外圆磨削时，（ ）最大。
A. 切向力　　　B. 背向力　　　C. 进给力　　　D. 摩擦力

参考答案：A　适用等级：高级

3. 多项选择题

万能外圆磨床进给导轨常采用滚动导轨，以下不是主要原因的是（ ）。
A. 提高机床传动效率　　　　　　B. 提高送给速度
C. 减低摩擦功率损耗　　　　　　D. 保证进给精度
E. 提高加工精度

参考答案：ABDE　适用等级：高级

4.11 特种加工

【考核点】

特种加工也称为"非传统加工"或"现代加工方法"，泛指用电能、热能、光能、电化学能、化学能、声能及特殊机械能等能量达到去除或增加材料的加工方法，从而实现材料被去除、变形。特种加工一般按加工时所采用的能量类型分为电火花加工、电化学加工、激光加工、超声波加工、射流加工、电子束加工、离子束加工和化学加工等基本加工方法，以及由这些基本加工方法组成的复合加工方法。

【考题样例】

1. 判断题

1) 目前线切割加工时应用较普通的工作液是煤油。（　　）

参考答案：对　适用等级：初级

2) 激光加工一般利用激光的高亮度进行加工。（　　）

参考答案：错　适用等级：中级

解析：激光加工利用高功率密度的激光束照射工件，使材料熔化汽化而进行穿孔、切割和焊接等的特种加工。

2. 单项选择题

1) 下列特种加工方法中最易于实现自动控制的是（　　）。
A. 激光加工　　　B. 超声波加工　　　C. 电铸加工　　　E. 电解加工

参考答案：A　适用等级：中级

2) 要在金刚石上加工出 $\phi 0.05$ mm 的小孔，可采用的加工方法是（　　）。
A. 电火花加工　　B. 超声波加工　　C. 线切割加工　　E. 电解加工

参考答案：B　适用等级：高级

4.12　加工精度及其影响因素

【考核点】

加工精度是指零件加工后的实际几何参数，包括尺寸、形状和各表面相互位置等，与零件图上规定的尺寸、平面、圆柱面以及平行、垂直等理想值符合程度，而它们之间的偏离程度则称为加工误差。加工精度具体分为尺寸精度、形状精度和位置精度三个方面。加工精度的高低是以加工误差的大小来评价和表示的。

尺寸精度通过试切法、调整法、定尺寸刀具法、自动控制法获得。

形状精度通过机床运动轨迹法、仿形法、成形法、展成法等方式获得。

位置精度则由机床运动之间，机床运动与工件装夹后的位置之间或机床的各工位位置之间的相互正确程度来保证。

对加工精度的影响因素如下。

1) 工艺系统的几何精度，即机床的几何精度和传动精度对加工精度的影响。

2) 工艺系统受力变形，即机械加工过程中在切削力、夹紧力、传动力、重力或惯性力作用下产生变形而破坏已调整好的刀具和工件间的相对位置，而产生尺寸误差或几何误差。

3) 工艺系统受热变形，即在加工过程中内部热源、外部热源对工艺系统的影响。

【考题样例】

1. 判断题

1) 基准误差都是由于基准不重合产生的。（　　）

参考答案：错　适用等级：中级

2) 机床应开机后空运转一段时间，达到热平衡后再进行加工，以避免工艺系统受热变形所带来的加工误差。（　　）

参考答案：对　适用等级：中级

解析：机床热变形引起的加工误差，即机床受热源的影响，各部分温度将发生变化，由于热源分布的不均匀和机床结构的复杂性，机床各部件将发生不同程度的热变形，破坏了机床原有的几何精度，从而引起了加工误差。

2. 单项选择题

1) 下列（　　）不属于加工精度的内容。

A. 尺寸精度　　　B. 形状精度　　　C. 位置精度　　　D. 表面粗糙度

参考答案：D　适用等级：初级

2) 薄壁套筒零件安装在车床自定心卡盘上，以外圆定位车内孔，加工后发现孔有较大圆度误差，其主要原因是（　　）。

A. 工件夹紧变形　　B. 工件热变形　　C. 刀具受力变形　　D. 刀具热变形

参考答案：A　适用等级：中级

3. 多项选择题

1) 零件的定位误差包括（　　）。

A. 重复定位误差　　　　　　　B. 基准位置误差
C. 移动位置误差　　　　　　　D. 基准不重合误差
E. 累积位置误差

参考答案：BD　适用等级：中级

解析：定位基准与工序基准不一致所引起的定位误差，称为基准不重合误差，即工序基准相对定位基准在加工尺寸方向上的最大变动量。定位基准面和定位元件本身的制造误差所引起的定位误差，称为基准位置误差，即定位基准的相对位置在加工尺寸方向上的最大变动量。

2) 下列有关误差的说法正确的有（　　）。

A. 误差复映是指零件在工序加工前的误差，都以与原误差相似的形状复映到加工后的零件上去
B. 随机性误差指在同一批零件中毛坯误差的大小都是不确定的
C. 基准不重合误差是指工件的设计基准和定位基准重合了
D. 基准位移误差是零件的定位误差
E. 定位误差就是指位置错误

参考答案：ABD　适用等级：高级

4.13　加工表面质量

【考核点】

机械加工表面质量又称为表面完整性，包含表面层的几何形状特征与表面层的物理力学性能两部分。其中，表面层的几何形状特征由表面粗糙度、表面波纹度、表面加工纹理和伤痕组成。而表面粗糙度则作为主要评定机械加工表面质量的标准，用轮廓算术平均偏差 Ra 表示。

在切削加工中，影响已加工表面粗糙度的因素主要包括几何因素、物理因素和动态因素。几何因素是指切削加工时刀具加工后切屑面积的残留高度；物理因素是指刀具对工件的

挤压和摩擦使金属材料发生塑性变形，以及积屑瘤、切屑与前刀面的强烈摩擦作用等；动态因素则是刀具与工件间出现除切削运动之外的另一种相对运动，造成加工表面出现波纹等。

【考题样例】

1. 判断题

1）采用高速切削能减小表面粗糙度值。（　　）

参考答案：对　　适用等级：中级

2）零件的表面粗糙度值越小，疲劳强度越高。（　　）

参考答案：对　　适用等级：高级

2. 单项选择题

1）下列不属于检测工件表面几何特性的一项是（　　）。

A. 表面粗糙度　　　　　　　　　B. 表面层加工硬化
C. 表面波纹度　　　　　　　　　D. 表面纹理方向

参考答案：B　　适用等级：初级

2）在机械加工时，工件表面产生波纹的原因有（　　）。

A. 塑性变形　　　　　　　　　　B. 切削过程中的振动
C. 残余应力　　　　　　　　　　D. 工件表面有裂纹

参考答案：B　　适用等级：中级

3. 多项选择题

1）零件加工表面质量包括（　　）。

A. 表面纹理方向　　　　　　　　B. 表面层的几何形状特性
C. 表面外观　　　　　　　　　　D. 表面层的物理力学性能
E. 表面化学性能

参考答案：BD　　适用等级：中级

2）下面有关影响表面粗糙度的因素叙述正确的是（　　）。

A. 适当地增大前角，有利于减小表面粗糙度值
B. 工件金相组织的晶粒越细，加工后表面粗糙度值越小
C. 提高工艺系统的精度与刚度，有利于减小表面粗糙度值
D. 提高切削速度，有利于减小表面粗糙度值
E. 增加切削用量，有利于减小表面粗糙度值

参考答案：ABCD　　适用等级：高级

模块 5

工程材料及热处理

5.1 金属材料的力学性能

【考核点】

硬度是指材料表面上局部体积内抵抗变形或破坏能力，是材料的重要性能之一。按测量方法不同将硬度分为布氏硬度、洛氏硬度和维氏硬度等。

强度是指材料在外力作用下抵抗变形与断裂的能力，主要评价指标有屈服强度：材料发生微量塑性变形时的应力值；抗拉强度：材料断裂前所承受的最大应力值。

塑性是指材料在外力作用下，产生永久变形而不破坏的性能，主要评价指标有断后伸长率和断面收缩率。

冲击韧性是指材料抵抗冲击载荷而不破坏的能力，评价指标为冲击吸收能量。

疲劳是指在循环载荷的作用下，零件（或构件）经过较长时间工作或多次应力循环后所发生的突然断裂现象，评价指标为疲劳强度：材料经受无限次循环应力也不发生断裂的最大应力值。

【考题样例】

1. 判断题

金属的强度越高，塑性和韧性也越好。（　　）

参考答案：错　适用等级：高级

解析：一般情况下，金属的强度越高，硬度越好，而塑性和韧性越差。

2. 单项选择题

金属材料在载荷作用下抵抗变形与断裂的能力称为（　　）。
A. 硬度　　　　　　B. 强度　　　　　　C. 塑性　　　　　　D. 弹性

参考答案：B　适用等级：初级

3. 多项选择题

以下属于材料塑性性能的评价指标的是（　　）。

A. 屈服　　　　　　　B. 冲击吸收能量　　　C. 断面收缩率　　　　D. 断后伸长率

参考答案：CD　适用等级：中级

5.2　晶体结构与结晶

【考核点】

由两种或两种以上的金属元素或金属与非金属元素熔合在一起形成具有金属性能的物质称为合金。

合金中相结构可分为固溶体和金属化合物两种基本类型。其中，固溶体分为置换固溶体和间隙固溶体两类。

一般来说，金属晶粒细小，金属材料硬度、强度提高，塑性也提高。

生产中常用以下方法细化晶粒：增加过冷度 ΔT；变质处理；附加振动；降低浇注速度。

金属在固态下随着温度的改变，由一种晶格类型转变为另一种晶格类型的变化，称为金属的同素异晶转变。铁是典型的具有同素异晶转变特性的金属，这也是铁碳合金能够进行热处理的理论前提。

【考题样例】

1. 判断题

具有体心立方晶格的金属有 Cr、W、Mo、γ-Fe。（　　）

参考答案：错　适用等级：高级

解析：γ-Fe 是奥氏体，属于面心立方晶格。

2. 单项选择题

以下不属于合金相结构的是（　　）。

A. 机械混合物　　　　B. 间隙固溶体　　　　C. 置换固溶体　　　　D. 金属化合物

参考答案：A　适用等级：中级

3. 多项选择题

生产中常用（　　）的方法细化晶粒。

A. 增加过冷度 ΔT　　B. 变质处理　　　　C. 附加振动　　　　D. 降低浇注速度

参考答案：ABCD　适用等级：中级

5.3　金属材料的塑性变形

【考核点】

滑移是金属塑性变形的主要方式。金属塑性变形的另一种方式称为孪生。

塑性变形对金属性能的主要影响是产生加工硬化、形成纤维组织、亚组织的细化、产生形变织构、产生残余应力。

在塑性变形过程中，随着变形程度的增加，金属的强度和硬度增加，而塑性和韧性降低，这一现象称为加工硬化或形变强化。

生产中将回复这种处理工艺称为去应力退火。它既保留了加工硬化效果，又降低了内应力，稳定了组织。

工业生产中采用再结晶退火来消除冷变形产品的加工硬化，提高塑性和韧性。

【考题样例】

1. 判断题

回复可以显著降低加工硬化现象，使材料各种性能回复到变形前的状态。（　　）

参考答案：错　　适用等级：高级

解析：回复的作用是消除内应力，稳定组织，不会显著降低加工硬化现象。

2. 单项选择题

以下不属于冷塑性变形对金属组织和性能影响的是（　　）。

A. 消除铸态金属气孔缺陷　　　　　　B. 形成纤维组织

C. 产生加工硬化　　　　　　　　　　D. 亚组织细化

参考答案：A　　适用等级：中级

3. 多项选择题

金属塑性变形的主要方式是（　　）。

A. 滑移　　　　　B. 孪生　　　　　C. 旋转　　　　　D. 冲击

参考答案：AB　　适用等级：中级

5.4　铁碳合金

【考核点】

铁碳合金中的 Fe 和 C 可形成铁素体（F）、奥氏体（A）、渗碳体三个基本相。这些基本相以机械混合物的形式结合还可形成珠光体（P）和莱氏体（Ld）。图 5-1 所示为铁碳合

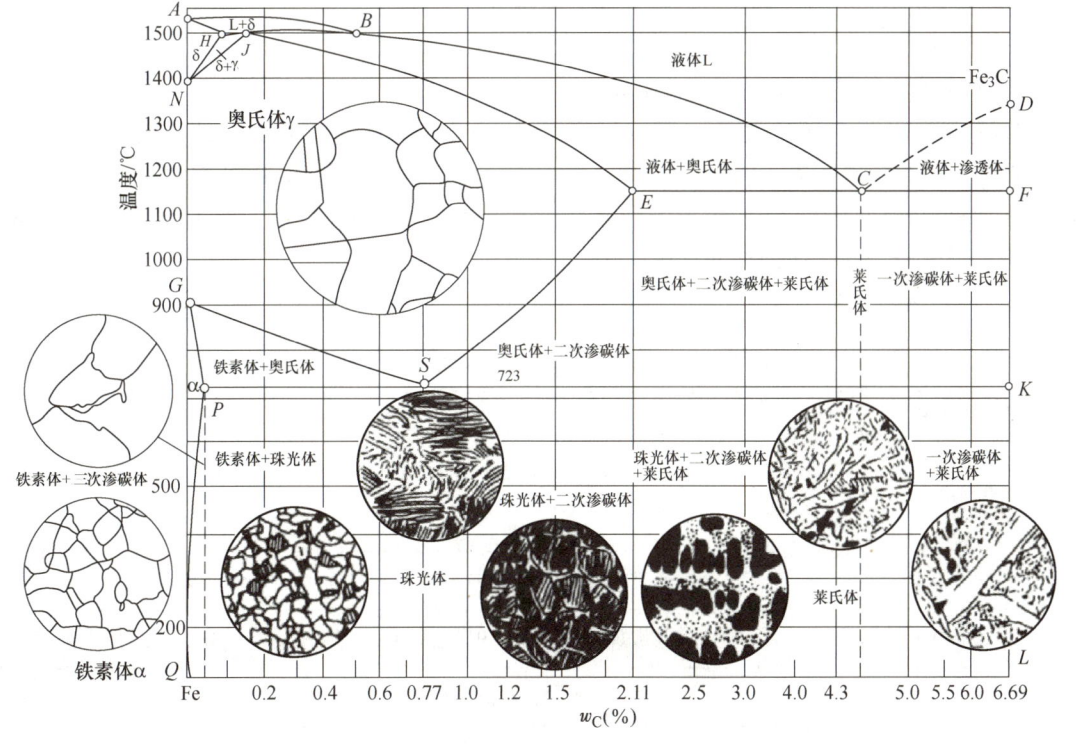

图 5-1　铁碳合金相图

金相图。

铁碳合金相图总结了铁碳合金组织和性能随成分的变化规律。随含碳量增加，铁素体逐渐减少，珠光体逐渐增多，硬度升高，塑性韧性下降，强度先升高后下降。

如果需要塑性好、韧性高的材料时，则可选用铁素体组织多的碳素钢；对于要求综合力学性能较高的材料，可选用组织是铁素体加珠光体的碳素钢；当需要硬度高、耐磨性好的材料时，则应选含碳更高的组织是珠光体加渗碳体的碳素钢。

【考题样例】

1. 判断题

钢的含碳量越高，强度也越大。（　　）

参考答案：错　　适用等级：高级

解析：随含碳量增加，强度先升高后下降。

2. 单项选择题

1) 珠光体的含碳量（质量分数）是（　　）。

A. 6.69%　　　　B. 2.11%　　　　C. 4.3%　　　　D. 0.77%

参考答案：D　　适用等级：初级

2) 铁碳合金组织中属于金属化合物的是（　　）。

A. 铁素体　　　　B. 珠光体　　　　C. 奥氏体　　　　D. 渗碳体

参考答案：D　　适用等级：中级

5.5　常用碳素钢种类及应用

【考核点】

1) 碳素钢中常存杂质元素及其影响。

2) 碳素钢中铁和碳是主要元素，碳钢的性能主要由碳决定。除此以外，在碳素钢的冶炼过程中不可避免地带入一些杂质元素（如硅 Si、锰 Mn、硫 S、磷 P 等元素）。其中，硅、锰元素有利于炼钢时脱氧，属于有益元素；而硫会引起"热脆"，磷易引起"冷脆"，是有害元素；需严格控制其在钢种的含量。

3) 碳素钢的分类（表 5-1）。

表 5-1　碳素钢的分类

分类方式	分　类　结　果
按含碳量分类	低碳钢（$w_C<0.25\%$）、中碳钢（$0.25\%≤w_C<0.60\%$）、高碳钢（$w_C>0.60\%$）
按质量分类	普通碳素钢、优质碳素钢、高级优质碳素钢、特级优质碳素钢
按用途分类	碳素结构钢（$w_C<0.7\%$），碳素工具钢（$w_C>0.7\%$）
按脱氧程度分类	沸腾钢、镇静钢、半镇静钢

4) 碳素钢的牌号、性能和用途（表 5-2）。

表 5-2　碳素钢的牌号、性能和用途

类别	编号规则	性能特点	常用牌号及主要用途
普通碳素结构钢	1）Q+数字+质量等级+脱氧方法 2）它的牌号冠以"Q"代表钢材的屈服强度，后面的数字表示屈服强度数值，单位是 MPa 3）例如 Q235 表示屈服强度为 235MPa 的碳素结构钢	1）冶炼容易，工艺性好，价格便宜，在力学性能上一般能满足普通机械零件及工程结构件的要求 2）这类钢中的 S、P 和非金属夹杂物含量较多，在相同含碳量及热处理条件下，其塑性、韧性较低 3）加工成形后一般不进行热处理，大都在热轧状态下直接使用，通常轧制成板材、带材及各种型材	1）通常轧制成钢板和各种型材，用于厂房、桥梁、船舶等建筑结构或一些受力不大的机械零件 2）Q195、Q215、Q235 用于一般桥梁、建筑结构，普通机械零件，如螺钉、螺母等
优质碳素结构钢	1）牌号开头的两位数字表示钢中的含碳量，以平均碳的质量分数的万分数表示 2）含量较高的元素，沸腾钢、半镇静钢应在牌号最后标出 3）例如含锰量较高，平均碳的质量分数为 0.45% 的钢，其牌号为 45Mn	1）这类结构钢的含硫、磷量较低，非金属夹杂物较少，w_C = 0.05%～0.85%，多数为低中碳成分，少数高碳 2）钢的品质较好，塑性、韧性都比普通碳素结构钢好，出厂时既保证化学成分，又保证力学性能	1）主要用于制造较重要的机械零件 2）15、20、25 钢属于渗碳钢，可用作冲压件和焊接件 3）35、45、50 钢属于调质钢，具有良好的综合力学性能，主要用于要求强度、塑性和韧性都较高的机械零件，如轴类零件 4）60、65 钢主要用于制造弹簧
碳素工具钢	1）牌号冠以"T"，以免与其他钢类相混 2）牌号中的数字表示含碳量，以平均碳的质量分数的千分数表示 3）含锰量较高者，在牌号最后标出"Mn" 4）例如"T8Mn"表示含锰量较高的工具钢，平均碳的质量分数为 0.8%	1）这类钢中碳的质量分数为 0.65%～1.35%，含碳量高 2）硬度较高，加工性良好，价格低廉，使用范围广泛 3）碳素工具钢根据使用目的的不同可分为碳素刃具钢、碳素模具钢和碳素量具钢	1）碳素工具钢是指用于制作刃具、模具和量具的碳素钢 2）T7、T8 用于制造冲击载荷的工具，如錾子、锤子、冲头等 3）T9～T11 制造中等韧性的工具，小冲模、手工锯条 4）T12、T13 耐磨性最高，但韧性最低，多用于制造不受冲击载荷的量具、锉刀、刮刀等

【考题样例】

1. 判断题

65 钢的含碳量较高，常用于制造各种刀具。（　　）

参考答案：错　适用等级：初级

解析：从牌号可以看出 65 钢为碳素结构钢，不适宜做刀具，常用于制造弹簧。

2. 单项选择题

1）碳素钢中（　　）杂质元素会引起"冷脆"现象。

A. Si B. Mn C. P D. S

参考答案：C 适用等级：中级

2）T12 中碳的质量分数是（ ）。

A. 12% B. 1.2% C. 0.12% D. 0.012%

参考答案：B 适用等级：中级

解析：从牌号可知 T12 为碳素工具钢，其中 12 表示碳的质量分数为千分之十二。

3. 多项选择题

以下材料可用于制造设备主轴的是（ ）。

A. 45 B. 65 C. Q235 D. 40Cr

参考答案：AD 适用等级：初级

5.6 常用合金钢种类及应用

【考核点】

1. 合金钢的分类

按合金元素总含量分类：低合金钢（合金元素总含量 w_{Me}<5%）、中合金钢（w_{Me} = 5% ~ 10%）、高合金钢（w_{Me}>10%）。

按钢的用途分类：合金结构钢（用于制造各种机械零件和工程结构件）、合金工具钢（用于制造各种工具）、特殊性能钢（如不锈钢、耐热钢、耐磨钢等）。

2. 低合金高强度结构钢

低合金高强度结构钢的牌号由代表屈服强度的汉语拼音字母（Q）、规定的最小上屈服强度数值、交货状态代号、质量等级符号（B、C、D、E、F）四个部分按顺序排列。例如 Q390B 表示屈服强度 R_{eH} = 390MPa、质量等级为 B 的低合金高强度结构钢。

为保证良好塑性、韧性、焊接性能、冷成形性能，其 w_C = 0.16% ~ 0.20%。

合金元素作用：Mn、Si、Cr、Ni 可强化铁素体；V、Ti、Nb、Al 等可细化铁素体晶粒。

低合金高强度结构钢按屈服强度主要有 Q355、Q390、Q420、Q460。

3. 合金结构钢

合金结构钢的牌号由三部分组成，即两位数字+元素符号+数字。前两位数字表示合金结构钢的平均碳的质量分数的万分数，合金元素符号后数字表示该合金元素平均质量分数。当合金元素平均质量分数小于 1.5% 时，只标注出合金元素符号，不标注数字。例如 60Si2Mn 表示平均碳的质量分数为 0.6%、平均硅的质量分数大于等于 1.5%、平均锰的质量分数小于 1.5% 的合金结构钢。合金结构钢的类别见表 5-3。

表 5-3 合金结构钢的类别

类别	性能特点	化学成分	热处理工艺和常见牌号
合金渗碳钢	"表硬里韧"，心部保证了高韧性和足够的强度，而表层则具有高碳量，经淬火后有很高的硬度，并可获得良好的耐磨性	碳的质量分数一般都很低（在 0.15% ~ 0.25%），属于低碳钢，并在钢中加入一定数量的合金元素，如 Cr、Ni、Mn、Mo、W、Ti、B	渗碳+淬火+低温回火 常见牌号：20Cr、20CrMnTi

(续)

类别	性能特点	化学成分	热处理工艺和常见牌号
合金调质钢	具有良好的综合力学性能，广泛用于制造汽车、拖拉机、机床和其他机器上如齿轮、轴类件、高强螺栓等重要零件	碳的质量分数：质量分数在0.3%~0.5%，提高淬透性的合金元素质量分数：质量分数在2%~6%，一般为：Mn、Si、Ni、Cr，另外还有Mo、V、Al等	淬火+高温回火，得到回火索氏体 常见牌号：35CrMo、40Cr
合金弹簧钢	高的弹性极限，高的屈强比，高的疲劳极限（尤其是缺口疲劳强度）	碳的质量分数：质量分数在0.5%~0.85%（中、高碳），合金元素质量分数：质量分数在2%~3%，一般为：Si、Mn、Cr、V（提高淬透性，细化晶粒）	淬火+中温回火，得到回火托氏体 常见牌号：65Mn、60Si2MnA、50CrV

4. 合金工具钢

当 $w_C<1\%$ 时，用一位数字表示平均碳的质量分数的千分数；当 $w_C \geq 1\%$ 时，则不予标出。例如 Cr12MoV 钢，其平均碳的质量分数为 1.45%~1.70%。合金工具钢的类别见表5-4。

表5-4 合金工具钢的类别

类别	性能特点	化学成分	热处理工艺和常见牌号
合金刃具钢	高硬度、高耐磨性、高的热硬性、一定的强度、塑性和韧性	高碳（质量分数在0.75%~1.45%）+合金元素（Cr、Mn、Si、W、V等）	球化退火（+机加工）+淬火（油冷）+低温回火 常见牌号：9SiCr、CrWMn、W18Cr4V
合金模具钢	高的硬度和耐磨性、较高强度、足够韧性和良好的工艺性	高碳（质量分数大于1.0%）+合金元素（Cr、Mo、W、V等）	球化退火（+机加工）+淬火+低温回火 常见牌号：Cr12
合金量具钢	高硬度和耐磨性、高尺寸稳定性、热处理变形小、足够的韧性	高碳（质量分数在0.9%~1.5%）+合金元素（Cr、W、Mn等）	淬火+（-70~-80℃）冷处理+低温回火+时效处理 常见牌号：CrWMn

5. 特殊性能钢

特殊性能钢是指具有特殊的物理、化学性能的钢，其种类较多，常用的特殊性能钢有不锈钢、耐热钢和耐磨钢。

在腐蚀性介质中具有耐蚀能力的钢，一般称为不锈钢。常用不锈钢有奥氏体不锈钢（12Cr18Ni9）、铁素体不锈钢（10Cr17）、马氏体不锈钢（12Cr13）。

【考题样例】

1. 判断题

9SiCr钢可用于制造汽车上的变速器齿轮。（　　）

参考答案：错　适用等级：中级

2. 单项选择题

1）可用作弹簧的钢是（　　）。

A. 20　　　　　　　B. 9SiCr　　　　　　C. 60Si2Mn　　　　　　D. 20CrMnMo

参考答案：C　适用等级：中级

2）在高速高精数控设备中的刀具一般选用（　　）钢。
A. 5CrNiMo　　　B. Cr12MoV　　　C. 9SiCr　　　D. W18Cr4V

参考答案：D　适用等级：中级

3. 多项选择题

热处理为淬火+高温回火的钢是（　　）。
A. 35CrMo　　　B. 1Cr18Ni9Ti　　　C. 60Si2CrV　　　D. 45

参考答案：AD　适用等级：中级

5.7　铸铁种类及应用

【考核点】

1. 铸铁的特点和分类

碳的质量分数大于2.11%的铁碳合金称为铸铁，铸铁中的碳主要是以石墨的形态存在，所以铸铁的组织是由金属基体和石墨所组成的。

根据铸铁中的碳在结晶过程中的析出状态以及凝固后断面颜色的不同，铸铁可分为白口铸铁、灰铸铁、麻口铸铁。根据铸铁中石墨的形态，又可分为灰铸铁（片状或曲片状）、球墨铸铁（球状）、可锻铸铁（团絮状）、蠕墨铸铁（蠕虫状）。

2. 灰铸铁

灰铸铁是指石墨呈片状分布的铸铁，其生产工艺简单，成本低廉，应用广泛，产量约占铸铁总产量的75%以上。灰铸铁常用于制造各种机器的底座，机架、工作台、齿轮箱箱体及内燃机的气缸体等。

我国灰铸铁的牌号用"灰铁"两字的汉语拼音的第一个大写字母"HT"和一组数字表示，数字表示抗拉强度（单位为MPa），如HT200。

【考题样例】

1. 判断题

1）HT250的抗拉强度大于Q235。（　　）

参考答案：错　适用等级：中级

解析：HT250是灰铸铁，250代表最低抗拉强度。Q235为普通碳素结构钢，235代表屈服强度。

2）可锻铸铁可以锻造。（　　）

参考答案：错　适用等级：中级

2. 单项选择题

铸造薄壁件应采用（　　）。
A. 灰铸铁　　　B. 白口铸铁　　　C. 可锻铸铁　　　D. 球墨铸铁

参考答案：C　适用等级：高级

5.8　钢的热处理原理

【考核点】

热处理方法虽然很多，但任何一种热处理工艺都是由加热、保温和冷却三个阶段所组成的。热处理的分类如图 5-2 所示。

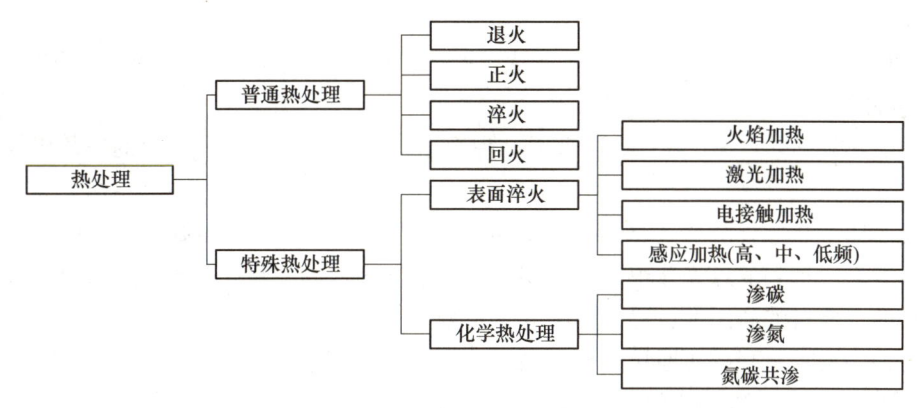

图 5-2　热处理的分类

共析钢在 Ac_1 温度以上得到完全奥氏体组织，亚共析钢、过共析钢加热温度只有在 Ac_3 或 Ac_{cm} 以上才可得到单相奥氏体。

一般热处理加热时奥氏体晶粒越均匀、细小，冷却后的组织也越均匀、细小，其强度、塑性和韧性比较高。

过冷奥氏体在高温下冷却后的产物是珠光体（珠光体、索氏体、托氏体），中温转变产物是贝氏体（上贝氏体、下贝氏体），低温转变产物是马氏体（板条马氏体、高碳马氏体）。

【考题样例】

1. 判断题

一般热处理加热时奥氏体晶粒越粗大，冷却后组织的强度、塑性和韧性比较高。（　　）

参考答案：错　适用等级：中级

2. 单项选择题

亚共析钢要得到完全奥氏体组织，需要加热到（　　）。

A. A_1 线以上　　　　B. Ac_1 线以上　　　　C. Ac_3 线以上　　　　D. Ac_{cm} 线以上

参考答案：C　适用等级：高级

3. 多项选择题

热处理工艺是由（　　）三个阶段所组成的。

A. 加热　　　　B. 保温　　　　C. 冷却　　　　D. 时效

参考答案：ABC　适用等级：中级

5.9　钢的退火和正火

【考核点】

1. 钢的退火

退火：将钢加热到 Ac_1 以上或以下适当温度，保温一段时间，然后缓慢冷却（随炉冷却）的工艺方法。

退火目的：细化晶粒，改善组织，提高钢的塑性和韧性；消除、减少内应力，稳定尺寸。

退火的种类很多，常用的主要有完全退火、等温退火、球化退火、去应力退火、均匀化退火。

2. 钢的正火

将钢加热到 Ac_3 或 Ac_{cm} 以上 30~50℃，保温适当时间后，在自由流通的空气中均匀冷却的热处理称为正火。

正火实质上是退火的一个特例，两者的主要区别在于冷却速度不同。正火冷却速度较快，过冷度大，得到的珠光体组织数量多并且比较细小，因而强度和硬度也较高。

正火的主要目的和用途：可作为中碳钢及合金结构钢淬火前的预先热处理，以减少淬火缺陷；可作为要求不高的普通结构件的最终热处理；改变钢件硬度，改善切削加工性。

3. 退火与正火的选用原则

1) 从切削加工性上考虑。低碳钢、中碳钢宜采用正火；碳的质量分数为 0.45%~0.6% 的碳素钢则必须采用完全退火；过共析钢用正火消除网状渗碳体后再进行球化退火。

2) 从使用性能上考虑。对于力学性能要求不高的工件，可以将正火作为最终热处理。如果工件尺寸较大或形状复杂，应选择退火。

3) 从经济性上考虑。正火生产周期短，设备利用率高，工艺操作简单，比较经济。因此，在条件允许的情况下，应尽量选择正火。

【考题样例】

1. 判断题

1) 从使用性能上考虑，对于力学性能要求不高的工件，可以将正火作为最终热处理；如果工件尺寸较大或形状复杂，应选择退火。（　　）

参考答案：对　适用等级：中级

2) 正火实质上是退火的一个特例，两者的主要区别在于冷却速度不同。退火冷却速度较快，过冷度大，得到的珠光体组织数量多并且比较细小，因而强度和硬度也较高。（　　）

参考答案：错　适用等级：中级

2. 单项选择题

1) 退火是将工件加热到一定温度，保温一段时间，然后（　　）。

A. 随炉冷却　　　　　　　　　　B. 在油中冷却
C. 在空气中冷却　　　　　　　　D. 在水中冷却

参考答案：A　适用等级：初级

2) 为了改善 20 钢的切削加工性，一般应采用（　　）。

A. 退火　　　　B. 正火　　　　C. 淬火　　　　D. 回火

参考答案：B　适用等级：高级

5.10 钢的淬火和回火

【考核点】

1. 钢的淬火

淬火是将钢加热到 Ac_3 或 Ac_1 以上，保温一定时间后快速冷却（大于临界冷却速度），以获得马氏体组织的热处理工艺。

淬火钢得到的组织主要是马氏体（或下贝氏体），其目的是提高钢的硬度、强度和耐磨性。

淬火冷却介质决定了冷却速度，理想的淬火冷却介质应在开始时有足够高的冷却速度，为防止零件变形、开裂，在绕过"鼻尖"部后，应减缓冷却速度。水和油是最为常用的淬火冷却介质。

淬火工艺的种类有单液淬火、双液淬火、分级淬火、等温淬火和局部淬火等。

钢的淬透性是指在规定条件下钢试样淬火后有效淬硬深度和硬度分布的材料特性。钢的淬硬性是指钢在理想条件下淬火后所能达到的最高硬度值，即钢在淬火时的硬化能力。

对于截面尺寸较大和形状较复杂的重要零件，应选用高淬透性的钢制造。

2. 钢的回火

回火是将淬火钢重新加热到 A_1 以下某一温度，保温后冷却下来的一种热处理工艺。

回火的目的：获得工件最终所需要的力学性能；稳定工件的尺寸；降低脆性，消除或减少淬火内应力。

淬火钢在不同温度回火后，获得了不同的组织，力学性能也发生明显的变化。总的规律是，随回火温度升高，钢的强度和硬度下降，塑性和韧性上升。

低温回火的温度为 150~250℃，回火后的组织为回火马氏体。低温回火主要是为了降低钢的淬火内应力和脆性，而保持高的硬度（一般为 58~64HRC）和耐磨性，常用于处理各种工具、模具、滚动轴承、渗碳淬火件和表面淬火件。

中温回火的温度为 350~500℃，回火后的组织为回火托氏体。这种组织具有较高的弹性极限和屈服强度，并具有一定的韧性，硬度一般为 35~45HRC。中温回火主要用于弹簧和要求具有较高弹性的零件，也可用于某些热作模具。

高温回火的温度为 500~600℃，回火后的组织为回火索氏体。这种组织具有良好的综合力学性能，即在保持较高的强度的同时，又具有良好的塑性和韧性。高温回火广泛用于各种重要的结构零件，如轴、齿轮、连杆和螺栓等。

习惯上将淬火与高温回火相结合的热处理称为调质处理，简称为调质。

【考题样例】

1. 判断题

1）淬火是将钢加热到 Ac_3 或 Ac_1 以上，保温一定时间后快速冷却（大于临界冷却速度），以获得马氏体组织的热处理工艺。（　　）

参考答案：对　适用等级：初级

2）回火是将退火钢加热到 A_1 以下某一温度，保温后冷却下来的一种热处理工艺。（　　）

参考答案：错　适用等级：中级

2. 单项选择题

1）经调质处理后的齿轮和轴，其使用状态的组织是（　　）。

A. 珠光体　　　　B. 回火马氏体　　　　C. 回火托氏体　　　　D. 回火索氏体

参考答案：D　适用等级：中级

2）为了降低内应力和脆性，而保持高的硬度和耐磨性，刀具一般应采用（　　）。

A. 正火　　　　　　B. 淬火+低温回火　　　C. 淬火+中温回火　　　D. 淬火+高温回火

参考答案：B　适用等级：高级

5.11 钢的表面热处理和化学热处理

【考核点】

1. 钢的表面热处理

许多零件（齿轮、轴承等）需要表面具有高硬度、高耐磨性，而心部具有好的塑性和韧性，表面淬火即可达到这一要求。

表面淬火是将钢件表面迅速加热到奥氏体化后，急冷使表面层形成马氏体，而心部组织不发生变化，这样表面具有强硬特征而心部保持好的韧性。用于表面淬火的钢大多为低碳钢或中碳钢。

按表面淬火加热方式的不同，目前主要有感应加热淬火和火焰淬火。

2. 化学热处理

化学热处理是指将材料置于一定的化学介质中加热、保温，使介质中一种或几种元素的原子渗入工件表层，以改变工件表层化学成分（进而改变组织结构），来获得心部和表层不同性能的热处理工艺。

注意：表面淬火是通过改变表面的组织来提高表面性能；化学热处理是通过改变表面的化学成分来提高表面性能。

按渗入的元素不同，化学热处理可分为渗碳、渗氮、碳氮共渗、渗硼和渗金属等。渗入元素介质可以是固体、液体和气体。

【考题样例】

1. 判断题

用于表面淬火的钢大多为高碳钢。（　　）

参考答案：错　适用等级：初级

2. 单项选择题

齿轮需要表面具有高硬度，而心部具有好的塑性和韧性，需进行的热处理方式为（　　）。

A. 淬火+回火　　　B. 退火　　　　　　C. 正火　　　　　　D. 表面淬火

参考答案：D　适用等级：中级

3. 多项选择题

以下属于化学热处理的是（　　）。

A. 渗碳　　　　　　B. 渗氮　　　　　　C. 碳氮共渗　　　　D. 渗金属

参考答案：ABCD　适用等级：高级

5.12 有色金属及其合金

【考核点】

1. 铝及铝合金

纯铝强度很低，不适用于制造机器零件。在纯铝中加入 Si、Cu、Mg、Zn、Mn 等合金元素形成铝合金。铝合金材料具有密度低、强度高和耐蚀性好的特性，在轿车的轻量化中占有举足轻重的地位。

根据铝合金的成分及生产工艺特点，将铝合金分为变形铝合金和铸造铝合金。变形铝合金可由冶金厂加工成各种型材（板、带、管等）产品供应。按其主要性能特点分为防锈铝合金、硬铝合金、超硬铝合金和锻造铝合金。铸造铝合金与变形铝合金相比其力学性能较差，但铸造性能好，可进行各种铸造，以制造形状复杂的零件。

2. 铜及铜合金

铜有优良的导电导热性，工业上得到广泛应用，特别是作为导电器材，其用量占铜总用量的一半以上。汽车上各类热交换器、散热器、耐磨减摩零件、电器元件、油管等，均选用了铜合金材料。

纯铜是用电解法获得的，也称为电解铜，外观呈紫红色，故又称为紫铜。我国工业纯铜常用的有 T1、T2、T3。代号中数字越大，表示杂质含量越高，导电性、塑性越差。它广泛用于制造电线、电缆、铜管。

按化学成分不同，铜合金可分为黄铜、白铜和青铜三类。黄铜常用来制造形状复杂并要求耐热、耐蚀的零件，如汽车散热器、垫片、油管、螺钉等，常用有 H80、H70、H68、H62 等。白铜具有极高的电阻率，非常小的温度系数，是制造电工仪器、变阻器、热电偶合器等的良好材料。青铜是指除黄铜和白铜以外的其他铜合金，适用于制造仪器上要求耐蚀及耐磨的零件、弹性零件、抗磁零件及机器中的轴承、轴套等。

【考题样例】

1. 判断题

铝合金材料具有密度低、强度高和耐蚀性好的特性，在轿车的轻量化中占有举足轻重的地位。（　　）

参考答案：对　适用等级：中级

2. 单项选择题

白铜属于（　　）。
A. 纯铜　　　　　　B. 铜锌合金　　　　C. 铜镍合金　　　　D. 铜铁合金

参考答案：C　适用等级：中级

3. 多项选择题

以下属于黄铜的是（　　）。
A. TZ　　　　　　　B. H68　　　　　　　C. H70　　　　　　　D. T1

参考答案：BC　适用等级：中级

5.13　硬质合金

【考核点】

1. 硬质合金及其特点

硬质合金是由难熔金属的硬质化合物和黏结金属通过粉末冶金工艺制成的一种合金材料。

硬质合金具有硬度高、耐磨、强度和韧性较好、耐热、耐蚀等一系列优良性能。硬质合金广泛用作刀具材料。

2. 硬质合金性质

硬质合金是以高硬度难熔金属的碳化物（WC、TiC）微米级粉末为主要成分，以钴（Co）或镍（Ni）、钼（Mo）为黏结剂，在真空炉或氢气还原炉中烧结而成的粉末冶金制品。

3. 硬质合金的分类、牌号和应用

1）钨钴类硬质合金。它的主要成分是碳化钨（WC）和钴（Co），其牌号是由"YG"（"硬""钴"两字汉语拼音首字母）和钴的平均质量分数组成。

2）钨钛钴类硬质合金。它的主要成分是碳化钨、碳化钛（TiC）和钴，其牌号由"YT"（"硬""钛"两字汉语拼音首字母）和碳化钛的平均质量分数组成。

3）钨钛钽（铌）类硬质合金。它主要成分是碳化钨、碳化钛、碳化钽（或碳化铌）和钴。这类硬质合金又称为通用硬质合金或万能硬质合金，其牌号由"YW"（"硬""万"两字汉语拼音首字母）和顺序号组成。

【考题样例】

1. 判断题

1）硬质合金的基体由两部分组成：一部分是硬化相；另一部分是黏结金属。（　　）

参考答案：对　　适用等级：中级

2）硬质合金是以高硬度难熔金属的碳化物（WC、TiC）微米级粉末为主要成分，以钴（Co）或镍（Ni）、钼（Mo）为黏结剂，在真空炉或氢气还原炉中烧结而成的粉末冶金制品。（　　）

参考答案：对　　适用等级：中级

2. 单项选择题

硬质合金是通过（　　）方式成型的。

A. 粉末冶金　　　　B. 锻造　　　　C. 铸造　　　　D. 机械加工

参考答案：A　　适用等级：中级

5.14　刀具材料的种类与选用

【考核点】

1. 刀具材料的种类

在传统的机械加工中，刀具材料、刀具结构和刀具几何形状是决定刀具切削性能的三大要求，其中刀具材料起着关键作用。

目前，刀具材料主要有以下几类。

1）高速钢　高速钢是一种加入了较多的 W、Mo、Cr、V 等合金元素的高合金工具钢。高速钢刀具在强度、韧性及工艺性等方面具有优良的综合性能。

2）硬质合金　它是由硬度和熔点很高的碳化物（称为硬质相）和金属黏结剂（称为黏接相）经粉末冶金方法而制成的，其硬度达 89～93HRA，远高于高速钢。可转位硬质合金刀具是数控加工刀具的主导产品。

3）陶瓷　陶瓷硬度高、耐磨性好、耐高温、耐热性好、化学稳定性好，对提高生产率、降低加工成本、节省战略性贵重金属具有十分重要的意义。

4）金刚石　金刚石具有极高的硬度和耐磨性，具有很低的摩擦系数，切削刃非常锋利，是公认的、理想的和不能代替的超精密加工刀具材料。

5）涂层刀具材料　涂层刀具可以提高加工效率、提高加工精度、延长刀具使用寿命、降低加工成本。涂层刀具在数控加工领域有巨大潜力，将是今后数控加工领域中最重要的刀具品种。

2. 刀具材料的选用

刀具材料的选用一般应考虑以下几个原则。

1）刀具材料的硬度必须高于工件材料的硬度，一般要求在60HRC以上。刀具材料的硬度越高，耐磨性就越好。

2）刀具材料应具备较高的强度和韧性，以便承受切削力、冲击和振动，防止刀具脆性断裂和崩刃。

3）刀具材料应具备好的锻造性能、热处理性能、焊接性能、磨削加工性能等，而且要追求高的性价比。

4）刀具材料的耐热性要好，能承受高的切削温度，具备良好的抗氧化能力。

【考题样例】

1. 判断题

金刚石刀具具有极高的硬度和耐磨性，非常适合加工高强钢。（　　）

参考答案：错　适用等级：中级

解析：金刚石（碳）在高温下容易与铁原子作用，使碳原子转化为石墨结构，刀具极易损坏。

2. 单项选择题

以下说法不正确的是（　　）。

A. 刀具材料的耐热性要好　　　　　　B. 刀具材料需能承受高的切削温度
C. 刀具材料应具备良好的抗氧化能力　　D. 刀具材料需具备较好的延展性

参考答案：D　适用等级：中级

3. 多项选择题

1）选择刀具材料，一般应考虑（　　）。

A. 硬度和耐磨性　　B. 强度和韧性　　C. 性能和经济性　　D. 耐热性

参考答案：ABCD　适用等级：中级

2）常用刀具材料主要有（　　）。

A. 高速钢　　　　　B. 金刚石　　　　C. 硬质合金　　　　D. 陶瓷

参考答案：ABCD　适用等级：中级

模块 6

金属切削原理与刀具

6.1 切削运动与切削要素

【考核点】

1. 切削运动

在金属切削过程中，刀具和工件之间必须有相对运动，这种相对运动称为切削运动。切削运动可以分为主运动和进给运动两种运动形式，如图6-1所示。

2. 切削要素

切削要素可以分为两大类，即切削用量要素和切削层横截面要素。切削用量是切削速度、进给量和背吃刀量的总称，也称为切削用量三要素。它是调整机床和计算切削力、切削功率、时间定额及核算工序成本等所必需的参数。在切削过程中，刀具的切削刃在一次进给中从工件待加工表面上切除的金属层，称为切削层。切削层参数是在与主运动方向相垂直的平面内度量的切削层截面尺寸。切削层的参数包括切削层公称厚度 h_D、切削层公称宽度 b_D、切削层公称横截面积 A_D。

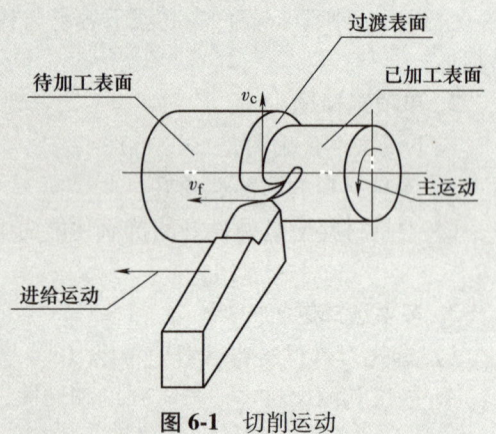

图 6-1 切削运动

【考题样例】

1. 判断题

判断主运动是以速度最高、功率消耗最大为依据的。（　　）

参考答案：对　　适用等级：初级

解析：主运动是由机床或人力提供的，刀具和工件之间的主要相对运动。主运动是切下切屑所需的最基本运动，在切削运动中主运动的速度最高，消耗的功率最大。进给运动是由机床或人力提供的，刀具和工件之间的附加相对运动，和主运动一起，保证切削依次或连续不断进行，从而得到具有几何特征的已加工表面。进给运动可以是刀具的运动（如车削时车刀的运动），也可以是工件的运动（如铣削、磨削时工件的运动）；可以是连续运动（如车削），也可以是断续运动（如刨削、铣削）。

2. 单项选择题

1）每台机床主运动描述正确的是（　　）。

　　A. 只有一个主运动　　　　　　　　B. 至少有一个主运动
　　C. 视情况而定

参考答案：A　适用等级：初级

解析：主运动是由机床或人力提供的，刀具和工件之间的主要相对运动。进给运动是由机床或人力提供的，刀具和工件之间的附加相对运动，和主运动一起，保证切削依次或连续不断进行，从而得到具有几何特征的已加工表面。进给运动可以是刀具的运动（如车削时车刀的运动），也可以是工件的运动（如铣削、磨削时工件的运动）；可以是连续运动（如车削），也可以是断续运动（如刨削、铣削）。一般地，主运动只有一个，进给运动可以是一个或多个。

2）在切削用量三要素中，对切削温度影响最大的是（　　）

　　A. 背吃刀量　　　　　B. 切削速度　　　　　C. 切削宽度

参考答案：B　适用等级：初级

解析：按照一般规律来说，随着切削速度、进给量和背吃刀量的增加，切削温度增加，而且切削速度影响最大，其次是进给量，背吃刀量影响最小。

3. 多项选择题

切削用量三要素是指（　　）。

　　A. 切削速度　　　　　B. 进给量　　　　　C. 背吃刀量

参考答案：ABC　适用等级：初级

解析：切削用量三要素包括切削速度、进给量、背吃刀量。

6.2　刀具切削部分几何参数

【考核点】

1. 车刀的组成

金属切削刀具的种类繁多，其中较简单、较典型的是车刀，其他刀具的切削部分都可以看作是以车刀为基本形态演变而成的。车刀中最常见的是外圆车刀，它由刀杆和刀头（刀体和切削部分）组成。刀头用于切削，刀杆是刀具上的夹持部分。切削部分（刀头）包括前刀面 A_γ、主后刀面 A_α、副后刀面 A_α'、主切削刃 S、副切削刃 S' 和刀尖，如图 6-2 所示。

2. 刀具的几何参数

刀具的几何参数是确定刀具几何形状和切削性能的重要参数。通过一组角度值可以确定刀具切削部分各表面的空间位置，可以使刀具的几何形状得到确定。切削刀具的种类很多，但就其单个刀齿而言，都可以看成是由外圆车刀的切削部分演变而来。

（1）刀具角度参考系　建立如图 6-3 所示的正交平面参考系，其中：

模块 6　金属切削原理与刀具

图 6-2　车刀的组成

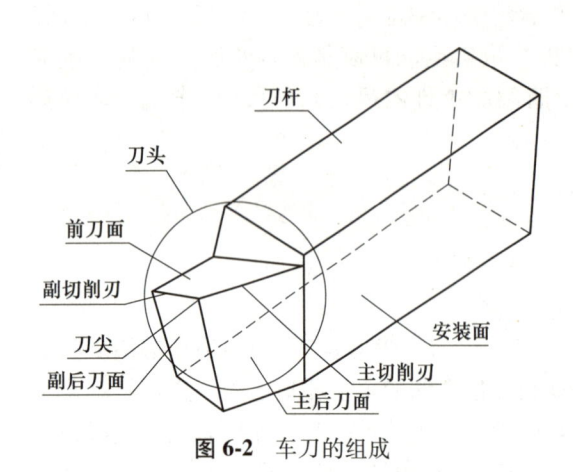

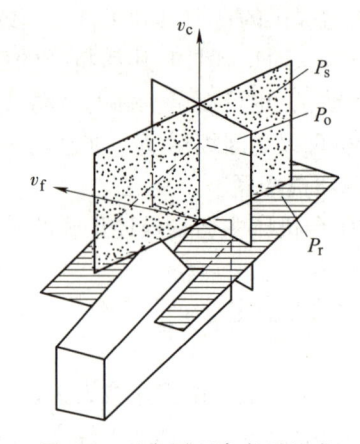

图 6-3　正交平面参考系组成

基面 P_r：通过切削刃上选定点，垂直于该点主运动方向的平面。通常平行于车刀的安装面（底面）。

切削平面 P_s：通过切削刃上选定点，垂直于基面并与主切削刃相切的平面。

正交平面 P_o：通过切削刃上选定点，同时与基面和切削平面垂直的平面。

（2）刀具角度　刀具角度如图 6-4 所示。

前角 γ_o：在正交平面中测量的前刀面与基面之间的夹角。

后角 α_o：在正交平面中测量的主后刀面与切削平面之间的夹角。

副后角 α_o'：副后刀面与副切削平面之间的夹角。

楔角 β_o：在正交平面中测量的前刀面与主后刀面之间的夹角。

主偏角 κ_r：主切削刃在基面上的投影与进给运动速度 v_f 方向之间的夹角。

副偏角 κ_r'：副切削刃在基面上的投影与进给运动速度 v_f 反方向之间的夹角。

刀尖角 ε_r：主、副切削刃在基面上的投影之间的夹角。

刃倾角 λ_s：主切削刃与基面之间的夹角。

图 6-4　刀具角度

【考题样例】

1. 判断题

影响刀头强度和切屑流出方向的刀具角度是刃倾角。（　　）

参考答案：对　适用等级：初级

解析：前角影响切削难易程度。增大前角可使刀具锋利，切削轻快。但前角过大，切削刃和刀尖强度下降，刀具导热体积减小，影响刀具寿命。后角的作用是为了减小主后刀面与工件加工表面之间的摩擦以及主后刀面的磨损。但后角过大，切削刃强度下降，刀具导热体积减小，反而会加快主后刀面的磨损。主偏角的大小影响刀具寿命。减小主偏角，主切削刃参加切削的长度增加，负荷减轻，同时加强了刀尖，增大了散热面积，使刀具寿命提高。主偏角的大小还影响切削分力。减小主偏角使背向力增大，当加工刚性较弱的工件时，易引起工件变形和振动。副偏角的作用是为了减小副切削刃与工件已加工表面之间的摩擦，以防止切削时产生振动。副偏角的大小影响刀尖强度和表面粗糙度。刃倾角影响排屑方向、刀尖强度和抗冲击能力。

2. 单项选择题

1) 车刀中最常见的是外圆车刀，它由刀头和（　　）组成。
   A. 刀杆　　　　　　B. 刀把　　　　　　C. 刀身

　　　　　　　　　　　　　　　参考答案：A　　适用等级：初级

解析：外圆车刀由刀头和刀杆组成。刀头用于切削，刀杆是刀具上的夹持部分。

2) 主偏角增大，刀具刀尖部分强度与散热条件变（　　）。
   A. 差　　　　　　　B. 好　　　　　　　C. 没多大影响

　　　　　　　　　　　　　　　参考答案：A　　适用等级：初级

解析：主偏角的大小影响刀具寿命。减小主偏角，主切削刃参加切削的长度增加，负荷减轻，同时加强了刀尖，增大了散热面积，使刀具寿命提高，反之，刀具刀尖部分强度与散热条件变差，则使刀具寿命减少。

3. 多项选择题

下列属于刃倾角主要功能的是（　　）。
A. 影响排屑方向　　　　　　　　　B. 影响刀尖强度和抗冲击能力
C. 影响切入切出时的平稳性　　　　D. 影响散热能力

　　　　　　　　　　　　　　　参考答案：ABC　　适用等级：初级

解析：在切削平面内测量，刃倾角 λ_s 是主切削刃与基面的夹角。当刀尖是切削刃最高点时，λ_s 定为正值；反之为负。刃倾角 λ_s 主要功能如下：①影响切削力的大小与方向，负刃倾角绝对值增大时，背向力会显著增大，导致工件变形和工艺系统振动；②影响刀尖强度和散热条件，负刃倾角使刀头强固，刀尖导热和容热条件较好，有利于延长刀具使用寿命；③影响切屑的流出方向，$\lambda_s = 0°$ 时切屑沿主切削刃方向流出，$\lambda_s > 0°$ 时切屑流向待加工表面，$\lambda_s < 0°$ 时切屑流向已加工表面。在粗加工时为增强刀尖强度，λ_s 常取负值；精加工时为防止切屑划伤已加工表面，λ_s 常取正值或零。

6.3　金属切削基本规律

【考核点】

1. 切屑

切屑是被切材料受到刀具前刀面的推挤，沿着某一斜面剪切滑移形成的。切屑形态主要包括带状切屑、节状切屑、粒状切屑和崩碎切屑四种类型。影响切屑变形的因素包括工件材料、刀具几何参数及切削用量等。工件材料的强（硬）度越高，切屑变形越小；刀具几何参数中影响切屑变形最大的是刀具前角 γ_o，刀具前角 γ_o 越大，剪切角 φ 就越大，切屑变形越小；在无积屑瘤的切削速度范围内，切削速度越高，切屑变形系数 ξ 越小；进给量 f 越大，切屑变形系数 ξ 越小；背吃刀量 a_p 对切屑变形系数 ξ 影响不大。

2. 积屑瘤

在切削速度不高而又能形成连续性切屑的情况下，加工钢料或其他塑性材料时，随着加工的进行，在切削刃口附近逐渐会形成一块很硬的金属堆积物，它包围着切削刃且覆盖刀具部分前刀面，这就是积屑瘤。在低速切削时，切屑流动较慢，切削温度较低，切屑与刀具前刀面摩擦系数小，切屑与刀具前刀面不易发生黏结，不会形成积屑瘤；在高速切削时，切削温度高，切屑底层金属软化，加工硬化和变形强化消失，也不会生成积屑瘤；在中速切削时，切削温度为 300~400℃，是形成积屑瘤的适宜温度，积屑瘤生长得最快，因而表面粗糙度值最大。减小进给量、增大刀具前角、减小刀具前刀面的表面粗糙度值、合理使用切削液等，可使切削变形减小、切削力减小、切削温度下降，都可抑制积屑瘤的生成。

3. 切削力

金属切削时，刀具切入工件使被切金属层发生变形成为切屑所需要的力称为切削力。影响切削力的主要因素包括工件材料、刀具几何参数、切削用量等。工件材料的强度、硬度越高，切削时产生的切削力越大；前角 γ_o 增大，切削变形减小；故切削力减小；背吃刀量和进给量增加时，切削力增大。

4. 切削热

切削过程中所产生的热量主要靠切屑、工件和刀具传出。切削温度随前角的增大而降低；随着主偏角的增大，切削温度升高。切削用量中切削速度对切削温度的影响较为显著，进给量对切削温度的影响次之，背吃刀量对切削温度的影响最小。

【考题样例】

1. 判断题

积屑瘤对加工没有任何好处。（　　）

参考答案：错　适用等级：初级

解析：积屑瘤的存在可代替切削刃进行切削，对切削刃有一定的保护作用，还可增大刀具实际前角，对粗加工的切削过程有利。但是积屑瘤的顶端从刀尖伸向工件内层，使实际背吃刀量和切削厚度发生变化，将影响工件的尺寸精度。由于积屑瘤的高度变化使已加工表面的表面粗糙度值变大，并易引起振动，所以在精加工应避免产生积屑瘤。

2. 单项选择题

1）当刀具前角增大时，切屑容易从前刀面流出，切削变形小，因此（　　）。

A. 切削力增大　　　B. 切削力减小　　　C. 切削力不变　　　D. 切削力波动

参考答案：B　适用等级：初级

解析：前角 γ_o 增大，切削变形减小，故切削力减小。主偏角对切削力 F_c 的影响较小，而对进给力 F_f 和背向力 F_p 影响较大。实践证明，刃倾角 λ_s 在很大范围（-40°~40°）内变化时，对 F_c 没有什么影响，但 λ_s 增大时，F_f 增大，F_p 减小。

2）切削用量中对切削力影响最大的是（　　）。

A. 切削速度　　　B. 进给量　　　C. 背吃刀量　　　D. 三者一样

参考答案：C　　适用等级：初级

解析：切削用量对切削力的影响较大，当背吃刀量和进给量增加时，切削力随之增大，但背吃刀量对切削力的影响更大。对于切削速度而言，切削塑性材料时，切削速度对切削力的影响分为有积屑瘤阶段和无积屑瘤阶段两种情况。在低速范围内，随着切削速度的增加，积屑瘤逐渐长大，刀具实际前角增大，使切削力逐渐减小。在中速范围内，积屑瘤逐渐减小并消失，使切削力逐渐增至最大。在高速阶段，由于切削温度升高，摩擦力逐渐减小，使切削力得到稳定降低。

3. 多项选择题

切削过程中所产生的热量主要靠（　　）传出。

A. 切屑　　　　　　B. 工件　　　　　　C. 刀具

参考答案：ABC　　适用等级：中级

解析：切削热传散出去的途径主要是切屑、工件和刀具。

6.4　提高金属切削效益的途径

【考核点】

1. 刀具几何参数的选择

刀具合理的几何参数是指在保证加工质量的前提下，能够获得最高刀具寿命，从而能够达到提高切削效率、降低生产成本的目的的几何参数。

增大前角可使切削刃锋利，使切削变形减小，切削力和切削温度减小，可提高刀具寿命，并且较大的前角还有利于排除切屑，使表面粗糙度值减小。但是，增大前角会使刃口楔角减小，削弱切削刃的强度，同时，散热条件恶化，使切削区温度升高，导致刀具寿命降低，甚至造成崩刃。

后角增大，可减小后刀面的摩擦与磨损，刀具楔角减小，刀具变得锋利，可切下很薄的切削层；在相同的磨损标准 VB 时，所磨去的金属体积减小，使刀具寿命提高；但是后角太大，楔角减小，刃口强度减小，散热体积减小，将使刀具寿命减小，故后角不能太大。

副偏角减小，会使残留面积高度减小，已加工表面的表面粗糙度值减小；同时，副偏角减小，使副后刀面与已加工表面间摩擦增加，背向力增加，易出现振动。但是，副偏角太小，使刀尖强度下降，散热体积减小，刀具寿命减小。

刃倾角 λ_s 的作用是控制切屑流出的方向、影响刀头强度和切削刃的锋利程度。当 $\lambda_s > 0°$ 时，切屑流向待加工表面；$\lambda_s = 0°$ 时，切屑沿主切削刃方向流出；$\lambda_s < 0°$ 时，切屑流向已加工表面。

2. 切削用量的选择

粗加工时切削用量的选择原则：首先，根据工件的加工余量，选择尽可能大的背吃刀量；其次，根据机床进给系统及刀杆的强度和刚度等的限制条件，选择尽可能大的进给量；最后，根据刀具寿命确定最佳的切削速度，并且校核所选切削用量是否是机床功率所允许的。精加工时切削用量的选择原则：首先，根据粗加工后的加工余量确定背吃刀量；其次，根据已加工表面的表面粗糙度要求，选取较小的进给量。最后，在保证刀具寿命的前提下，尽可能选择较高的切削速度，并校核所选切削用量是否是机床功率允许的。

【考题样例】

1. 判断题

刀具前角越大,切屑越不易流出,切削力越大,但刀具的强度越高。(　　)

参考答案:错　　适用等级:初级

解析:前角越大,越有利于排除切屑,切削力越小,使表面粗糙度值减小。但是,增大前角会使刃口楔角减小,削弱切削刃的强度。

刀具合理的前角通常与工件材料、刀具材料及加工要求有关。首先,当工件材料的强度、硬度大时,为增加刃口强度,降低切削温度,增加散热体积,应选择较小的前角;当材料的塑性较大时,为使变形减小,应选择较大的前角;加工脆性材料,塑性变形很小,切屑为崩碎切屑,切削力集中在刀尖和切削刃附近,为增加刃口强度,宜选用较小的前角。其次,刀具材料的强度和韧性较高时可选择较大的前角。如高速钢强度高,韧性好;硬质合金脆性大,怕冲击;而陶瓷刀应比硬质合金刀的合理前角还要小些。此外,工件表面的加工要求不同,刀具所选择的前角大小也不相同。粗加工时,为增加切削刃的强度,宜选用较小的前角;高强度钢断续切削时,为防止脆性材料的破损,常采用负前角;精加工时,为增加刀具的锋利性,宜选择较大前角;工艺系统刚性较差和机床功率不足时,为使切削力减小,减小振动、变形,故选择较大的前角。

2. 单项选择题

1)后角较大的车刀,较适合车削(　　)。

A. 铝　　　　　　B. 铸铁　　　　　　C. 中碳钢　　　　　　D. 铜

参考答案:A　　适用等级:中级

解析:刀具合理后角的选择主要依据切削厚度 a_c(或进给量 f)的大小。切削厚度 a_c 增大,前刀面上的磨损量加大,为使楔角增大以增加散热体积,提高刀具寿命,后角应小些;切削厚度 a_c 减小,磨损主要在后刀面上,为减小后刀面的磨损和增加切削刃的锋利程度,应使后角增大。刀具的合理后角还取决于切削条件,一般原则如下:材料较软、塑性较大时,已加工表面易产生硬化,后刀面摩擦对刀具磨损和工件表面质量影响较大,应取较大的后角;当工件材料的强度或硬度较高时,为加强切削刃的强度,应选取较小的后角;切削工艺系统刚性较差时,易出现振动,应使后角减小;对尺寸精度要求较高的刀具,应取较小的后角。这样可使磨耗掉的金属体积较多,刀具寿命增加。精加工时,因背吃刀量 a_p 和进给量 f 较小,使得切削厚度较小,刀具磨损主要发生在后刀面,此时宜取较大的后角;粗加工或刀具承受冲击载荷时,为使刃口强固,应取较小后角。刀具材料对后角的影响与前角相似。一般高速钢刀具可比同类型的硬质合金刀具的后角大 $2°\sim3°$;车刀的副后角一般与后角数值相等,而有些刀具(如切断刀)由于结构的限制,只能取得很小。

2)切削厚度与切削宽度随刀具(　　)大小的变化而变化。

A. 前角　　　　　　B. 后角　　　　　　C. 主偏角　　　　　　D. 负偏角

参考答案:C　　适用等级:中级

解析:增大主偏角,使切屑窄而厚,易折断。主偏角可根据不同加工条件和要求选择使用,一般原则如下:粗加工、半精加工和工艺系统刚性较差时,为减小振动,提高刀具寿命,选择较大的主偏角;加工很硬的材料时,为提高刀具寿命,选择较小的主偏角。

3. 多项选择题

影响切屑变形的因素包括（　　）。

A. 工件材料　　　　B. 刀具几何参数　　　C. 切削用量

参考答案：ABC　　适用等级：中级

解析：影响切屑变形的因素归纳起来包括三个方面，即工件材料、刀具几何参数及切削用量。工件材料的影响：工件材料的强（硬）度越高，切屑变形越小。刀具几何参数的影响：刀具几何参数中影响切屑变形最大的是刀具前角 γ_o，前角 γ_o 增大，切屑变形减小。切削用量的影响：在无积屑瘤的切削速度范围内，切削速度越高，切屑变形系数 ξ 越小；进给量 f 越大，切屑变形系数 ξ 越小；背吃刀量 a_p 对切屑变形系数 ξ 基本无影响。

6.5　刀具材料及刀具磨损

【考核点】

1. 刀具材料

刀具材料必须具备高的硬度和耐磨性，足够的强度和韧性、化学稳定性以及良好的工艺性和经济性。刀具切削部分的材料主要有高速钢、硬质合金、陶瓷和超硬材料四大类。目前应用较多的是高速钢和硬质合金。

2. 刀具磨损

刀具正常磨损主要是由于机械、热和化学三种作用的综合结果，即由工件材料中硬质点的刻划作用产生的硬质点磨损，由压力和强烈摩擦产生的黏结磨损，由高温产生的扩散磨损，由氧化作用等产生的化学磨损等几方面的综合作用。

刀具磨损到一定限度就不能继续使用，否则将降低工件的尺寸精度和表面质量，这个磨损限度称为磨钝标准。国际标准 ISO 3685：1993 规定以 1/2 切削深度处后刀面上测定的磨损带宽度 VB 作为刀具磨钝标准的衡量标志。自动化生产中用的精加工刀具，常以沿工件径向的刀具磨损尺寸作为衡量刀具的磨钝标准，称为刀具径向磨损量，以 NB 表示。在切削用量三要素中，切削速度对刀具寿命的影响最大，进给量次之，背吃刀量的影响最小。

【考题样例】

1. 判断题

高温作用是刀具磨损的主要原因。（　　）

参考答案：错　　适用等级：初级

解析：刀具正常磨损主要是由于机械、热和化学三种作用的综合结果，即由工件材料中硬质点的刻划作用产生的硬质点磨损，由压力和强烈摩擦产生的黏结磨损，由高温产生的扩散磨损，由氧化作用等产生的化学磨损等几方面的综合作用。

2. 单项选择题

1）切削用量中，对刀具寿命的影响顺序是（　　）。

A. 切削速度、进给量、背吃刀量　　　　B. 背吃刀量、进给量、切削速度

C. 进给量、背吃刀量、切削速度

参考答案：A　　适用等级：中级

解析：切削用量与刀具寿命有着密切关系，刀具寿命直接影响机械加工中的生产率和加

工成本。当工件材料、刀具材料和刀具几何参数选定后，切削速度是影响刀具寿命的最主要因素，提高切削速度，刀具寿命就降低。在切削用量三要素中，切削速度对刀具寿命的影响最大，进给量次之，背吃刀量的影响最小，这与三者对切削温度的影响顺序完全一致。从减少刀具磨损的角度，为了提高切削效率而优选切削用量时，其次序应为：首先应选取大的背吃刀量，其次根据加工条件和加工要求选取尽可能大的进给量，最后在刀具寿命或机床功率所允许的情况下选取切削速度。由于切削温度对刀具磨损具有决定性的影响，因此，凡是影响切削温度的因素都影响刀具磨损，因而也影响刀具寿命。

2) 下列（ ）是低速切削时刀具磨损的主要原因。

　　A. 黏结磨损　　　　B. 扩散磨损
　　C. 机械磨损

参考答案：C　适用等级：初级

解析：切削时，刀具前刀面和后刀面分别与切屑和工件接触，产生剧烈摩擦，同时在接触区内有很高的温度和压力。因此，刀具前刀面和后刀面都会发生磨损。此外，刀具的边界也会发生磨损。图 6-5 所示为刀具的磨损形态。工件或切屑上的硬质点在刀具表面上刻划出沟纹而造成磨损称为磨粒磨损，也称为机械磨损。在低速切削时，机械磨损是刀具正常磨损的主要原因。

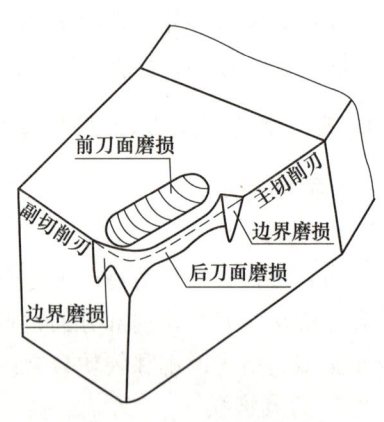

图 6-5　刀具的磨损形态

3. 多项选择题

刀具切削部分的材料主要有（　　）。

　　A. 高速钢　　　　B. 硬质合金　　　　B. 陶瓷　　　　D. 超硬材料

参考答案：ABCD　适用等级：中级

解析：刀具切削部分的材料主要有高速钢、硬质合金、陶瓷和超硬材料四大类。

6.6　数控车刀与选用

【考核点】

数控车削用的车刀一般分为三类，即尖形车刀、圆弧形车刀和成形车刀。

以直线形切削刃为特征的车刀一般称为尖形车刀。这类车刀的刀尖由直线形的主、副切削刃构成。用这类车刀加工零件时，其零件的轮廓形状主要由一个独立的刀尖或一条直线型主切削刃位移后得到，它与另两类车刀加工时所得到零件轮廓形状的原理是截然不同的。

圆弧形车刀是较为特殊的数控加工用车刀，其特征是，主切削刃形状为一圆度误差或线轮廓度误差很小的圆弧，该圆弧刃每一点都是圆弧形车刀的刀尖，因此，刀位点不在圆弧上，而在该圆弧的圆心上，车刀圆弧半径理论上与被加工零件的形状无关，并可按需要灵活确定或测定后确认。当某些尖形车刀或成形车刀（如螺纹车刀）的刀尖具有一定的圆弧形状时，也可作为这类车刀使用。圆弧形车刀可以用于车削内、外表面，特别适宜于车削各种光滑连接的成形面。

成形车刀俗称为样板车刀，其加工零件的轮廓形状完全由车刀切削刃的形状和尺寸决定。数控车削加工中，常见的成形车刀有小半径圆弧车刀、非矩形车槽刀和螺纹车刀等。

【考题样例】

1. 判断题

粗车时应选用刀尖半径较小的车刀片。（　　）

参考答案：错　适用等级：初级

解析：刀尖圆角大时，刀具的刚度更好，刀尖寿命长，因此，在粗车时应选用刀尖半径较大的车刀片。

2. 单项选择题

1）无论什么刀具，它们的切削部分总是近似地以（　　）的切削部分为基本状态。

A. 车刀　　　　　　B. 镗刀　　　　　　C. 铣刀　　　　　　D. 铰刀

参考答案：A　适用等级：初级

解析：金属切削刀具的种类繁多，构造各异，其中较简单、较典型的是车刀，其他刀具的切削部分都可以看作是以车刀为基本形态演变而成的，因此，它们的切削部分总是近似地以车刀的切削部分为基本状态。

2）车刀刀尖高于工件旋转中心时，刀具的（　　）。

A. 前角增大、后角减小　　　　　　B. 前角减小、后角增大

C. 前角、后角都增大　　　　　　　D. 前角、后角都减小

参考答案：A　适用等级：中级

解析：车刀刀尖高于工件旋转中心时，刀具的前角增大，后角减小。

6.7 数控铣刀与选用

【考核点】

数控铣刀是用于铣削加工的、具有一个或多个刀齿的旋转刀具。工作时各刀齿依次间歇地切去工件的余量。铣刀主要用于台阶、沟槽、成形表面和切断工件等加工过程。数控机床上常用的铣刀有面铣刀、立铣刀、模具铣刀、键槽铣刀、鼓形铣刀以及成形铣刀。

相对于工件的进给方向和铣刀的旋转方向有两种铣削方式：一种是顺铣，另一种是逆铣。由于顺铣的切削效果最好，通常首选顺铣。只有当机床存在螺纹间隙问题或有顺铣解决不了的问题时，才考虑逆铣。

【考题样例】

1. 判断题

键槽铣刀一般具有四个刀齿。（　　）

参考答案：错　适用等级：初级

解析：立铣刀一般具有三个以上的刀齿，键槽铣刀一般为两个刀齿。立铣刀主要用来加工表面，侧刃要求切削平稳，所以往往做成三个以上的刀齿。

2. 单项选择题

1）数控铣削加工时，面铣刀适合加工（　　）。

A. 沟槽　　　　　　B. 成形面　　　　　　C. 平面　　　　　　D. 键槽

参考答案：C 适用等级：初级

解析：面铣刀的主切削刃分布在圆柱或圆锥表面上，端面切削刃为副切削刃，铣刀的轴线垂直于被加工表面。面铣刀主要用在立式铣床或卧式铣床上加工台阶面和平面，特别适合较大平面的加工。主偏角为90°的面铣刀可铣底部较宽的台阶面。用面铣刀加工平面，同时参加切削的刀齿较多，又有副切削刃的修光作用，使加工表面的表面粗糙度值小，因此可以用较大的切削用量，生产率较高，应用广泛。

2）铣刀主切削刃与刀轴线之间的夹角称为（　　）。
A. 螺旋角　　　　B. 前角　　　　C. 后角　　　　D. 主偏角

参考答案：A 适用等级：初级

解析：对铣刀而言，螺旋角为主切削刃与刀轴线之间的夹角；前角为前刀面与基面之间的夹角；后角为后刀面与切削平面之间的夹角；刃倾角为主切削刃与基面之间的夹角，对于螺旋齿的铣刀，它的刃倾角就是螺旋角。

3. 多项选择题

下列各种刀具端刃不过中心的铣刀是（　　）。
A. 立铣刀　　　　B. 键槽铣刀　　　　C. 面铣刀
D. 鼓形铣刀　　　E. 盘铣刀

参考答案：ACDE 适用等级：高级

解析：键槽铣刀的外形与立铣刀相似，不同的是它在圆周上只有两个螺旋刀齿，其端面刀齿的切削刃延伸至中心，既像立铣刀，又像钻头。因此在铣两端不通的键槽时，可以做适量的轴向进给。它主要用于加工圆头封闭键槽，要做多次垂直进给和纵向进给才能完成键槽加工。

模块 7

机械加工工艺

7.1 机械加工工艺过程及组成

【考核点】

机械加工工艺过程是由一个或若干个顺序排列的工序组成。

1) 工序是指一个人或一组工人，在一个动作地点对一个或同时对几个工件所连续完成的那部分工作。

2) 安装是指工件经一次装夹后所完成的那一部分工序。装夹是指工件在机床上或夹具中的定位、夹紧过程。

3) 工步是指在加工表面和加工工具不变的情况下，所连续完成的那一部分工序。

4) 工作行程是指刀具以加工进给速度相对工件所完成一次进给运动的工步部分。一个工步可以包括一个或几个工作行程。

5) 工位是指为了完成一定的工序部分，一次装夹工件后，工件与夹具或设备的可动部分一起相对刀具或设备的固定部分所占据的每一个位置。

【考题样例】

1. 判断题

1) 一个工序是由多个工步组成的。（   ）

参考答案：对　适用等级：初级

2) 一个或一组工人，在一个工作地点对同一个或同时对几个工件所连续完成的那部分工艺过程称为工步。（   ）

参考答案：错　适用等级：中级

2. 单项选择题

1) 下面（   ）的结论是正确的。

A. 一道工序只能有一次安装　　　　　B. 一次安装只能有一个工位

C. 一个工位只能完成一个工步　　　　D. 一道工序只能在一台设备上完成

参考答案：D　适用等级：初级

2）在某机床上加工某零件时，先加工零件的一端，然后调头再夹紧零件加工另一端，这应该是（　　）。

A. 一个工序、一次安装　　　　　　　B. 一个工序、两次安装
C. 两个工序、一次安装　　　　　　　D. 两个工序、两次安装

参考答案：B　适用等级：中级

3. 多项选择题

在机械加工过程中，下列不属于工序的组成单位的是（　　）。

A. 工位　　　　　B. 工艺过程　　　　　C. 安装
D. 工步　　　　　E. 工作行程

参考答案：ABCE　适用等级：初级

7.2　生产纲领和生产类型

【考核点】

生产纲领是指工厂的生产任务，其内容包括产品对象，全年、季度或每月的产量。产品中某零件的生产纲领，除了年生产计划数量外，还必须包括它的备品量及平均废品量。零件的年生产纲领按下式计算，即

$$N = Qn(1 + \alpha + \beta)$$

式中，N是零件的生产纲领（年产量），单位为件/年；Q是产品的年产量，单位为台/年；n是每台产品中所含该零件的数量，单位为件/台；α是零件的备品百分率；β是零件的废品百分率。

生产纲领对工厂的生产过程、工艺方法和生产组织起决定性的作用。

生产类型通常分为单件生产、成批生产和大量生产。不同的生产纲领数量对应的生产类型也不同，从而其工艺特点也不同。

单件生产是指制造的产品数量不多，生产过程中各个工作地点的工作完全不重复，或不定期重复的生产。它的特点是产品品种多变、产量小。

成批生产是指成批制造相同产品，并且周期性重复生产。

大量生产是指一种产品长期在同一个地点进行生产，每一个工作地点长期固定地重复同一工序。它适用于流水生产组织，自动化程度高。

【考题样例】

1. 判断题

1）毛坯形式的选择与零件的生产类型无关。（　　）

参考答案：错　适用等级：初级

2）大量生产的零件宜采用专用的、自动化程度比较高的设备进行加工。（　　）

参考答案：对　适用等级：中级

2. 单项选择题

1）成批大量生产的特征是（　　）。

A. 毛坯粗糙，工人技术水平要求低　　　B. 毛坯粗糙，工人技术水平要求高

C. 毛坯精化，工人技术水平要求高　　　　D. 毛坯精化，工人技术水平要求低

参考答案：D　适用等级：初级

2）对工厂的生产过程、工艺方法和生产组织起决定性作用的是（　　）。
A. 生产设备　　　B. 生产纲领　　　C. 生产零件大小　　　D. 生产技术人员

参考答案：B　适用等级：初级

3. 多项选择题

下列描述正确的是（　　）。
A. 成批大量生产时毛坯粗糙，工人技术水平要求低
B. 成批大量生产时毛坯精化，工人技术水平要求低
C. 单件或小批量生产时毛坯粗糙，工人技术水平要求高
D. 单件或小批量生产时毛坯精化，工人技术水平要求低
E. 大量生产适用于流水生产组织，自动化程度高

参考答案：BCE　适用等级：中级

7.3　机械加工工艺规程

【考核点】

在一定的生产条件下，确定一种较合理的加工工艺，并将它以表格形式的技术文件呈现来指导生产，这类文件称为机械加工工艺规程。工艺规程是机械制造厂最重要的技术文件之一，其主要内容有零件的加工工艺顺序、各道工序的具体内容、工序尺寸及切削用量、各道工序采用的设备和工艺装备及工时定额等。

机械加工工艺规程主要有机械加工工艺过程卡片和机械加工工序卡片两类。

机械加工工艺过程卡片主要列出了零件加工所经过的整个路线（称为工艺路线）以及工艺装备和工时等内容。每个零件编制一份，每道工序只写出其名称和设备、工艺装备及工时定额等，而不写工序的详细内容，所以它只供生产管理部门应用，一般不能直接指导工人操作。

机械加工工序卡片是用来具体指导工人操作的一种最详细的工艺文件，每一道机械加工工序均编写一张工序卡片。在机械加工工序卡片上，需画出工序简图，注明该工序的加工表面应达到的尺寸精度、形状精度、位置精度和表面粗糙度要求以及定位精度、夹紧表面等。

【考题样例】

1. 判断题

1）机械加工工艺规程主要有机械加工工艺过程卡片和机械加工工序卡片两类。（　　）

参考答案：对　适用等级：初级

2）机械加工工艺过程卡片一般用来直接指导工人操作。（　　）

参考答案：错　适用等级：中级

2. 单项选择题

1）机械加工工艺过程卡片主要用于（　　）。
A. 指导工人操作　　　　　　　　　　B. 指导生产
C. 生产管理部门使用　　　　　　　　D. 计算工时定额

参考答案：C　适用等级：初级

2）机械加工工序卡片主要用于（　　）。
A. 技术人员使用　　　　　　　　B. 具体指导工人操作
C. 服务部门使用　　　　　　　　D. 设备采购使用

参考答案：B　适用等级：初级

3. 多项选择题

1）为了加强技术文件管理，数控加工工艺文件也应向（　　）方向发展。
A. 标准化　　　　B. 通俗化　　　　C. 规范化
D. 简单化　　　　E. 自动化

参考答案：AC　适用等级：初级

2）工艺规程是机械制造厂最重要的技术文件之一，其主要内容有（　　）。
A. 零件的加工工艺顺序　　　　　B. 各道工序的具体内容
C. 工序尺寸及切削用量　　　　　D. 各道工序采用的设备和工艺装备
E. 工时定额

参考答案：ABCDE　适用等级：中级

7.4　零件的工艺性分析

【考核点】

零件进行工艺性分析的一个主要内容就是研究、审查零件的结构工艺性。零件的结构工艺性是指所设计的零件在满足适用要求的前提下，其制造的可行性和经济性。

为了改善零件机械加工的工艺性，在结构设计时通常应注意以下几条原则。

1）应尽量采用标准化参数。对于孔径、锥度、螺距、模数等采用标准化参数，且结构要素尽可能统一，减少刀具和量具的种类，减少换刀次数。

2）要保证加工的可能性和方便性，加工面应有利于刀具的进入和退出。

3）加工表面形状应尽量简单，便于加工，并尽可能布置在同一表面或同一轴线上，以减少工件装夹、刀具调整及走刀次数，有利于提高加工效率。

4）零件的结构应便于装夹，并有利于增强工件或刀具的刚度。

5）有相互位置精度要求的有关表面，应尽可能地在一次装夹中加工完，并具有合适的定位基准面。

6）应尽可能减轻零件重量，减少加工表面面积，并尽量减少内表面加工。

7）零件的结构应尽可能有利于提高生产率。

8）合理地采用零件的组合，以便于零件的加工。

9）在满足零件适用要求的条件下，零件的尺寸、形状、位置精度与表面粗糙度的要求应经济合理。

10）零件尺寸的标注应考虑最短尺寸链原则，设计基准的选择应符合基准重合原则，使得加工、测量、装配方便。

【考题样例】

1. 判断题

1）编制工艺规程时应先对零件图进行工艺性审查。（　　）

参考答案：对　适用等级：初级

2）工艺凸台是设计时增加的，对工艺过程不起作用。（　　）

参考答案：错　适用等级：中级

2. 单项选择题

1）在机械加工中，由机床、夹具、刀具和工件等组成的统一体，称为（　　）。

A. 工艺系统　　　B. 生产单元　　　C. 制造单元　　　D. 生产系统

参考答案：D　适用等级：初级

2）（　　）不属于零件工艺性分析内容。

A. 工序尺寸及其公差　　　　　　B. 力学性能
C. 加工余量　　　　　　　　　　D. 表面状态

参考答案：B　适用等级：中级

3. 多项选择题

1）以下参数中，设计时应尽量采用标准化参数的是（　　）。

A. 孔径　　　B. 锥度　　　C. 螺距
D. 模数　　　E. 齿数

参考答案：ABCD　适用等级：初级

2）关于零件工艺性分析，下列描述正确的是（　　）。

A. 零件的结构应便于装夹，并有利于增强工件或刀具的刚度
B. 应尽可能减轻零件重量，减少加工表面面积，并尽量减少内表面加工
C. 应尽量采用标准化参数
D. 尽量提升零件的尺寸、形状、相互位置精度以及表面粗糙度
E. 零件尺寸的标注应考虑最短尺寸链的原则，设计基准尽量与工艺基准相重合

参考答案：ABCE　适用等级：中级

7.5　基准的概念及定位基准的选择

【考核点】

基准是零件上用以确定其他点、线、面位置所依据的那些点、线、面。基准分为设计基准和工艺基准。设计基准是零件图上确定其几何形状、尺寸所采用的基准；工艺基准则分为定位基准、工序基准、测量基准、装配基准。

定位基准的选择应先选择精基准，再选择粗基准。

1）粗基准的选择。粗基准选择重点考虑加工表面与不加工表面的相对位置精度；各加工表面有足够的余量。粗基准在同一尺寸方向上通常只能使用一次。

2）精基准的选择。精基准主要考虑保证工件加工精度和工件安装方便可靠，遵循的原则有基准重合原则、基准统一原则、自为基准原则、互为基准原则、简便可靠原则。

3）辅助基准的应用。辅助基准主要是为了安装方便或易于实现基准的统一，人为地制造一种定位基准。

【考题样例】

1. 判断题

基准误差都是由于基准不重合产生的。（　　）

参考答案：错　适用等级：初级

2. 单项选择题

1) 采用基准重合原则可以避免由定位基准与（　　）不重合而引起的定位误差。
   A. 设计基准　　　　B. 工序基准　　　　C. 测量基准　　　　D. 工艺基准

参考答案：A　适用等级：中级

2) 选择不加工表面为粗基准，则可获得（　　）。
   A. 加工余量均匀　　　　　　　　　　B. 无定位误差
   C. 金属切除量减少　　　　　　　　　D. 不加工表面与加工表面壁厚均匀

参考答案：D　适用等级：中级

3. 多项选择题

1) 工艺过程是一个复杂的过程，按用途不同工艺基准又可分为（　　）。
   A. 装配基准　　　　B. 定位基准　　　　C. 工序基准
   D. 组合基准　　　　E. 测量基准

参考答案：ABCE　适用等级：中级

2) 零件的定位误差包括（　　）。
   A. 重复定位误差　　　　　　　　　　B. 基准位置误差
   C. 移动位置误差　　　　　　　　　　D. 基准不重合误差
   E. 累积位置误差

参考答案：BD　适用等级：中级

解析：定位误差是由于定位不准而造成工序尺寸或位置要求方面的加工误差。一批工件的定位基准在夹具中的位置不一致，称为基准位置误差（如配合间隙等）；工序基准未被选为做定位基准，称为基准不重合误差。

3) 下列各项有关于基准的说法正确的有（　　）。
   A. 由于定位基准和工序基准不重合而造成的加工误差称为基准不重合误差
   B. 基准不重合误差的产生是完全可以避免的
   C. 定位基准就是零件加工时定位测量的准则
   D. 在用调整法加工时，由于设计要求的尺寸一般可直接测量，不存在基准不重合误差
   E. 在用夹具装夹、调整法加工一批工件时可能产生基准不重合误差

参考答案：AE　适用等级：高级

7.6　加工阶段划分及加工顺序安排

【考核点】

零件表面质量的获得需要各种加工方法，而每种加工方法能达到的经济精度和表面粗糙度可查阅《金属机械加工工艺人员手册》。

根据加工质量选定加工方法后，需要确定这些加工方法在零件加工工艺路线中的顺序和位置。通常加工工艺过程可划分为以下几个阶段：粗加工阶段、半精加工阶段、精加工阶段、光整加工阶段。

一个零件有许多表面需要加工，各表面机械加工顺序的安排应遵循以下原则：先基准后其他、先主后次、先面后孔、先粗后精。热处理工序则需根据其目的来设置不同位置。

【考题样例】

1. 判断题

1) 精加工要采用尽量小的进给速度和切削速度。（   ）

参考答案：错   适用等级：中级

2) 粗加工时选择大的背吃刀量、大的进给量和小的切削速度。（   ）

参考答案：错   适用等级：中级

2. 单项选择题

1) 划分工序的主要依据是（   ）。

A. 切削速度和进给量变化   B. 加工刀具和加工表面变化

C. 加工地点变动和是否连续 D. 切削速度和背吃刀量变化

参考答案：B   适用等级：中级

解析：工序是产品制造过程中的基本环节，也是构成生产的基本单位，即一个或一组工人，在一个工作地点对同一个或同时对几个工件进行加工所连续完成的那部分工艺过程。工序又可分成若干工步。加工表面不变、加工刀具不变、切削用量中的进给量和切削速度基本保持不变的情况下所连续完成的那部分工序内容，称为工步。

2) 下面叙述错误的是（   ）。

A. 小工件用小规格的机床加工，大工件用大规格的机床加工

B. 粗加工工序，应选用精度低的机床

C. 精加工工序，应选用精度高的机床

D. 不管是粗加工工序还是精加工工序都用精度高的机床

参考答案：D   适用等级：初级

3. 多项选择题

表面机械加工顺序的安排应遵循的原则是（   ）。

A. 先基准后其他   B. 先主后次   C. 先面后孔

D. 先粗后精   E. 先里后外

参考答案：ABCD   适用等级：初级

7.7 加工余量的确定

【考核点】

加工余量是指加工时从加工表面上切去的金属层厚度。加工余量可分为工序余量和总余量。工序余量等于前后两道工序尺寸之差。

$$Z = | a - b |$$

式中，Z 是工序余量；a 是前道工序尺寸；b 是本道工序尺寸。

由于毛坯制造和各个工序尺寸都存在着误差，因此，加工余量也是个变动值。

1) 工序基本余量：以工序基本尺寸计算的余量，即 Z。

2) 轴最大余量：$Z_{max} = a_{max} - b_{min}$；轴最小余量：$Z_{min} = a_{min} - b_{max}$。

3) 孔最大余量：$Z_{max} = a_{min} - b_{max}$；孔最小余量：$Z_{min} = a_{max} - b_{min}$。

4) 余量公差：$T_Z = T_a + T_b$。

工序尺寸公差带的布置,一般都采用"单向、入体"原则;孔中心距尺寸和毛坯尺寸的公差带一般都采取"双向对称"布置。

总余量是指零件从毛坯变为成品时所切除的金属层总厚度,等于毛坯尺寸与零件设计尺寸之差,也等于该表面各工序余量之和,即 $Z_{总} = \sum Z_i$。

加工余量和加工尺寸分布图如图 7-1 所示。

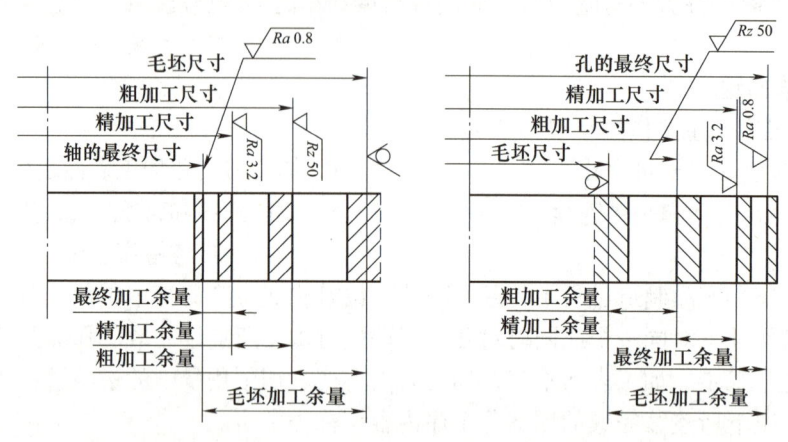

图 7-1 加工余量和加工尺寸分布图

【考题样例】

1. 判断题

1)加工余量可分为工序余量和总余量。(　　)

　　　　　　　　　　　　　　　参考答案:对　适用等级:初级

2)加工余量的大小,直接影响零件的加工质量和生产率。(　　)

　　　　　　　　　　　　　　　参考答案:对　适用等级:中级

2. 单项选择题

1)下列(　　)不是合理确定加工余量的方法。
A. 经验估算法　　　B. 查表修正法　　　C. 分析计算法　　　D. 估算修正法

　　　　　　　　　　　　　　　参考答案:D　适用等级:中级

解析:确定加工余量的方法主要有:①经验估算法,根据工艺人员的经验来确定加工余量;②查表修正法,此法是根据有关手册,查得加工余量的数值,然后根据实际情况进行适当修正;③分析计算法,这是对影响加工余量的各种因素进行分析,然后根据一定的计算关系式(如前所述公式)来计算加工余量的方法。

2)毛坯尺寸与零件图样上的尺寸之差称为(　　)。
A. 总余量　　　B. 工件余量　　　C. 加工余量　　　D. 工艺余量

　　　　　　　　　　　　　　　参考答案:A　适用等级:初级

3. 多项选择题

影响加工余量的因素有(　　)。
A. 前道工序的表面质量　　　　　B. 前道工序的工序尺寸公差
C. 前道工序的位置误差　　　　　D. 本道工序工件的安装误差

E. 后道工序的工序尺寸公差

参考答案：ABCD　适用等级：初级

解析：影响加工余量的因素为：①前道工序的表面质量（包括表面粗糙度和表面破坏层深度）；②前道工序的工序尺寸公差；③前道工序的位置误差，如工件表面在空间的弯曲、偏斜以及其他空间位置误差等；④本道工序工件的安装误差。加工余量的大小，直接影响零件的加工质量和生产率。

7.8 工序尺寸及其公差的确定

【考核点】

工序尺寸是零件在加工过程中各工序应保证的加工尺寸。工序尺寸的计算要根据零件图上的设计尺寸、已确定的各工序的加工余量及定位基准的转换关系来确定。基准不重合或零件在加工过程中需要多次转换工序基准，或工序尺寸尚需从继续加工的表面标注时，工序尺寸的计算参考工艺尺寸链的计算。

对各工序的定位基准与设计基准重合时的表面多次加工，由最后一道工序依次向前推算，直至毛坯为止。具体数值可查《金属机械加工工艺人员手册》。

【考题样例】

1. 判断题

1）某工序的最大加工余量与该工序尺寸公差无关。（　　）

参考答案：错　适用等级：初级

2）基准重合时，最后一道工序的公差按计算尺寸标注，其余工序尺寸公差按"入体"原则标注，毛坯尺寸公差按对称偏差标注。（　　）

参考答案：对　适用等级：中级

2. 单项选择题

1）工序尺寸公差一般按该工序加工的（　　）来选定。
A. 经济加工精度　　　　　　　　B. 最高加工精度
C. 最低加工精度　　　　　　　　D. 平均加工精度

参考答案：A　适用等级：初级

2）中间工序的工序尺寸公差按（　　）。
A. 上极限偏差为正、下极限偏差为零标注　　B. 下极限偏差为负、上极限偏差为零标注
C. "入体"原则标注　　　　　　　　　　　D. "对称"原则标注

参考答案：C　适用等级：中级

3. 多项选择题

关于工序尺寸公差的描述，正确的是（　　）。
A. 基准重合时，工序尺寸及其公差先确定各工序的公称尺寸，再由后往前，逐个工序推算
B. 工序尺寸公差一般按该工序加工的经济精度来选定
C. 基准不重合时，中间工序尺寸公差按"入体"原则确定上下极限偏差
D. 测量基准与设计基准不重合时，需利用工艺尺寸链计算进行换算，换算精度会提高，

且会出现假废品问题

E. 定位基准与设计基准不重合，需利用工艺尺寸链计算进行换算，换算后可得到废品尺寸

参考答案：ABDE　　适用等级：高级

解析：对工序尺寸公差的计算，也存在两种情况。基准重合时，工序尺寸及其公差的计算，计算步骤为：先确定各工序的公称尺寸，再由后往前，逐个工序推算；工序尺寸的公差，则都按各工序的经济精度确定，并按"入体原则"确定上下极限偏差。基准不重合时，工序尺寸及其公差的计算：①测量基准与设计基准不重合时的工序尺寸计算，该换算带来两个问题，一是换算的结果明显提高了对测量尺寸的精度要求，二是假废品问题；②定位基准与设计基准不重合的工序尺寸计算，同样带来两个问题，明显提高精度要求和假废品问题。

7.9 切削用量的选择

【考核点】

合理的切削用量是指充分利用刀具的切削性能和机床的动力性能，在保证加工质量的前提下，获得高生产率和低加工成本的切削用量。

切削用量的选择即是使切削用量三要素达到最佳组合，选择切削用量的基本原则是：首先选取尽可能大的背吃刀量；其次根据机床动力和刚性限制条件或加工表面的表面粗糙度要求，选取尽可能大的进给量；最后，利用《切削用量手册》选取或用公式计算确定切削速度。

切削加工一般分为粗加工、半精加工和精加工。粗加工时主要考虑加工效率，一次走刀尽量切除全部粗加工余量，在中等功率机床上，背吃刀量可达 8~10mm。半精加工时，背吃刀量取 0.5~2mm。精加工时，背吃刀量取 0.1~0.4mm。进给量的大小在粗加工时根据工件材料、车刀刀杆的尺寸、工件直径及确定的背吃刀量来选择；在精加工时主要受加工精度和表面粗糙度的限制，具体数值可查表获得。背吃刀量与进给量确定后，再通过计算或查表的方式获取切削速度。

【考题样例】

1. 判断题

粗加工时选择大的背吃刀量、大的进给量和合适的切削速度。（　　）

参考答案：对　　适用等级：初级

2. 单项选择题

1）粗车时选择切削用量的顺序是（　　）。

A. $a_p \to v_C \to f$　　B. $a_p \to f \to v_C$　　C. $f \to a_p \to v_C$　　D. $v_C \to a_p \to f$

参考答案：B　　适用等级：中级

2）一般情况下留精车余量为（　　）。

A. 0.1~0.4mm　　B. 0.5~1mm　　C. 1.0~1.5mm　　D. 1.5~2.0mm

参考答案：A　　适用等级：初级

3. 多项选择题

选择切削用量时，在保证加工质量和刀具寿命的前提下，（　　）。

A. 不要考虑工作环境的影响
B. 充分发挥机床性能和刀具切削性能
C. 使加工成本最低
D. 根据机床刚度允许范围，尽可能使背吃刀量等于工序的工序余量
E. 使切削效果最高

参考答案：BCDE　　适用等级：高级

7.10　工时定额的确定

【考核点】

工时定额是指在一定生产条件下，规定生产一件产品或完成一道工序所需消耗的时间。完成一个工件的一道工序为单件工序时间，包括基本时间、辅助时间、布置工作地时间、休息和生理需要时间、准备和终结时间。

基本时间是改变生产对象的尺寸、形状、相对位置、表面状态和材料性质等工艺过程所消耗的时间。辅助时间是装卸工件、开动和停止机床、改变切削用量、进退刀具、测量工件尺寸等时间。

【考题样例】

1. 判断题

1）工时定额不包含工人为恢复体力和满足生理卫生需要所消耗的时间。（　　）

参考答案：错　　适用等级：中级

2）工时定额包括基本时间、辅助时间、布置工作地时间、休息和生理需要时间、准备和终结时间。（　　）

参考答案：对　　适用等级：初级

2. 单项选择题

1）下列各项关于用缩短基本时间的方法来提高机械加工劳动生产率的说法错误的是（　　）。

A. 提高切削用量
B. 加工时采用多刀切削、多件加工、合并工步
C. 成批生产时应尽量减少工件的批量
D. 采用高效夹具

参考答案：C　　适用等级：中级

2）磨刀、调刀、清理切屑、加油属于单位时间中的（　　）部分。

A. 基本　　　　B. 辅助　　　　C. 服务　　　　D. 休息

参考答案：B　　适用等级：初级

3. 多项选择题

1）工时定额的制定方法分为（　　）。

A. 经验估工法　　B. 统计分析法　　C. 类推比较法
D. 技术测定法　　E. 查表法

参考答案：ABCD　　适用等级：高级

解析：工时定额的常用制定方法有经验估工法、统计分析法、类推比较法、预定时间标准法、标准资料法、技术测定法、幅度控制法等。

2）工时定额包括的内容有（　　）。
A. 基本时间　　　　　B. 辅助时间　　　　　C. 布置工作地时间
D. 休息和生理需要时间　　　　　E. 准备和终结时间

参考答案：ABCDE　适用等级：初级

7.11 工艺尺寸链

【考核点】

在零件加工过程中，由一系列相互联系的尺寸所形成的封闭图形称为工艺尺寸链。

工艺尺寸链的特征是：封闭性和关联性。组成工艺尺寸链的每一个尺寸称为环。环分为封闭环和组成环。

1）封闭环。在加工过程中，间接获得、最后保证的尺寸称为封闭环。每一个尺寸链中，只能有一个封闭环。

2）组成环。除封闭环以外的其他环称为组成环。
按其对封闭环的影响不同又可分为增环和减环。

1）增环。其他组成环不变，某一组成环的增大会导致封闭环增大时，该组成环为增环。

2）减环。其他组成环不变，某一组成环的增大会导致封闭环减小时，该组成环为减环。

利用工艺尺寸链进行工序尺寸及其公差的计算，关键在于正确找出尺寸链，正确区分增、减环和封闭环。

【考题样例】

1. 判断题

1）在尺寸链中必须有增环。（　　）

参考答案：对　适用等级：初级

2）其他组成环不变，某一组成环的增大会导致封闭环增大时，该组成环为增环。（　　）

参考答案：对　适用等级：中级

2. 单项选择题

1）T_i 为增环的公差，T_j 为减环的公差，M 为增环的数目，N 为减环的数目。那么，封闭环的公差为（　　）。

A. $\sum_{i=1}^{M} T_i + \sum_{j=1}^{N} T_j$　　B. $\sum_{i=1}^{M} T_i - \sum_{j=1}^{N} T_j$　　C. $\sum_{j=1}^{N} T_j$　　D. $\sum_{i=1}^{M} T_i$

参考答案：A　适用等级：高级

2）ES_i 表示增环的上极限偏差，EI_i 表示增环的下极限偏差，ES_j 表示减环的上极限偏差，EI_j 表示减环的下极限偏差，M 为增环的数目，N 为减环的数目，那么，封闭环的上极限偏差为（　　）。

A. $\sum_{i=1}^{M} ES_i + \sum_{j=1}^{N} ES_j$　　B. $\sum_{i=1}^{M} ES_i - \sum_{j=1}^{N} ES_j$　　C. $\sum_{i=1}^{M} ES_i + \sum_{j=1}^{N} EI_j$　　D. $\sum_{i=1}^{M} ES_i - \sum_{j=1}^{N} EI_j$

参考答案：D　适用等级：高级

3. 多项选择题

1) 以下关于工艺尺寸链说法错误的是（　　　）。
A. 在同一个零件上与工艺相关的尺寸所形成的尺寸链称为工艺尺寸链
B. 图样中未注尺寸的那一环即封闭环
C. 直线尺寸链用于定位基准和设计基准不重合的工艺尺寸的计算
D. 直线尺寸链中只能有一个封闭环
E. 封闭环的公称尺寸是各组成环尺寸的代数和

参考答案：ABCE　适用等级：高级

2) 在尺寸链计算中，下列论述正确的是（　　　）。
A. 封闭环是根据尺寸是否重要确定的
B. 零件中最先加工的那一环即封闭环
C. 封闭环是零件加工中最易形成的那一环
D. 增环、减环都是上极限尺寸时，封闭环的尺寸最小
E. 封闭环的上极限偏差等于所有增环上极限偏差和减去所有减环下极限偏差和

参考答案：CE　适用等级：高级

解析：正确地确定封闭环是求解尺寸链问题的基础。封闭环是加工或装配完成后间接获得或最后自然形成的。组成环的确定一般以封闭环的任一端为起点，依次找出并画出各相互连接且形成封闭回路的尺寸环。判断组成环中的增环与减环，常用回路法，即从封闭环开始按任意方向画一箭头，沿尺寸链连接的线路回转一周，各环所画箭头依次首尾相连，凡箭头方向与封闭环相同者为减环，相异者则为增环。封闭环的公称尺寸等于所有增环的公称尺寸和减去所有减环的公称尺寸和。封闭环的上极限偏差等于所有增环上极限偏差和减去所有减环下极限偏差和。封闭环的下极限偏差等于所有增环下极限偏差和减去所有减环上极限偏差和。封闭环的公差等于全部组成环的公差和。

7.12　轴类零件加工工艺

【考核点】

轴类零件是一种常用的典型零件，主要用于支承齿轮、带轮等传动零件及传递运动和转矩，其结构组成中的主要加工面有内外圆柱面、内外圆锥面以及螺纹、花键、键槽、径向孔、沟槽等。轴类零件按其结构特点可分为简单轴、阶梯轴、空心轴和异形轴四大类。

1. 技术要求

轴类零件技术要求主要包括以下几个方面。
1) 尺寸精度和形状精度。主要为轴上支承轴颈和配合轴颈的直径尺寸精度和形状精度。
2) 位置精度。主要保证轴上传动件的传动精度。
3) 表面粗糙度。

2. 表面加工方法

轴类零件的主要加工表面是外圆，常用加工方法是车削、磨削和光整加工。车削外圆一般分为粗车、半精车、精车和精细车；精车尺寸公差等级为IT6～IT8，表面粗糙度Ra值为1.6～0.2μm。

3. 加工设备

轴类零件一般选用车床进行加工，最常用的是普通车床和数控车床。对于淬火零件或精度要求高的零件，磨削时则选用磨床加工。

4. 加工刀具

车刀种类较多，包括外圆车刀、螺纹车刀、切槽车刀等，最常用的结构形式是机夹重磨式和机夹可转位式的硬质合金车刀。硬质合金车刀常用的是钨钴类硬质合金车刀（YG 类）和钨钛钴类硬质合金车刀（YT 类），YG 类适用于加工不锈钢和高温合金钢等，YT 类适用于加工普通碳素钢及合金钢等塑性材料。

5. 测量工具

轴类零件的尺寸常用游标卡尺或千分尺测量，此外还用塞规、环规等螺纹检测量具。

【考题样例】

1. 判断题

1) 对于一般轴类零件的加工采用特种加工类数控机床。（　　）

参考答案：错　适用等级：初级

2) 轴类零件为塑性材料时，加工刀具选用 YT 类刀具。（　　）

参考答案：对　适用等级：中级

2. 单项选择题

1) 车削的台阶轴长度尺寸不可以用（　　）测量。

A. 游标卡尺　　　　B. 游标深度卡尺　　　　C. 钢直尺　　　　D. 外径千分尺

参考答案：D　适用等级：初级

2) 轴毛坯有锥度，则粗车后此轴会产生（　　）。

A. 圆度误差　　　　B. 尺寸误差　　　　C. 圆柱度误差　　　　D. 位置误差

参考答案：C　适用等级：高级

3. 多项选择题

关于轴类零件加工，下列描述正确的是（　　）。

A. 轴类零件的毛坯一般为棒类型材、锻件等
B. 对于淬火零件和精度要求比较高的零件，最后一道工序一般选用磨削加工
C. 主轴次要轴颈是指装配齿轮、轴套等零件的表面，因此对次要轴颈的跳动量要求不高
D. 轴类零件常使用其外圆表面作为统一精基准
E. 对于一般轴类零件的加工采用特种加工类数控机床

参考答案：AB　适用等级：高级

7.13　套类零件加工工艺

【考核点】

套类零件是指回转体零件中的空心薄壁件，外圆直径 d 一般小于其长度 L，通常 $L/d<5$，内孔与外圆直径差较小。

1. 技术要求

套类零件技术要求主要包括以下几个方面。

1) 内孔与外圆的精度要求。
2) 形状精度要求。
3) 位置精度要求。

2. 内孔表面加工方法

根据套类零件的毛坯、零件的形状和尺寸，套类零件内孔表面加工方法一般常选择钻孔、扩孔、车孔、铰孔及拉孔等，具体加工方案制定则参照《机械工工艺》课程教材中外圆及内孔表面的机械加工工艺路线。

3. 加工刀具

套类零件内孔表面加工常用刀具有麻花钻、扩孔钻、锪钻、铰刀、内孔车刀等。

4. 孔的测量

孔的精度低时可用内卡钳或游标卡尺测量，精度高时可用塞规、内径百分尺、内径千分尺测量，形状与位置精度则可用百分表、内径百分表等测量。

【考题样例】

1. 判断题

1) 钻孔之前一般用中心钻对孔进行定位。（　　）

参考答案：对　适用等级：初级

2) 铰孔可以提高孔的尺寸精度、减小孔的表面粗糙度值，还可以对原孔的偏斜进行修正。（　　）

参考答案：错　适用等级：中级

2. 单项选择题

1) 加工套类零件的定位基准是（　　）。
A. 端面　　　　　B. 外圆　　　　　C. 内孔　　　　　D. 外圆或内孔

参考答案：D　适用等级：中级

2) 下列孔的加工方法中，属于定尺寸刀具法的是（　　）。
A. 钻孔　　　　　B. 车孔　　　　　C. 镗孔　　　　　D. 磨孔

参考答案：A　适用等级：初级

3. 多项选择题

下列有关钻孔的说法正确的有（　　）。
A. 钻孔之前一般用中心钻对孔进行定位
B. 深孔最好采用一次进刀加工完成
C. 对于直径比较大的孔要采取多次钻削加工
D. 对于公差等级为 IT8～IT10 的孔直接采用麻花钻加工
E. 平行孔系的加工可以采用找正法、镗模法和坐标法

参考答案：ADE　适用等级：高级

7.14　箱体类零件加工工艺

【考核点】

箱体类零件是机器或箱体部件的基础件。箱体类零件的主要特点是形状复杂、体积大、

壁薄容易变形、有精度要求较高的孔和平面。

1. 技术要求

箱体类零件主要有五项技术要求：孔径精度、孔与孔的位置精度、孔和平面的位置精度、主要平面的精度、表面粗糙度。因箱体类零件大多是铸造毛坯，所以，时效热处理也是重要的技术要求。

2. 加工方法

箱体类零件主要是平面和孔的加工，其加工方法主要有刨削、铣削、镗削、钻削、磨削等。

3. 加工刀具

箱体类零件平面加工的主要刀具是铣刀、刨刀、镗刀，孔加工的主要刀具是麻花钻、扩孔钻、铰刀、镗刀等。

4. 保证箱体类零件孔系精度的方法

箱体类零件上的孔系主要分为平行孔系、同轴孔系和交叉孔系。平行孔系孔距精度保证的主要方法是找正法、镗模法、坐标法；同轴孔系主要是保证同轴度，方法有利用已加工孔作为支承导向、利用铣镗床后立柱上的导向套作为支承导向和采用调头镗来保证；交叉孔系主要是保证垂直度，一般利用镗床上的90°对准装置或利用芯棒和百分表找正的方式。

5. 检验

箱体类零件主要检验项目有各加工表面的表面粗糙度和外观、孔距精度、孔与平面的尺寸精度及形状精度、孔系的位置精度等；主要采用的检验工具有检验棒、水平仪、塞规、百分表等。

【考题样例】

1. 判断题

1）箱体类零件一般是指具有一个以上孔系，内部有一定型腔或空腔，在长、宽、高方面有一定比例的零件。（　　）

参考答案：对　适用等级：初级

2）箱体类零件大多是铸造毛坯，加工前一般安排人工时效热处理，以消除内应力。（　　）

参考答案：对　适用等级：中级

2. 单项选择题

1）箱体加工过程中，为保证同轴孔系等精度要求，一般采用（　　）。

A. 坐标法　　　　　B. 调头法　　　　　C. 划线找正法　　　　　D. 直接移动法

参考答案：B　适用等级：中级

2）箱体加工过程中，为保证平行孔系等精度要求，以下方法中不适用的是（　　）。

A. 坐标法　　　　　B. 镗模法　　　　　C. 找正法　　　　　D. 调头法

参考答案：D　适用等级：中级

3. 多项选择题

属于箱体类零件主要技术要求的有（　　）。

A. 孔径精度　　　　　　　　　　　　B. 孔与孔的位置精度

C. 孔和平面的位置精度　　　　　　　D. 曲面的精度
E. 表面粗糙度

参考答案：ABCE　　适用等级：中级

7.15　装配工艺及装配方法

【考核点】

按规定的技术要求将零件结合成组件、部件或机器的过程分别称为组装、部装、总装。

装配精度是装配工艺的重要指标。装配精度包括零、部件间的配合精度和接触精度、位置精度、相对运动精度等。

常用的装配方法有完全互换装配法、选择装配法、修配装配法和调整装配法。

完全互换装配法适用于流水生产，利于维修工作，但对零件加工精度要求比较高。选择装配法能达到很高的装配精度要求，而又不增加零件机械加工费用和困难，适用于成批或大量生产时组成的零件不太多而装配精度要求高的场合。修配装配法适用于单件小批生产中，对装配精度要求高和环数多的装配尺寸链。在调整装配法中，一种是用一个可调整的零件来调整其在装配中的位置以达到装配精度；另一种是增加一个定尺寸零件（如垫片、垫圈等）以达到装配精度。

【考题样例】

1. 判断题

1）装配精度与零件加工精度有关而与装配方法无关。（　　）

参考答案：错　　适用等级：初级

2）完全互换装配法适用于流水生产，利于维修工作，但对零件加工精度要求比较高。（　　）

参考答案：对　　适用等级：中级

2. 单项选择题

1）可动调整法是采用（　　）方法来保证装配精度。
A. 更换不同尺寸的调整件
B. 将几个零件合并在一起看作一个组成环
C. 修配一个零件的尺寸
D. 改变调整件的位置

参考答案：D　　适用等级：高级

2）装配精度主要取决于零件加工精度的装配方法是（　　）。
A. 完全互换装配法　　B. 选择装配法　　C. 调整装配法　　D. 修配装配法

参考答案：A　　适用等级：中级

3. 多项选择题

针对装配工艺，下列描述正确的是（　　）。
A. 完全互换装配法适用于流水生产，利于维修工作，但对零件加工精度要求比较高
B. 装配精度包括零、部件间的配合精度和接触精度、位置精度、相对运动精度等
C. 修配装配法适用于单件小批生产中，对装配精度要求高和环数多的装配尺寸链

D. 选择装配法能达到很高的装配精度要求，适用于单件或小批量生产时组成的零件不太多而装配精度要求高的场合

E. 调整装配法中，常使用腰形孔、U形槽等结构，垫片、垫圈等定尺寸零件来达到装配精度

参考答案：ABCE　　适用等级：高级

解析：完全互换装配法是在装配时，各个配合零部件间不经选择、调整或修理即可达到要求的装配精度的方法。在成批或大量生产的条件下，对于组成环不多而装配精度要求却很高的尺寸链，若采用完全互换装配法，则零件的公差将过严，甚至超过了加工工艺的现实可能性。在这种情况下可采用选择装配法。调整装配法是在装配时用改变产品中可调整零件的相对位置或选用合适的调整件以达到装配精度的方法。修配装配法是将装配尺寸链中各组成环按经济加工精度来制造，由此而产生的累积误差用修配某一组成环来解决，从而保证其装配精度。

模块 8

夹具设计与制造

8.1 机床夹具在机械加工中的作用

【考核点】

对工件进行机械加工时，为了保证加工要求，首先要使工件相对于刀具及机床有正确的位置，并使这个位置在加工过程中不因外力的影响而变动。为此，在进行机械加工前，先要将工件夹好。

工件的装夹方法有两种：一种是工件直接装夹在机床的工作台或花盘上；另一种是工件装夹在夹具上。

采用第一种方法装夹工件时，一般要先按图样要求在工件表面划线，划出加工表面的尺寸和位置，装夹时用划针或百分表找正后再夹紧。这种方法无须专用装备，但效率低，一般用于单件和小批生产。批量较大时，大都用夹具装夹工件。

用夹具装夹工件的优点如下。

1. 能稳定地保证工件的加工精度

用夹具装夹工件时，工件相对于刀具及机床的位置精度由夹具保证，不受工人技术水平的影响，使一批工件的加工精度趋于一致。

2. 能提高劳动生产率

使用夹具装夹工件方便、快速，工件不需要划线找正，可显著地减少辅助工时，提高劳动生产率；工件在夹具中装夹后提高了工件的刚性，因此可加大切削用量，提高劳动生产率；可使用多件、多工位装夹工件的夹具，并可采用高效夹紧机构，进一步提高劳动生产率。

3. 能扩大机床的使用范围

在通用机床上采用专用夹具可以扩大机床的工艺范围，充分发挥机床的潜力，达到一机多用的目的。例如，使用专用夹具可以在卧式车床上很方便地加工小型壳体类工件，甚至在车床上拉出油槽，减少了昂贵的专用机床，降低了成本，这对中小型工厂尤其重要。

4. 改善工人的劳动条件

由于气动、液压、电磁等动力源在夹具中的应用，一方面减轻了工人的劳动强度，另一方面也保证了夹紧工件的可靠性，并能实现机床的互锁，避免事故，保证了工人和机床设备的安全。

5. 降低成本

在批量生产中使用夹具后，由于劳动生产率的提高、使用技术等级较低的工人以及废品率下降等原因，明显地降低了生产成本。夹具制造成本分摊在一批工件上，每个工件增加的成本是极少的，远远小于由于提高劳动生产率而降低的成本。工件批量越大，使用夹具所取得的经济效益就越显著。

【考题样例】

1. 判断题

当工件在夹具中已确定和保持了准确位置时，就可以保证工件的加工精度。（　　）

参考答案：错　适用等级：中级

2. 单项选择题

动力源在夹具中的应用，可以减轻工人的劳动强度并保证了夹紧工件的（　　）性。

A. 可靠　　　　　　B. 安全　　　　　　C. 经济　　　　　　D. 环保

参考答案：A　适用等级：中级

8.2 机床夹具的组成

【考核点】

机床夹具的结构虽然繁多，但它们的组成均可概括为以下几个部分，如图 8-1 所示。

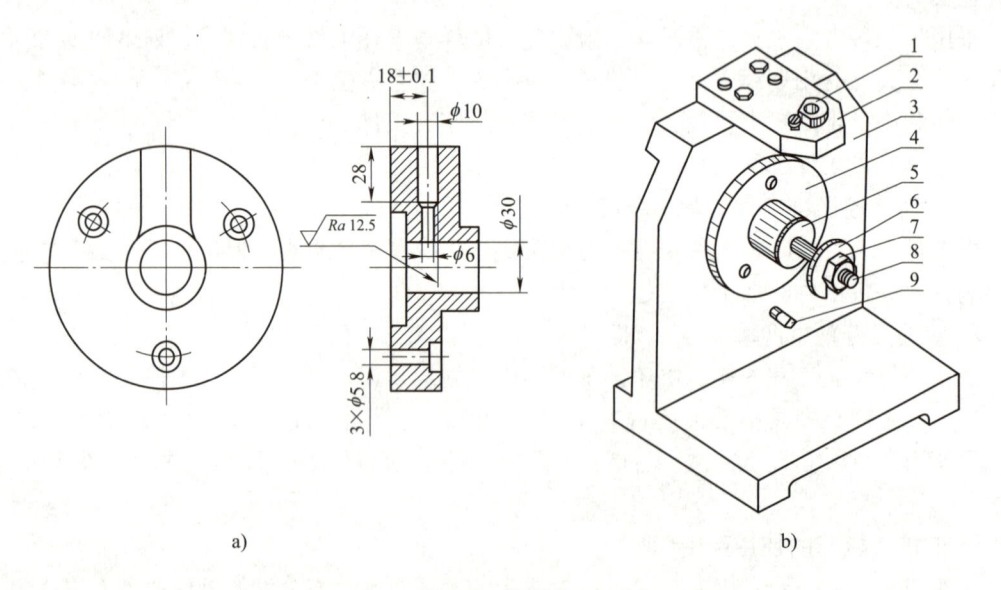

图 8-1　钻夹具

1—钻套　2—钻模板　3—夹具体　4—支承板　5—圆柱销
6—开口垫圈　7—螺母　8—螺杆　9—菱形销

1. 定位元件

通常，当工件定位基准面的形状确定后，定位元件的结构也就基本确定了。图 8-1 所示圆柱销 5、菱形销 9 和支承板 4 都是定位元件，通过它们使工件在夹具中占据正确的位置。

2. 夹紧装置

工件在夹具中定位后，在加工前必须将工件夹紧，以确保工件在加工过程中不因受外力作用而破坏其定位。图 8-1 所示的螺杆 8（与圆柱销合成一个零件）、螺母 7 和开口垫圈 6 就起到了上述作用。

3. 夹具体

夹具体是夹具的基体和骨架，通过它将夹具所有元件构成一个整体，如图 8-1 所示的零件 3。常用的夹具体为铸件结构、焊接结构、组装结构和锻造结构，形状有回转体和底座形等。

以上这三部分是夹具的基本组成部分，也是夹具设计的主要内容。

4. 对刀或导向装置

对刀或导向装置用于确定刀具相对于定位元件的正确位置。图 8-1 所示钻套 1 和钻模板 2 组成导向装置，确定了钻头轴线相对定位元件的正确位置。对刀装置常见于铣床夹具中，用对刀块可调整铣刀加工前的位置。

5. 连接元件

连接元件是确定夹具在机床上正确位置的元件。图 8-1 所示夹具体 3 的底面为安装基面，保证了钻套 1 的轴线垂直于钻床工作台以及圆柱销 5 的轴线平行于钻床工作台。因此，夹具体可兼作连接元件。车床夹具上的过渡盘、铣床夹具上的定位键都是连接元件。

6. 其他装置或元件

根据加工需要，有些夹具分别采用分度装置、靠模装置、上下料装置、顶出器和平衡块等。这些元件或装置也需要专门设计。

【考题样例】

1. 单项选择题

使工件相对于刀具占有一个正确位置的夹具组成部分称为（　　）。

A. 夹紧装置　　　　B. 定位元件　　　　C. 对刀装置　　　　D. 导向装置

参考答案：B　适用等级：中级

2. 多选题

机床夹具的基本组成部分是（　　）。

A. 定位元件　　　　B. 夹紧装置　　　　C. 定向装置
D. 连接元件　　　　E. 夹具体

参考答案：ABE　适用等级：初级

8.3 六点定位原则

【考核点】

一个尚未定位的工件，其空间位置是不确定的，这种位置的不确定性可用图 8-2 来描述。在空间直角坐标系中，工件可沿 x、y、z 轴有不同的位置，称为工件沿 x、y、z 轴的移动自由度，用 $\vec{x}$、$\vec{y}$、$\vec{z}$ 表示；也可以绕 x、y、z 轴有不同的位置，称为工件绕 x、y、z 轴的转动自由度，用 $\hat{x}$、$\hat{y}$、$\hat{z}$ 表示。因此我们把工件位置的不确定度 $\vec{x}$、$\vec{y}$、$\vec{z}$、$\hat{x}$、$\hat{y}$、$\hat{z}$ 称为工件的六个自由度。工件定位的实质就是要限制对加工有不良影响的自由度。

夹具用一个支承点限制工件的一个自由度，用合理分布的六个支承点限制工件的六个自由度，使工件在夹具中的位置完全确定，这就是六点定位原则。

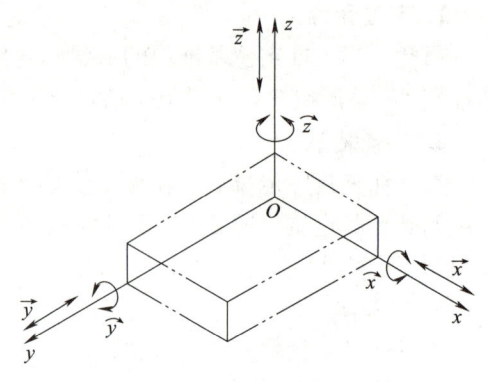

图 8-2　未定位工件的六个自由度

支承点的分布必须合理，否则六个支承点限制不了工件的六个自由度，或不能有效地限制工件的六个自由度。图 8-3 所示工件底面上的 1、2、3 三个支承点限制了 $\vec{z}$、$\hat{x}$、$\hat{y}$，它们应放成三角形，三角形的面积越大，定位越稳；工件侧面上的 4、5 两个支承点限制 $\vec{x}$、$\hat{z}$，它们不能垂直放置，否则，工件绕 z 轴的转动自由度 $\hat{z}$ 便不能限制；工件侧面的 6 支承点则可以限制 $\vec{y}$，最终实现六个自由度的限制。

六点定位原则是工件定位的基本法则，用于实际生产时，起支承作用的是一定形状的几何体，这些用来限制工件自由度的几何体就是定位元件。

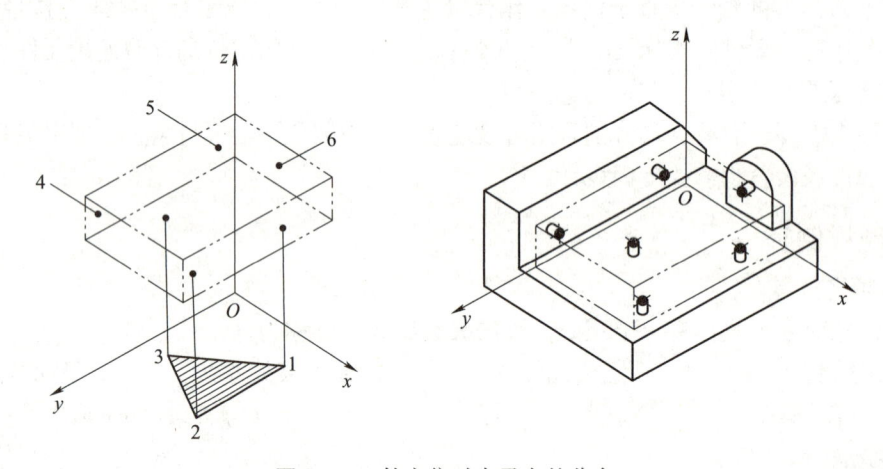

图 8-3　工件定位时支承点的分布

【考题样例】

1. 判断题

用适当分布的六个定位支承点限制工件的三个自由度，使工件在夹具上的位置完全确定，这就是夹具的六点定位原则。（　　）

参考答案：错　　适用等级：中级

2. 单项选择题

工件在夹具或机床中占据正确位置的过程称为（　　）。

A. 定位　　　　　　　B. 夹紧　　　　　　　C. 装夹　　　　　　　D. 加工

参考答案：A　适用等级：中级

8.4 自由度的判断

【考核点】

工件定位时，其自由度可分为以下两种：一种是影响加工要求的自由度，称为第一种自由度；另一种是不影响加工要求的自由度，称为第二种自由度。为了保证加工要求，所有第一种自由度都必须严格限制，而某一个第二种自由度是否需要限制，要由具体的加工情况（如承受切削力与夹紧力及控制切削行程的需要等）决定。分析自由度的方法如下。

1) 通过分析，找出该工序所有的第一种自由度。

① 明确该工序的加工要求（包括工序尺寸和位置精度）与相应的工序基准。

② 建立空间直角坐标系。当工序基准为球心时，取该球心为坐标原点，如图 8-4a 所示；当工序基准为直线（或轴线）时，以该直线为坐标轴，如图 8-4b 所示；当工序基准为一平面时，以该平面为坐标面，如图 8-4c 所示。这样就确定了工序基准及整个工件在该空间直角坐标系中的理想位置。

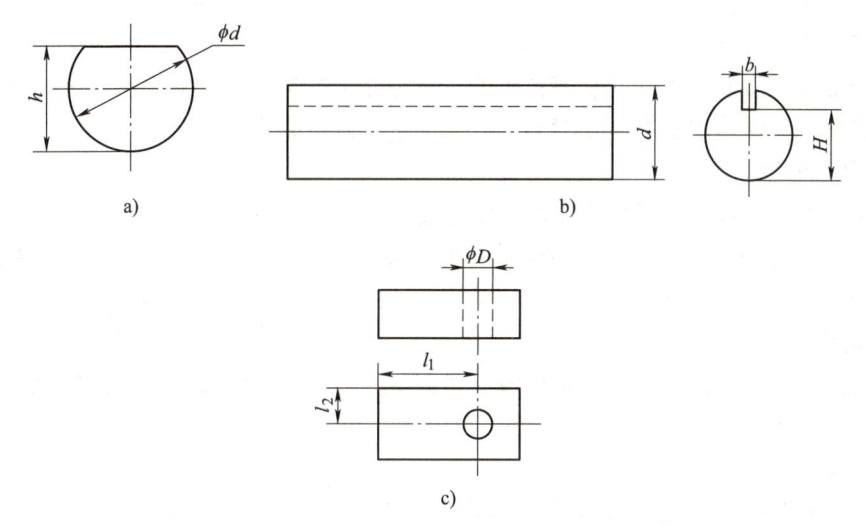

图 8-4 自由度的判断

③ 依次找出影响各项加工要求的自由度。这时要明确一个前提，即在已建立的坐标系中，加工表面的位置是一定的。若工件某项加工要求的工序基准在某一方向上偏离理想位置，该项加工要求的数值发生变化，则该方向的自由度便影响该项加工要求，否则便不是。一般情况下，要对六个自由度逐个进行判断。

④ 把影响所有加工要求的自由度累计起来便得到该工序的全部第一种自由度。

2) 找出第二种自由度。从六个自由度中去掉第一种自由度，剩下的便都是第二种自由度。

3) 根据具体的加工情况，判断哪些第二种自由度需要限制。

4) 把所有的第一种自由度与需要限制的第二种自由度结合起来，便是该工序需要限制的全部自由度。

【考题样例】

1. 判断题

要保证工件尺寸精度和相互位置精度，必须保证工艺系统各环节之间具有正确的几何关系。（　　）

参考答案：对　适用等级：中级

2. 单项选择题

自由度与加工要求的关系是（　　）。
A. 所有自由度都与加工要求有关
B. 所有自由度都与加工要求无关
C. 有些自由度与加工要求有关，有些则无关
D. 不能确定

参考答案：C　适用等级：中级

8.5　工件的定位方式

【考核点】

工件定位时，影响加工要求的自由度必须限制；不影响加工要求的自由度，有时要限制，有时可不限制，视具体情况而定。

1. 完全定位

用六个支承点限制了工件的全部自由度，称为完全定位。当工件在 x、y、z 三个坐标方向上均有尺寸要求或位置精度要求时，一般采用这种定位方式。

2. 不完全定位

根据工件加工表面的不同加工要求，定位支承点的数目可以少于六个，有些自由度对加工要求有影响，有些自由度对加工要求无影响，这种定位情况称为不完全定位。在满足加工要求的前提下，采用不完全定位是允许的。

3. 欠定位

按照加工要求，应该限制的自由度没有被限制的定位称为欠定位。欠定位是不允许的，因为欠定位保证不了加工要求。

4. 过定位

定位时工件的一个或几个自由度被不同的定位元件重复限制的定位，称为过定位。当过定位导致工件或定位元件变形，影响加工精度时，应该严禁采用。但当过定位并不影响加工精度，反而对提高加工精度有利时，也可以采用。

【考题样例】

单项选择题

1）只有在（　　）精度很高时，过定位才允许采用，且有利于增强工件的刚度。
A. 设计
B. 定位基准和定位元件
C. 加工
D. 测量

参考答案：B　适用等级：中级

2）工件在夹具中安装时，绝对不允许采用（　　）。
A. 完全定位　　B. 不完全定位　　C. 欠定位　　D. 过定位

参考答案：C　适用等级：中级

3）工件以精基准平面定位时采用的定位元件是（　　）。
A. 齿纹支承钉　　　　　　　　　　B. 球头支承钉
C. 支承板和平头支承钉　　　　　　D. 可换支承钉

参考答案：C　适用等级：中级

4）车轴类零件的外圆时采用的定位方式是（　　）。
A. 完全定位　　B. 不完全定位　　C. 欠定位　　D. 过定位

参考答案：B　适用等级：中级

8.6　常用定位元件所限制的自由度数

【考核点】

1）在定位时，起定位支承作用的是有一定几何形状的定位元件。

2）组合定位中，各元件限制自由度分为以下两种情况。

① 定位基准之间彼此无紧密尺寸联系，把各种单一几何表面的典型定位方式直接予以组合，彼此不发生重复限制自由度的过定位情况。

② 定位基准之间彼此有一定紧密尺寸联系，常会发生相互重复限制自由度的过定位现象，此时应设法协调定位元件与定位基准的相互尺寸联系，克服过定位现象。

常用定位元件所限制的自由度数见表 8-1。

表 8-1　常用定位元件所限制的自由度数

工件定位基准面	定位元件	定位方式简图	定位元件特点	限制的自由度
平面	支承钉			1、2、3—$\vec{x}$、$\hat{x}$、$\hat{y}$ 4、5—$\vec{x}$、$\hat{z}$ 6—$\vec{y}$
	支承板		每个支承板也可设计为两个或两个以上小支承板	1、2—$\vec{z}$、$\hat{x}$、$\hat{y}$ 3—$\vec{x}$、$\hat{z}$
	固定支承与浮动支承		1、3—固定支承 2—浮动支承	1、2—$\vec{z}$、$\hat{x}$、$\hat{y}$ 3—$\vec{x}$、$\hat{z}$
	固定支承与辅助支承		1、2、3、4—固定支承 5—辅助支承	1、2、3—$\vec{z}$、$\hat{x}$、$\hat{y}$ 4—$\vec{x}$、$\hat{z}$ 5—增加刚性，不限制自由度

（续）

工件定位基准面	定位元件	定位方式简图	定位元件特点	限制的自由度
圆孔	定位销（心轴）		短销（短心轴）	$\vec{x}$、$\vec{y}$
			长销（长心轴）	$\vec{x}$、$\vec{y}$、$\hat{x}$、$\hat{y}$
	锥销		单锥销	$\vec{x}$、$\vec{y}$、$\vec{z}$
			1—固定销 2—活动销	$\vec{x}$、$\vec{y}$、$\vec{z}$、$\hat{x}$、$\hat{y}$
	支承板或支承钉		短支承板或支承钉	$\vec{z}$
			长支承板或两个支承钉	$\vec{z}$、$\hat{x}$
外圆柱面	V形块		窄V形块	$\vec{x}$、$\vec{z}$
			宽V形块或两个窄V形块	$\vec{x}$、$\vec{z}$、$\hat{x}$、$\hat{z}$
			垂直运动的窄活动V形块	$\vec{x}$

（续）

工件定位基准面	定位元件	定位方式简图	定位元件特点	限制的自由度
外圆柱面	定位套		短套	$\vec{x}$、$\vec{z}$
			长套	$\vec{x}$、$\vec{z}$、$\widehat{x}$、$\widehat{z}$
	半圆孔		短半圆孔	$\vec{x}$、$\vec{z}$
			长半圆孔	$\vec{x}$、$\vec{z}$、$\widehat{x}$、$\widehat{z}$
	锥套		单锥套	$\vec{x}$、$\vec{y}$、$\vec{z}$
			1—固定锥套 2—活动锥度	$\vec{x}$、$\vec{y}$、$\vec{z}$、$\widehat{x}$、$\widehat{z}$

【考题样例】

1. 判断题

宽 V 形块定位能消除三个自由度。（   ）

参考答案：错　　适用等级：中级

2. 单项选择题

1）V 形块主要用于（   ）。

A. 工件以外圆柱面定位　　　　　　B. 工件以内孔定位
C. 工件以端面定位　　　　　　　　D. 工件以止口定位

参考答案：A　　适用等级：中级

2）在用大平面定位时，把定位平面做成（   ）以提高工件定位的稳定性。

A. 中凸　　　　B. 刚性　　　　C. 中凹　　　　D. 网纹面

参考答案：C　　适用等级：中级

3）V 形块是以（   ）为定位基面的定位元件。

A. 外圆柱面　　B. 外圆锥面　　C. 内圆柱面　　D. 内圆锥面

参考答案：A　　适用等级：中级

4）工件以外圆为定位基面时，常用的定位元件为（   ）。

A. 支承板　　　　　B. 支承钉　　　　　C. V 形块　　　　　D. 心轴

参考答案：C　适用等级：中级

5）用三个支承点对工件的平面进行定位，能控制（　　）自由度。
A. 一个移动和两个转动　　　　　B. 三个移动
C. 三个转动　　　　　　　　　　D. 一个转动和两个移动

参考答案：A　适用等级：中级

3. 多选题

长圆柱面定位的常用元件有（　　）。
A. 固定式 V 形块　　B. 固定式长套　　C. 自定心卡盘
D. 心轴　　　　　　E. 支承板

参考答案：ABCD　适用等级：中级

8.7 产生定位误差的原因

【考核点】

一批工件在定位时，各个工件位置不一致，其工序基准在加工要求方向上相对于起始基准的位移范围，便是相应加工要求的定位误差，记为 Δ_{dw}。

造成定位误差的原因有两方面：一是定位基准与工序基准不重合引起的基准不重合误差；二是定位基准与起始基准不重合引起的基准位移误差。

【考题样例】

1. 判断题

定位基准与设计基准不重合，必然产生基准不重合误差。（　　）

参考答案：对　适用等级：中级

2. 单项选择题

1）平面支承定位的基准位移误差（　　）。
A. 大于 0　　　　　B. 等于 0　　　　　C. 小于 0　　　　　D. 无法确定

参考答案：C　适用等级：中级

2）用已加工的表面定位时，定位误差（　　）。
A. 不考虑　　　　　B. 考虑　　　　　C. 一定考虑　　　　　D. 一般不考虑

参考答案：D　适用等级：中级

3）基准不重合误差的大小主要与（　　）因素有关。
A. 本道工序要保证的尺寸大小
B. 本道工序要保证的尺寸精度
C. 定位基准与工序基准间的位置误差
D. 定位元件和定位基准本身的制造精度

参考答案：C　适用等级：中级

8.8 工件夹紧装置的组成

【考核点】

夹紧装置的种类很多，但其结构均由下面三个基本部分组成。

1. 生产力的部分——动力装置

在机械加工过程中,为保持工件定位时所确定的正确加工位置,就必须有足够的夹紧力来平衡切削力、惯性力、离心力及重力对工件的影响。夹紧力的来源:一是人力;二是某种装置所产生的力。能产生力的装置称为夹具的动力装置。常用的动力装置有液压装置、气压装置、电磁装置、电动装置、气液联动装置和真空装置等。由于手动夹具的夹紧力来自人力,所以没有动力装置。

2. 传递力的部分——夹紧机构

要使动力装置所产生的力或人力正确地作用到工件上,需有适当的传递机构。在工件夹紧过程中起到力的传递作用的机构,称为夹紧机构。

3. 夹紧元件

夹紧元件是执行夹紧作用的元件,它与工件直接接触,包括各种压板、压块等。

夹紧机构在传递力的过程中,能根据需要改变力的大小、方向和作用点。手动夹具的夹紧机构还应具有良好的自锁性能,以保证人力的作用停止后,仍能可靠地夹紧工件。

【考题样例】

1. 单项选择题

采用夹具后,工件上有关表面的(　　)由夹具保证。

A. 尺寸精度　　　B. 位置精度　　　C. 几何要素　　　D. 表面粗糙度

参考答案:B　　适用等级:中级

2. 多选题

夹紧装置的组成为(　　)。

A. 定位元件　　　B. 动力装置　　　C. 夹紧元件

D. 夹紧机构　　　E. 夹具体

参考答案:BCD　　适用等级:初级

8.9　确定夹紧力的原则

【考核点】

确定夹紧力包括正确地选择夹紧力的作用方向、作用点及大小。它是一个综合性问题,必须结合工件的形状、尺寸、重量和加工要求,定位元件的结构及其分布方式,切削条件及切削力的大小等具体情况确定。

1. 夹紧力作用方向的确定原则

夹紧力的作用方向不仅影响加工精度,而且还影响夹紧的实际效果,具体应考虑如下几点。

(1)夹紧力的作用方向不应破坏工件的定位　工件在夹紧作用下,应确保其定位基面贴在定位元件的工作表面上。为此要求主夹紧力的作用方向应指向主要定位基面,其余夹紧力的作用方向应指向工件的定位支承。

(2)夹紧力的作用方向应使工件的夹紧变形尽量小　加工薄壁套筒,由于工件的径向刚度很差,用图8-5a所示的径向夹紧方式将产生过大的夹紧变形,若改用图8-5b所示的轴向夹紧方式,则可减少夹紧变形,保证工件的加工精度。

(3) 夹紧力的作用方向应使所需夹紧力尽可能小 图 8-6 所示为夹紧力的作用方向与夹紧力大小的关系。为了安装方便及减少夹紧力，应使主要定位支承表面处于水平朝上位置。如图 8-6a、b 所示，工件安装既方便又稳定，特别是图 8-6a，其切削力 F 与工件重力 G 均朝向主要支承表面，与夹紧力 F_W 方向相同，因而所需夹紧力为最小，此时的夹紧力 F_W 只要防止工件加工时的转动及振动即可。图 8-6c～f 所示的情况就较差，特别是图 8-6d 所示情况所需夹紧力最大，一般应尽量避免。

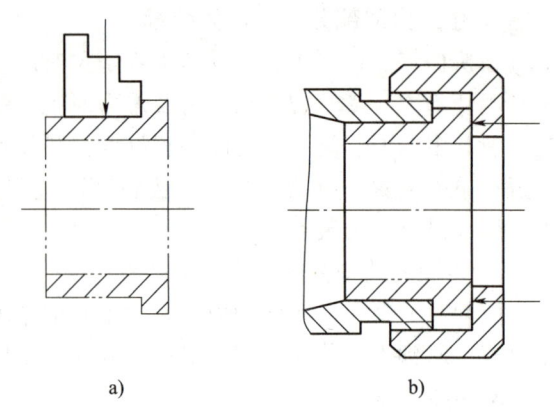

图 8-5 夹紧力的作用方向对工件变形的影响

2. 选择夹紧力作用点的原则

夹紧力作用点的位置、数目及布局同样应遵循保证工件夹紧稳定、可靠、不破坏工件原来的定位以及夹紧变形尽量小的原则，具体应考虑如下几点。

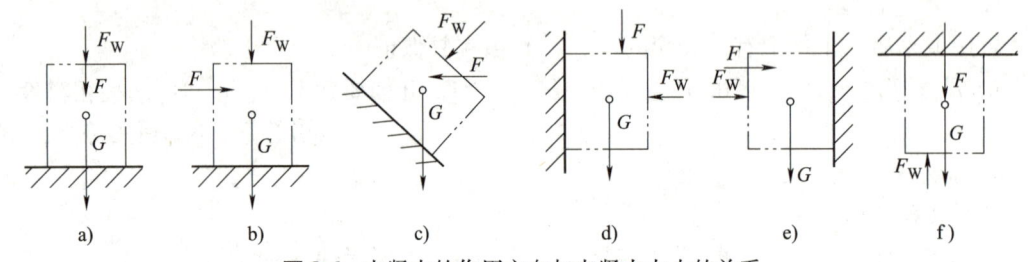

图 8-6 夹紧力的作用方向与夹紧力大小的关系

1) 夹紧力作用点必须在定位元件的支承表面上或在几个定位元件所形成的稳定受力区域内。
2) 夹紧力作用点应在工件刚性好的部位上。对于壁薄易变形的工件，应采用多点夹紧或使夹紧力均匀分布，以减少工件的夹紧变形。
3) 夹紧力的作用点应适当靠近加工表面。

【考题样例】

1. 判断题

工件的装夹包括定位和夹紧两个过程。（　　）

参考答案：对　　适用等级：初级

2. 单项选择题

斜楔机构为了保证自锁，手动夹紧时升角 α 一般取（　　）。
A. 6°～8°　　　　B. 12°～15°　　　　C. 15°～30°　　　　D. 18°～25°

参考答案：A　　适用等级：中级

8.10 夹具体的作用

【考核点】

夹具体是整个夹具的基础和骨架。在夹具体上要安装组成该夹具所需要的各种元件、机构和装置，并且还要考虑便于装卸工件以及夹具在机床上的固定。因此，夹具体的形状和尺寸应满足一定的要求。它主要取决于工件的外轮廓尺寸和各类元件与装置的布置情况以及加工性质等。所以，在专用夹具中，夹具体的形状和尺寸很多是非标准的。

夹具体设计时应满足以下基本要求。

1. 有足够的强度和刚度

在加工过程中，夹具体要承受切削力、夹紧力、惯性力以及切削过程中产生的冲击和振动，所以，夹具体应有足够的强度和刚度。因此，夹具体需有一定的壁厚，铸造夹具体的壁厚一般取 15~30mm；焊接夹具体的壁厚一般取 8~15mm。必要时，可用肋来提高夹具体的刚度，一般加强肋取壁厚的 0.7~0.9 倍。也可以在不影响工件装卸的情况下采用框架式结构。对于批量制造的大型夹具体，则应进行危险断面强度校核和动刚度测试。

2. 减轻重量、便于操作

在保证一定的强度和刚度的情况下，应尽可能使其体积小、重量轻。在不影响刚度和强度的地方，应开窗口、凹槽，以便减轻其重量。特别是对于手动、移动或翻转夹具，通常要求夹具总重量不超过 10kg，以便于操作。

3. 要有良好的结构工艺性和使用性

夹具体的结构应尽量紧凑，工艺性好，便于制造、装配、检验和使用。夹具体上有三部分表面是影响夹具装配后精度的关键，即夹具体的安装基面（与机床连接的表面）；安装定位元件的表面；安装对刀或导向装置的表面。夹具制造过程中往往以夹具体的安装基面作为加工其他表面的定位基准，因此，在考虑夹具体结构时，应便于达到这些表面的加工要求。对于铸造夹具体上安装各元件的表面，一般应铸出 3~5mm 凸台，以减少加工面积。铸造夹具体壁厚要均匀，转角处应有 $R5~R10$mm 的圆角。夹具体上不切削加工的毛面与工件表面之间应留有足够的间隙，以免安装时产生干涉，空隙大小可按经验数据选取：

1）夹具体是毛面，工件也是毛面时，取 8~15mm。
2）夹具体是毛面，工件是光面时，取 4~10mm。

夹具体结构形式应便于工件的装卸。常见的结构形式有开式结构、半开式结构和框架式结构。

4. 尺寸稳定，有一定的精度

夹具体经加工后，应防止发生日久变形。因此，铸造夹具体要进行时效处理，焊接和锻造夹具体要进行退火处理。铸造夹具体的壁厚过渡要和缓、均匀，以免产生过大的残余应力。

夹具体上的重要表面，如安装定位元件的表面、安装对刀或导向装置的表面以及夹具体的安装基面（与机床相连接的表面）等，应有适当的尺寸、形状精度和表面粗糙度，它们之间应有适当的位置精度。

5. 排屑方便

为了防止加工中切屑聚积在定位元件工作表面上或其他装置中，影响工件的正确定位和夹具的正常工作，在设计夹具体时，要考虑切屑的排除问题。当加工所产生的切屑不多时，可适当加大定位元件工作表面与夹具体之间的距离或增设容屑沟，以增加容屑空间。对加工时产生大量切屑的夹具，最好能在夹具体上设计排屑用的斜面和缺口，使切屑自动由斜面处滑下排出夹具体外。在夹具体上开排屑槽及在夹具体下部设置排屑斜面，斜角可取 30°~50°。

6. 在机床上安装要稳定可靠

1）夹具体在机床工作台上安装，其重心应尽量低，重心越高则支承面应越大。

2）夹具体底面四边应凸出，使夹具体的安装基面与机床的工作台面接触良好，接触边或支脚的宽度应大于机床工作台梯形槽的宽度，应一次加工出来，并保证一定的平面精度。

3）夹具体在机床主轴上安装，其安装基面与主轴相应表面应有较高的配合精度，并保证夹具体安装稳定可靠。

7. 吊装方便，使用安全

夹具体的设计应使夹具吊装方便，使用安全。在加工中要翻转或移动的夹具，通常会在夹具体上设置手柄或手扶部位以便于操作。对于大型夹具，在夹具体上应设有起吊孔、起吊环或起重螺栓。对于旋转类的夹具体，要求尽量无凸出部分或装上安全罩，并考虑平衡。

8. 要有较好的外观

夹具体外观造型要新颖，钢质夹具体需发蓝处理或退磁；铸件未加工部位必须清理，并涂油漆。

9. 在夹具体适当部位用钢印打出夹具编号便于工装的管理

【考题样例】

1. 判断题

夹具体是夹具的基体，所以任何夹具中都不能没有夹具体。（　　）

参考答案：对　适用等级：中级

2. 多选题

辅助支承不起的作用是（　　）。

A. 支承作用　　　　B. 定位作用　　　　C. 夹紧作用　　　　D. 对刀作用

参考答案：BCD　适用等级：中级

模块 9

数控机床

9.1 数控机床的产生与发展

【考核点】

1. 数控机床的产生

为了解决形状复杂零件表面的加工问题，美国帕森斯公司和麻省理工学院于 1952 年成功研制了世界上第一台数控机床。

2. 数控机床的发展

从数控系统的发展来看，数控机床的发展至今已经历了两个阶段和六个时代。

(1) 数控（NC）阶段（1952—1970 年） 早期是硬件连接数控，简称为数控（NC）。随着电子元器件的发展，这个阶段经历了三代。1952 年的第一代——电子管数控机床。1959 年的第二代——晶体管数控机床。同年，美国卡耐 & 特雷克公司（Keaney&TreckerCorp）开发出加工中心。1965 年的第三代——集成电路数控机床。

(2) 计算机数控（CNC）阶段（1970 年至现在） 1970 年，通用小型计算机出现，从此进入计算机数控阶段。这个阶段也经历了三代。1970 年的第四代——小型计算机数控机床。1974 年的第五代——微型计算机数控系统。1990 年的第六代——基于 PC 的数控机床。

【考题样例】

1. 判断题

从数控系统的发展来看，数控（NC）阶段与计算机数控（CNC）阶段没有根本区别。（　　）

参考答案：错　适用等级：初级

解析：硬件连接数控简称为数控（NC），CNC（数控机床）是计算机数字控制机床。

2. 单项选择题

1) 世界上第一台数控机床发明于（　　）。

A. 1952 年、美国　　B. 1952 年、德国　　C. 1953 年、美国　　D. 1959 年、德国

参考答案：A　适用等级：初级

2）目前第四代数控系统采用的电子元器件为（　　）。
A. 电子管　　　　　B. 晶体管　　　　　C. 大规模集成电路　　D. 不确定

参考答案：C　适用等级：中级

3. 多项选择题
加工中心发明于1959年，它属于（　　）数控机床。
A. 第二代　　　　　B. 第三代　　　　　C. 晶体管　　　　　D. 集成电路

参考答案：AC　适用等级：高级

9.2　数控机床的组成及数控系统的工作过程

【考核点】
数控机床的基本组成包括控制介质、输入装置、数控装置、伺服系统和测量反馈系统、机床主体和其他辅助装置。

1. 控制介质
将零件加工程序用一定的格式和代码存储在一种程序载体上，如U盘穿孔纸带、盒式磁带、软磁盘等，通过数控机床的输入装置，将程序信息输入到CNC单元。

2. 输入装置
目前主要有键盘输入、磁盘输入、CAD/CAM系统直接通信方式输入和连接上级计算机的DNC（直接数控）输入。

3. 数控装置
数控装置是数控机床的核心。现代数控装置均采用CNC（Computer Numerical Control）形式，这种数控装置一般使用多个微处理器，以程序化的软件形式实现数控功能，因此又称为软件数控（Software NC）。

4. 伺服系统和测量反馈系统
伺服系统包括驱动装置和伺服电动机两大部分。驱动装置由主轴驱动单元、进给驱动单元组成。步进电动机、直流伺服电动机和交流伺服电动机是常用的伺服电动机。数控伺服系统的作用是把接受来自数控装置的指令信息，经功率放大、整形处理后，转换成机床执行部件的直线位移或角位移运动。
测量元件将数控机床各坐标轴的实际位移值检测出来并经反馈系统输入到机床的数控装置中，数控装置对反馈回来的实际位移值与指令值进行比较，并向伺服系统输出达到设定值所需的位移量指令。

5. 机床主体
机床主机是数控机床的主体。它包括床身、底座、立柱、横梁、滑座、工作台、主轴箱、进给机构、刀架及自动换刀装置等机械部件。

6. 其他辅助装置
常用的辅助装置包括气动、液压装置，排屑装置，冷却、润滑装置，回转工作台和数控分度头，防护装置，照明装置等各种辅助装置。

【考题样例】
1. 判断题
伺服控制的作用是把指令信息经功率放大、整形处理后，输送到数控装置中。（　　）

参考答案：错　适用等级：中级

解析：数控伺服系统的作用是把接受来自数控装置的指令信息，经功率放大、整形处理后，转换成机床执行部件的直线位移或角位移运动。

2. 单项选择题

1) 数控机床的核心是（　　）。
   A. 伺服系统　　　　　B. 数控装置　　　　C. 测量反馈系统　　D. 传动系统

参考答案：B　适用等级：初级

2) CNC 是指（　　）的缩写。
   A. 自动化工厂　　　　B. 计算机数控系统　　C. 柔性制造系统　　D. 数控加工中心

参考答案：B　适用等级：初级

3. 多项选择题

目前数控机床上常用的输入装置有（　　）。
A. 键盘　　　　　　　B. 磁盘　　　　　　C. CAD/CAM 系统　　D. 光盘

参考答案：ABC　适用等级：高级

9.3　数控机床的精度

【考核点】

1. 定位精度和重复定位精度

定位精度是指数控机床工作台等移动部件的实际运动位置与指令位置的一致程度，其不一致的差值即为定位误差。引起定位误差的因素包括伺服系统、检测系统、进给传动及导轨误差等。定位误差直接影响加工零件的尺寸精度。重复定位精度是指在相同的操作方式和条件下，多次完成规定操作后得到结果的一致程度。

2. 分辨率和脉冲当量

分辨率是指可以分辨的最小位移间隙。对测量系统而言，分辨率是可以测量的最小位移；对控制系统而言，分辨率是可以控制的最小位移增量。脉冲当量是指数控装置每发出一个脉冲信号，机床移动部件所产生的位移量。

3. 分度精度

分度精度是指分度工作台在分度时，实际回转角度与指令回转角度的差值。分度精度既影响零件加工部位在空间的角度位置，也影响孔系加工的同轴度等。

【考题样例】

1. 判断题

测量系统的分辨率是指所能检测的最小位移量。（　　）

参考答案：对　适用等级：初级

2. 单项选择题

1) 脉冲当量是（　　）。
   A. 每个脉冲信号使伺服电动机转过的角度
   B. 每个脉冲信号使传动丝杠传过的角度
   C. 数控装置输出脉冲数量

D. 每个脉冲信号使机床移动部件的位移量

参考答案：D　适用等级：初级

2) 定位精度会影响到零件的（　　）。
A. 尺寸精度　　　　B. 表面粗糙度　　　　C. 形状精度　　　　D. 没有任何影响

参考答案：A　适用等级：中级

3. 多项选择题

分度精度会影响零件加工的（　　）。
A. 同轴度　　　　B. 圆柱度　　　　C. 垂直度　　　　D. 圆度

参考答案：AC　适用等级：高级

解析：分度精度即影响零件加工部位在空间的角度位置，也影响孔系加工的同轴度等。

9.4　数控机床的分类

【考核点】

1. 按加工方式分类

（1）普通数控机床　普通数控机床在自动化程度上还不够完善，刀具的更换与零件的装夹仍需人工来完成。

（2）加工中心　加工中心（Machining Center，简称为MC）与数控铣床的最大区别在于加工中心具有自动交换加工刀具的能力。

2. 按运动方式分类

（1）点位控制数控机床　点位控制数控机床的特点是机床移动部件只能实现由一个位置到另一个位置的精确定位，在移动和定位过程中不进行任何加工。

（2）点位直线控制数控机床　点位直线控制数控机床可控制刀具或工作台以适当的进给速度，沿着平行于坐标轴的方向进行直线移动和切削加工，进给速度根据切削条件可在一定范围内变化。

（3）轮廓控制数控机床　轮廓控制数控机床能够对两个或两个以上运动的位移及速度进行连续相关的控制，使合成的平面或空间的运动轨迹能满足零件轮廓的要求。

3. 按控制方式分类

（1）开环控制数控机床　开环控制数控机床具有不带位置反馈装置的控制系统，由功率步进电动机作为驱动器件，运动系统是典型的开环控制系统。

（2）半闭环控制数控机床　半闭环控制数控机床是在开环控制系统的电动机轴上装有角位移检测装置，通过检测伺服电动机的转角，间接检测运动部件的线位移或角位移值，并反馈给数控装置的比较器，与输入指令进行比较，用差值控制运动部件。

（3）闭环控制数控机床　闭环控制数控机床是在数控机床最终运动部件的相应位置上直接安装检测装置，将直接检测到的线位移或角位移值反馈到数控装置的比较器中，与输入指令进行比较，用差值控制运动部件，使运动部件严格按实际需要的位移量运动。

【考题样例】

1. 判断题

位置检测装置安装在数控机床的伺服电动机上属于闭环控制系统。（　　）

参考答案：错　适用等级：初级

2. 单项选择题

1）MC 是指（　　）的缩写。
A. 自动化工厂　　　　　　　　　　B. 计算机数控系统
C. 柔性制造系统　　　　　　　　　D. 加工中心

参考答案：D　适用等级：初级

2）采用（　　）的位置伺服系统只接收数控系统发出的指令信号，而无反馈信号。
A. 闭环控制　　　　　　　　　　　B. 半闭环控制
C. 开环控制　　　　　　　　　　　D. 与控制形式无关

参考答案：C　适用等级：中级

3. 多项选择题

数控机床按控制方式分为（　　）。
A. 开环控制数控机床　　　　　　　B. 闭环控制数控机床
C. 半闭环控制数控机床　　　　　　D. 差值控制数控机床

参考答案：ABC　适用等级：中级

9.5　数控系统的组成与结构

【考核点】

1. 数控系统的组成

数控系统主要由硬件和软件两大部分组成，其核心是计算机数字控制装置。它通过系统控制软件配合系统硬件，使数控机床按照数控程序进行自动加工。

2. 数控系统的硬件结构

从数控系统使用的 CPU 及结构来分，数控系统的硬件结构一般分为单 CPU 和多 CPU 结构两大类。多 CPU 数控系统在结构上可分为共享总线型和共享存储器型，通过共享总线或共享存储器，来实现各模块之间的互联和通信。

3. 数控系统的软件结构

数控系统的软件是一个典型又复杂的实时系统。它的许多控制任务，如零件程序的输入与译码、刀具半径补偿、插补运算、位置控制以及精度补偿都是由软件实现的。

（1）前后台型结构模式　该模式将数控系统软件划分成两部分：前台程序和后台程序（背景程序），前后台相互配合来完成零件的加工任务。

（2）中断型结构模式　整个系统软件的各种任务模块分别安排在不同级别的中断程序中，系统通过响应不同的中断来执行相应的中断处理程序，完成数控加工的各种功能。

【考题样例】

1. 判断题

数控系统仅由软件部分完成其数控加工任务。（　　）

参考答案：错　适用等级：初级

2. 单项选择题

1）在单 CPU 的数控系统中，主要采用（　　）的原则来解决多任务的同时运行。

A. CPU 同时共享　　　B. CPU 分时共享　　　C. 共享存储器　　　D. 中断

参考答案：B　适用等级：高级

2) 下面（　　）方法不属于并行处理技术。
A. 中断执行　　　B. 时间重叠　　　C. 资源共享　　　D. 资源重复

参考答案：A　适用等级：高级

解析：为实现多任务并行处理，数控系统一般采用前后台型结构模式和中断型结构模式，中断执行一般用于串行处理技术。

3. 多项选择题

多 CPU 数控系统通过（　　）来实现各模块之间的互联和通信。
A. 共享总线　　　B. 共享存储器　　　C. CPU　　　D. 内存

参考答案：AB　适用等级：中级

9.6 数控系统的输入/输出接口及通信

【考核点】

1. 数控系统的 I/O 接口

数控系统与机床之间的来往信号是通过 I/O 接口电路实现的，接口分为输入接口和输出接口。

2. 数控系统的通信接口技术

（1）常用串行通信接口标准　在串行通信中，广泛应用的标准是 RS-232C 标准。它是美国电子工业协会（EIA）在 1969 年公布的数据通信标准，后来还颁布了 RS-449、RS-423 和 RS-422 标准。

（2）DNC 通信接口技术　DNC 由直接数字控制发展到分布式数字控制，前者主要功能是下传 NC 程序；后者除传送 NC 程序外，还具有系统状态采集和远程控制等功能。

（3）数控系统网络通信接口　将数控装置和各种系统中的设备，通过工业局域网络联网以构成 FMS 或 CIMS，一般采用同步串行传送方式。

【考题样例】

1. 判断题

数控系统的网络通信接口技术不能实现系统状态采集和远程控制等功能。（　　）

参考答案：错　适用等级：初级

2. 单项选择题

1) 以下不是常用串行通信接口标准的是（　　）。
A. RS-232C　　　B. RS-449　　　C. RS-423　　　D. RS-433

参考答案：D　适用等级：中级

2) 数控系统与机床之间的来往信号是通过（　　）电路实现的。
A. I/O 接口　　　B. 软件　　　C. NC　　　D. 开关

参考答案：A　适用等级：初级

3. 多项选择题

DNC 意为（　　）。

A. 直接数字控制　　　　　　　　　　B. 间接数字控制
C. 分布式数字控制　　　　　　　　　D. 直线数字控制

参考答案：AC　适用等级：中级

9.7　数控机床的检测装置

【考核点】

1. 旋转变压器

旋转变压器是一种常用的角位移检测装置，其是根据电磁互感原理工作。当定子加上一定频率的励磁电压时，通过电磁耦合，转子绕组产生感应电动势，其输出电压的大小取决于定子和转子两个绕组轴线在空间的相对位置。

2. 感应同步器

感应同步器的定尺安装在机床的固定部件上，滑尺安装在机床的移动部件上。

只要测量出感应电压的幅值，便可求出滑尺与定尺的相对位置。根据不同励磁方式，感应同步器的工作方式可分为相位工作状态和幅值工作状态。

3. 编码器

（1）接触式编码器　接触式编码器是一种绝对值式的检测装置，可直接把被测转角用数字代码表示出来，且每一个角度位置均有表示该位置的唯一对应代码，因此这种测量方式即使断电或切断电源，也能读出转动角度。

（2）光电式编码器　常用的光电式编码器为增量式光电编码器，也称为光电码盘、光电脉冲发生器、光电脉冲编码器等，是一种旋转式脉冲发生器。它把机械转角变成电脉冲，是数控机床上常用的一种角位移检测装置，也可用于角速度检测。

4. 光栅

光栅由标尺光栅（又称为长光栅）和指示光栅两部分组成。标尺光栅一般固定在机床活动部件上（如工作台上或丝杠上），指示光栅安装在机床固定部件上（如机床底座上）。当两光栅尺沿线纹方向保持一个很小的夹角 θ、刻画面相对平行且有一个很小的间隙（一般取 0.05mm、0.1mm）放置时，在光源的照射下，由于光的衍射或遮光效应，在与两光栅线纹夹角 θ 的平分线相垂直的方向上，形成明暗相间的条纹，这种条纹称为莫尔条纹。莫尔条纹具有放大作用、实现平均误差作用。莫尔条纹的移动与栅距之间的移动成比例。

5. 磁栅

磁栅检测装置是由磁性标尺、读数磁头和检测电路组成。以单磁头结构为例，磁头上有两个绕组，一组为输出绕组，另一组为励磁绕组。

【考题样例】

1. 判断题

闭环控制方式的线位移检测装置应采用旋转变压器。（　　）

参考答案：错　适用等级：初级

2. 单项选择题

1）感应同步器是一种（　　）位置检测装置。

A. 光学式　　　　B. 电磁式　　　　C. 数字式　　　　D. 增量式答

2) 在光栅中，标尺光栅与指示光栅的栅线应（　　）。
A. 相互垂直　　　　　　　　　　　　B. 互相倾斜一个很小的角度
C. 互相倾斜一个很大的角度　　　　　D. 任意位置均可

参考答案：B　适用等级：初级

3. 多项选择题
下列常用于线位移的检测装置是（　　）。
A. 光栅　　　　B. 磁栅　　　　C. 旋转变压器　　　　D. 编码器

参考答案：AB　适用等级：高级

9.8　步进电动机的结构及工作原理

【考核点】

1. 步进式伺服系统

步进式伺服系统是典型的开环位置伺服系统，其采用步进电动机作为执行元件，并受驱动控制电路的控制，将进给脉冲信号直接变换为具有一定方向、大小和速度的机械转角位移，并且通过齿轮和丝杠螺母副带动工作台移动。

2. 反应式步进电动机

步进电动机是一种将电脉冲信号转换成线位移或角位移的特殊电动机。步进电动机是按电磁铁的工作原理工作的。反应式步进电动机工作方式有三相单三拍、三相双三拍、三相单双六拍。步进电动机定子绕组的通电状态每改变一次，其转子便转过一个确定的角度，即步进电动机的步距角 α。

【考题样例】

1. 判断题
步进电动机开环进给系统的进给速度与脉冲当量有关。（　　）

参考答案：错　适用等级：中级

2. 单项选择题
1) 功率步进电动机一般在（　　）作为伺服驱动单元。
A. 开环　　　　B. 半闭环　　　　C. 闭环　　　　D. 混合闭环

参考答案：A　适用等级：初级

2) 为了使三相步进电动机工作稳定，精度高，一般采用的通电方式为（　　）。
A. 三相单三拍控制　　　　　　　　B. 三相双三拍控制
C. 三相单双六拍控制　　　　　　　D. 三相单双三拍控制

参考答案：C　适用等级：高级

3. 多项选择题
步进电动机是一种将电脉冲信号转换成（　　）的特殊电动机。
A. 线位移　　　　B. 角位移　　　　C. 距离　　　　D. 方向

参考答案：AB　适用等级：初级

9.9 直流伺服电动机的结构及工作原理

【考核点】

以直流伺服电动机作为驱动元件的伺服系统称为直流伺服系统。因为直流伺服电动机实现调速比较容易,其机械特性比较硬,在数控机床上得到了广泛应用。在数控机床中,进给系统常用的直流伺服电动机主要有小惯性直流伺服电动机、大惯量宽调速直流伺服电动机和无刷直流伺服电动机三种。

1. 直流伺服电动机的工作原理

直流伺服电动机是由磁极(定子)、电枢(转子)和电刷与换向片组成。以他励式直流伺服电动机为例,直流伺服电动机的工作原理是建立在电磁定律的基础上,即电流切割磁力线,产生电磁转矩。

2. 直流伺服电动机的调速方法

直流伺服电动机的基本调速方法有三种,即调节电阻 R、调节电枢电压 U 和调节磁通 ϕ 的值。但电枢电阻调速不经济,而且调速范围有限,很少采用。调磁调速不但改变了电动机的理想转速,而且使直流电动机机械特性变软,所以调磁调速主要用于机床主轴电动机调速。数控机床伺服进给驱动系统的调速常采用电枢电压调速方法,保持了原有较硬的机械特性。

【考题样例】

1. 判断题

直流伺服电动机实现调速比较容易,其机械特性比较硬,在数控机床上得到了广泛应用。( )

参考答案:对　适用等级:初级

2. 单项选择题

1) 直流伺服电动机的最佳调速方法是(　　)。
A. 调节电阻　　　B. 调节电枢电压　　　C. 调节磁通　　　D. 调节磁极

参考答案:B　适用等级:中级

2) 数控机床伺服进给驱动系统的调速常采用(　　)调速方法。
A. 电阻　　　B. 电枢电压　　　C. 磁通　　　D. 磁极

参考答案:B　适用等级:高级

3. 多项选择题

进给系统常用的直流伺服电动机主要有(　　)。
A. 小惯性直流伺服电动机　　　B. 大惯量宽调速直流伺服电动机
C. 小惯量宽调速直流伺服电动机　　　D. 无刷直流伺服电动机

参考答案:ABD　适用等级:中级

9.10 交流伺服电动机的结构及工作原理

【考核点】

1. 永磁式交流同步电动机

永磁式交流同步电动机由定子、转子和检测元件三部分组成。其工作原理是,当定子三相绕组通以交流电后,产生旋转磁场,这个旋转磁场以同步转速 n_s 旋转,转子就会与定子旋转磁场一起旋转。

2. 交流主轴电动机

交流主轴电动机与普通感应式伺服电动机的工作原理相同。在电动机定子的三相绕组通以三相交流电时,就会产生旋转磁场,这个旋转磁场切割转子中的导体,导体感应电流与定子磁场相互作用产生电磁转矩,从而推动转子转动。

只要改变交流伺服电动机的供电频率,即可改变交流伺服电动机的转速,所以交流伺服电动机调速应用最多的是变频调速。

【考题样例】

1. 判断题

可采用变频调速,获得非常硬的机械特性及宽的调速范围的伺服电动机是交流伺服电动机。(　　)

参考答案:对　适用等级:中级

2. 单项选择题

1) 交流伺服电动机的最佳调速方法是(　　)。

A. 供电频率　　　B. 转差率　　　C. 磁极对数　　　D. 电阻

参考答案:A　适用等级:初级

2) 交流伺服电动机的同步、异步的分类是按照(　　)来分的。

A. 磁极对数　　　B. 电源频率　　　C. 转速　　　D. 转速的转差率

参考答案:D　适用等级:高级

解析:当定子三相绕组通以交流电后,产生旋转磁场,这个旋转磁场以同步转速 n_s 旋转,转子就会与定子旋转磁场一起旋转。当两者之间的转速相同时,称为同步交流伺服电动机,反之称为异步交流伺服电动机。

3. 多项选择题

永磁式交流同步电动机一般用于(　　)数控机床的主轴伺服系统。

A. 小型　　　B. 微型　　　C. 大型　　　D. 重型

参考答案:AB　适用等级:高级

9.11　数控机床机械结构的特点及基本要求

【考核点】

1. 数控机床机械结构的特点

1) 支承件的高刚度化。床身、立柱等采用静刚度、动刚度、热刚度特性都较好的支承构件。

2) 传动机构简约化。主轴转速由主轴的伺服驱动系统来调节和控制,取代了普通机床的多级齿轮传动系统,简化了机械传动结构。

3) 传动元件精密化。采用效率、刚度和精度等各方面都较好的传动元件,如滚珠丝杠螺母副、静压导轨等。

4) 辅助操作自动化。采用多主轴、多刀架结构,改善了劳动条件,提高了生产率。

2. 数控机床机械结构的基本要求

1) 较高的数控机床构件刚度。在机械加工过程中，数控机床将承受多种外力的作用，包括机床运动部件和工件的自重、切削力、加减速时的惯性力及摩擦阻力等，机床受力部件在这些力的作用下将产生变形，影响机床的加工精度。

2) 较强的数控机床结构抗振性。提高数控机床结构的抗振性，可以减小振动对加工精度的影响。提高机床结构抗振性的具体措施可以从减少内部振源、提高静刚度和增加阻尼等方面着手。

3) 较小的机床热变形。数控机床由于各种热源散发的热量传递给机床的各个部件，引起温升，产生热膨胀，改变刀具与工件的正确相对位置，影响了加工精度。为了保证机床的加工精度，必须减少机床的热变形，常用的措施有控制热源和发热量、加强冷却散热、改进机床布局和结构设计等方法。

【考题样例】

1. 判断题

改进机床布局和结构设计可以提高机床的刚度，不能减少机床的热变形。（ ）

参考答案：错　适用等级：初级

2. 单项选择题

1) 数控机床机械结构与普通机床的区别是（　　）。

A. 传动机构简化　　B. 具有辅助装置　　C. 采用传动部件　　D. 具有冷却装置

参考答案：A　适用等级：中级

2) 提高数控机床抗振性的具体措施可以从减少内部振源、提高静刚度和（　　）等方面着手。

A. 减少热源　　B. 改善冷却装置　　C. 提高刀具强度　　D. 增加阻尼

参考答案：D　适用等级：中级

3. 多项选择题

影响机床刚度的主要因素是（　　）。

A. 切削力　　　　　　　　　　　B. 摩擦阻力
C. 机床和工件自重　　　　　　　D. 机床产生的热量

参考答案：ABCD　适用等级：高级

解析：机床受力部件在机床运动部件和工件的自重、切削力、加减速时的惯性力及摩擦阻力等作用下和机床产生热量的影响下将产生变形，影响机床的加工精度。

9.12　数控机床的主传动机构

【考核点】

1. 主传动方式

数控机床的主传动方式主要有变速齿轮、带传动和调速电动机直接驱动三种形式。

2. 主轴部件的支承

一般中小型数控机床（如数控车床、数控铣床、数控钻床）的主轴部件多数采用滚动轴承；大型、重型数控机床（如数控龙门铣床、龙门数控加工中心）采用液体静压轴承；

高精度数控机床（如加工中心、高速数控铣床、数控磨床）采用气体静压轴承；超高转速（$2\times10^4 \sim 10\times10^4 \text{r/min}$）的主轴可采用磁力轴承或陶瓷滚珠轴承。

3. 主轴滚动轴承的预紧

对主轴滚动轴承进行预紧和合理选择预紧量，可以提高主轴部件的回转精度、刚度和抗振性。滚动轴承间隙的调整或预紧，通常是通过轴承内、外圈的相对轴向移动来实现的。

【考题样例】

1. 判断题

在数控机床主轴传动方式中，带传动主要是适用在低转矩要求的小型数控机床中。（　　）

参考答案：对　　适用等级：中级

2. 单项选择题

1）主轴滚动轴承预紧的主要作用是（　　）。
  A. 消除传动间隙　　B. 减小摩擦阻力　　C. 提高接触刚度　　D. 增加散热

参考答案：C　　适用等级：高级

2）为了实现刀具在主轴上的自动装卸，在主轴部件上必须有（　　）。
  A. 刀具自动松夹装置　　　　　　　B. 主轴准停装置
  C. 刀具长度自动测量装置　　　　　D. 自动装夹装置

参考答案：B　　适用等级：初级

3. 多项选择题

数控机床的主传动方式主要有（　　）。
  A. 变速齿轮　　　　　　　　　　　B. 带传动
  C. 调速电动机直接驱动　　　　　　D. 链传动

参考答案：ABC　　适用等级：初级

9.13　数控机床的进给传动机构

【考核点】

1. 齿轮传动副

数控机床的进给驱动伺服系统常采用齿轮传动副获得所需的低转速、大转矩。为了尽量减小齿侧间隙对数控机床加工精度的影响，经常采用偏心套调整齿轮副中心距消除间隙机构、带有锥度齿轮的轴向垫片调整机构、双片齿轮错齿法消除间隙机构、轴向压簧调整机构，以减小或消除齿轮副的空程误差。

2. 滚珠丝杠螺母副

滚珠丝杠螺母副是具有螺旋槽的丝杠螺母间装有滚珠作为中间传动件，以减少摩擦。目前，滚珠丝杠螺母副可分为内循环及外循环两类。滚珠丝杠螺母副预紧的基本原理是使两个螺母产生轴向位移，以消除它们之间的间隙和施加预紧力，常用的方法有垫片调隙式、螺纹调隙式及齿差调隙式。

3. 齿轮齿条副

采用齿轮齿条副传动时，必须采取措施消除齿侧间隙。当传动负载小时，可采用双片薄齿轮调整法，分别与齿条的左、右两侧齿槽面贴紧，从而消除齿侧间隙。当传动负载大时，可采用双厚齿轮传动的结构。

【考题样例】

1. 判断题

由于数控机床进给系统经常处于自动变向状态，齿轮副的侧隙会造成进给运动反向时丢失指令脉冲，并产生反向死区，从而影响加工精度，因此必须采取措施消除齿轮传动中的间隙。（　　）

参考答案：对　适用等级：高级

解析：为了尽量减小齿侧间隙对数控机床加工精度的影响，经常采用间隙机构，以减小或消除齿轮副的空程误差。

2. 单项选择题

1）数控机床采用伺服电动机实现无级变速仍采用齿轮传动的主要目的是增大（　　）。
A. 输入速度　　　B. 输入转矩　　　C. 输出速度　　　D. 输出转矩

参考答案：D　适用等级：初级

2）在数控机床中，采用滚珠丝杠螺母副消除轴向间隙的目的主要是（　　）。
A. 提高反向传动精度　B. 增大驱动力矩　C. 减少摩擦力矩　D. 提高使用寿命

参考答案：A　适用等级：中级

3. 多项选择题

消除滚珠丝杠螺母副间隙的方法有（　　）。
A. 垫片调隙式　　　B. 螺纹调隙式　　　C. 齿差调隙式　　　D. 液压调隙式

参考答案：ABC　适用等级：中级

9.14　数控车床的自动换刀装置

【考核点】

1. 自动回转刀架

自动回转刀架是数控车床上使用的一种简单的自动换刀装置，有四方刀架和六角刀架等多种形式，回转刀架上分别安装有四把、六把或更多的刀具，并按数控指令进行换刀。回转刀架又有立式和卧式两种，立式回转刀架的回转轴与机床主轴成垂直布置，结构比较简单，经济型数控车床多采用这种刀架。

2. 转塔头式换刀装置

带有旋转刀具的数控机床常采用转塔头式换刀装置，如数控钻镗床的多轴转塔头等。转塔头上装有几个主轴，每个主轴上均装一把刀具，加工过程中转塔头可自动转位实现自动换刀。

【考题样例】

1. 判断题

刀库的形式和容量要根据机床的工艺范围来确定，刀库的容量越大越好。（　　）

参考答案：错　适用等级：初级

2. 单项选择题

1) 数控车床自动回转刀架常用的形式有（　　）和六角刀架。

A. 四方刀架　　　　B. 三方刀架　　　　C. 五方刀架　　　　D. 垂直刀架

参考答案：A　适用等级：初级

2) 数控车床立式回转刀架的回转轴与机床主轴成（　　）布置。

A. 平行　　　　　　B. 垂直　　　　　　C. 对称　　　　　　D. 倾斜

参考答案：B　适用等级：中级

3. 多项选择题

数控车床上自动换刀装置有（　　）。

A. 凸轮式刀架　　　　　　　　　　　B. 盘式刀架

C. 自动回转刀架　　　　　　　　　　D. 转塔头式换刀装置

参考答案：CD　适用等级：高级

模块 10

数控机床编程

10.1 坐标和运动方向命名的原则

【考核点】

数控机床的进给运动是相对的,有的是刀具相对于工件的运动(如数控车床),有的是工件相对于刀具的运动(如数控铣床)。编程时,特规定:永远假定刀具相对于静止的工件坐标系运动。

【考题样例】

1. 判断题

数控机床的进给运动是固定的,一律是刀具相对于工件的运动。(　　)

参考答案:错　适用等级:中级

2. 单项选择题

1)数控机床坐标系统的确定是假定(　　)。

A. 刀具、工件都不运动　　　　　　　B. 工件相对静止的刀具运动

C. 刀具、工件都运动　　　　　　　　D. 刀具相对静止的工件运动

参考答案:D　适用等级:初级

2)数控机床有不同的运动形式,需要考虑工件与刀具相对运动关系及坐标系方向,编写程序时,采用(　　)的原则编写程序。

A. 刀具固定不动,工件移动

B. 工件固定不动,刀具移动

C. 分析机床运动关系后再根据实际情况定

D. 由机床说明书说明

参考答案:B　适用等级:中级

解析:编写程序时永远假定刀具相对于静止的工件坐标系运动。

3. 多项选择题

编程人员在编写程序时，必须考虑（　　）。

A. 刀具与工件的假定运动关系　　　　B. 刀具的运动方向
C. 机床电动机的运动　　　　　　　　D. 不需考虑

参考答案：AB　适用等级：高级

10.2　标准坐标系的规定

【考核点】

在机床上建立一个坐标系，这个坐标系就称为标准坐标系，也称为机床坐标系。在编制程序时，就可以以该坐标系来规定运动方向和距离。数控机床上的坐标系是采用右手直角笛卡儿坐标系。大拇指的方向为 X 轴的正方向，食指的方向为 Y 轴的正方向，中指的方向为 Z 轴的正方向。

【考题样例】

1. 判断题

数控机床上所采用的右手直角笛卡儿坐标系中，大拇指的方向为 Y 轴的正方向。（　　）

参考答案：错　适用等级：初级

2. 单项选择题

1）数控机床坐标系采用的是（　　）坐标系。

A. 右手直角笛卡儿　　　　　　B. 左手直角笛卡儿
C. 笛卡儿　　　　　　　　　　D. 直角

参考答案：A　适用等级：初级

2）为了编制程序和加工零件，在数控机床上建立的坐标系称为（　　）。

A. 工件坐标系　　B. 机床坐标系　　C. 绝对坐标系　　D. 增量坐标系

参考答案：B　适用等级：高级

解析：在机床上建立一个坐标系，这个坐标系就称为标准坐标系，也称为机床坐标系。

3. 多项选择题

右手直角笛卡儿坐标系的规定为（　　）。

A. 大拇指的方向为 X 轴的正方向　　　B. 食指的方向为 Y 轴的正方向
C. 中指的方向为 Z 轴的正方向　　　　D. 小拇指的方向为 X 轴的正方向

参考答案：ABC　适用等级：初级

10.3　运动方向的确定

【考核点】

数控机床某一部件运动的正方向，是增大工件和刀具之间距离的方向。

1. Z 坐标轴的运动

Z 坐标轴的运动是由传递切削力的主轴所决定，与主轴轴线平行的坐标轴即为 Z 坐标轴。Z 坐标轴的正方向为增大工件与刀具之间距离的方向。

2. X 坐标轴的运动

规定 X 坐标轴一般为水平方向，且垂直于 Z 坐标轴并平行于工件的装夹面。对于工件旋转的数控机床（如数控车床、数控磨床等），X 坐标轴的方向是在工件的径向上，且平行于横滑座；刀具远离工件旋转中心的方向为 X 坐标轴的正方向。对于刀具旋转的数控机床（如数控铣床、数控镗床、数控钻床等），如 Z 坐标轴是垂直的，当从刀具主轴向立柱看时，X 坐标轴的正方向指向右；如果 Z 坐标轴是水平的，当从刀具主轴向工件方向看时，X 坐标轴的正方向指向右。

3. Y 坐标轴的运动

Y 坐标轴垂直于 X、Z 坐标轴，其运动的正方向根据 X 和 Z 坐标轴的正方向，按照右手直角笛卡儿坐标系来判断。

4. 主轴旋转运动方向

主轴的顺时针旋转运动方向（正转），是按照右旋螺纹旋入工件的方向。

【考题样例】

1. 判断题

数控机床主轴的顺时针旋转运动方向为正转。（　　）

参考答案：对　适用等级：初级

2. 单项选择题

1）数控机床的主轴轴线平行于（　　）。

A. X 坐标轴　　　　B. Z 坐标轴　　　　C. Y 坐标轴　　　　D. C 坐标轴

参考答案：B　适用等级：中级

2）数控机床坐标轴的正方向规定为（　　）。

A. 增大工件和刀具之间距离的方向　　　B. 减小工件和刀具之间距离的方向
C. 刀具接近工件的方向　　　　　　　　D. 任意方向

参考答案：A　适用等级：中级

3. 多项选择题

下列（　　）是工件旋转的机床，并且机床的 Z 坐标轴平行于工件轴线。

A. 数控车床　　　B. 数控外圆磨床　　　C. 数控铣床　　　D. 数控钻床

参考答案：AB　适用等级：高级

解析：对于工件旋转的机床，平行于工件轴线的坐标轴为 Z 坐标轴。

10.4　绝对坐标系与增量（相对）坐标系

【考核点】

1. 绝对坐标系

刀具（或机床）运动轨迹的坐标值是以相对于固定的坐标原点 O 给出的，即称为绝对坐标，该坐标系为绝对坐标系。

2. 增量（相对）坐标系

刀具（或机床）运动轨迹的坐标值是相对于前一位置（起点）来计算的，即称为增量（相对）坐标，该坐标系称为增量（相对）坐标系。

【考题样例】

1. 判断题

设定数控机床坐标时,绝对坐标和相对坐标没有任何区别。(　　)

参考答案:错　适用等级:中级

2. 单项选择题

1)数控机床坐标系按坐标读法不同可分为(　　)和相对坐标两类。

A. 绝对坐标　　　　B. 标准坐标　　　　C. 参考坐标　　　　D. 增量坐标

参考答案:A　适用等级:初级

2)在绝对坐标系中,刀具(或机床)运动轨迹的坐标是以(　　)设定。

A. 前一位置　　　　B. 后一位置　　　　C. 原点　　　　D. 相邻的位置

参考答案:C　适用等级:初级

3. 多项选择题

绝对坐标和相对坐标主要区别是(　　)。

A. 选取的参考点不同　　　　　　　　B. 程序的格式不同

C. 机床坐标系原点不同　　　　　　　D. 没有任何区别

参考答案:AB　适用等级:高级

解析:绝对坐标是以相对于固定的坐标原点 O 给出的,相对坐标是相对于前一位置(起点)来计算的。

10.5　机床坐标系与工件坐标系

【考核点】

1. 机床坐标系与机床原点、机床参考点

(1)机床坐标系　机床坐标系是机床上固有的坐标系,是用来确定工件坐标系的基本坐标系,是确定刀具(刀架)或工件(工作台)位置的参考系,并建立在机床原点上。

(2)机床原点　机床坐标系原点是指在机床上设置的一个固定点,即机床原点。它在机床装配、调试时就已确定下来,是数控机床进行加工运动的基准参考点。在数控车床上,机床原点一般取在卡盘后端面与主轴中心线的交点处。在数控铣床上,机床原点一般取在X、Y、Z 坐标轴的正方向极限位置上。

(3)机床参考点　机床参考点是用于对机床运动进行检测和控制的固定位置点。它的位置是由机床制造厂家在每个进给轴上用限位开关精确调整好的,坐标值已输入数控系统中。

2. 工件坐标系

工件坐标系的原点是零件图上最重要的基准点,其选择原则为:

1)应尽量选择在零件的设计基准或工艺基准上。

2)尽可能选在尺寸精度高、表面粗糙度值小的表面上。

3)最好选择在对称中心上。

【考题样例】

1. 判断题

机床坐标系是机床上固有的坐标系,用户可以任意设定。(　　)

参考答案：错　适用等级：初级

2. 单项选择题

1) 机床原点与机床参考点两者的关系是（　　）。
   A. 机床原点依据机床参考点设定
   B. 机床参考点依据机床原点设定
   C. 机床原点与机床参考点是两个不确定的点
   D. 机床原点与机床参考点两者没有关系

参考答案：B　适用等级：中级

2) 工件坐标系的坐标轴方向与机床坐标系的坐标轴方向（　　）。
   A. 保持一致
   B. 保持不一致
   C. 可以保持一致或也可以不保持一致
   D. 不确定

参考答案：A　适用等级：中级

解析：工件坐标系的坐标轴方向与机床坐标系的坐标轴方向保持一致。

3. 多项选择题

工件坐标系原点尽量设定在工件的（　　）。
   A. 设计基准
   B. 工艺基准
   C. 对称中心
   D. 精度高的表面

参考答案：ABCD　适用等级：高级

10.6 程序的结构与格式

【考核点】

1. 程序的结构

一个完整的程序由程序号、程序内容和程序结束三部分组成。

（1）程序号　程序号就是给零件加工程序一个编号，并说明该零件加工程序开始。如 FANUC 数控系统中，一般采用英文字母 O 及其后四位十进制数表示（"O××××"），四位数中若前面为 0，则可以省略，如"O0101"等效于"O101"。而其他系统有时也采用符号"%"或"P"及其后四位十进制数表示程序号。

（2）程序内容　程序内容部分是整个程序的核心，由许多程序段组成，每个程序段由一个或多个指令构成。它表示数控机床要完成的全部动作。

（3）程序结束　程序结束是以程序结束指令 M02、M30 或 M99（子程序结束）作为程序结束的符号，用来结束零件加工。

2. 程序段格式

程序段格式是指一个程序段中字、字符和数据的书写规则。目前，国内外广泛采用字-地址可变程序段格式。

【考题样例】

1. 判断题

程序号就是给零件加工程序一个编号，必须由四位数字组成。（　　）

参考答案：错　适用等级：中级

2. 单项选择题

1）程序内容是由若干个（　　）组成。

A. 程序号　　　　B. 程序段　　　　C. 程序字　　　　D. 程序段号

参考答案：B　适用等级：初级

2）一个完整的程序由（　　）、程序内容和程序结束三部分组成。

A. 程序序号　　　B. 程序字　　　　C. 程序段号　　　D. 程序号

参考答案：D　适用等级：初级

3. 多项选择题

下列叙述正确的是（　　）。

A. %0011 等效 %11　　　　　　　　B. P0011 等效 %0011

C. 程序号是固定格式　　　　　　　D. 程序号无固定格式

参考答案：AC　适用等级：中级

10.7　准备功能指令

【考核点】

准备功能字 G 代码，用来规定刀具和工件的相对运动轨迹（即指令插补功能）、机床坐标系、坐标平面、刀具补偿、坐标偏置等多种加工操作。

（1）模态代码　模态代码又称为续效代码，一经程序段指定，便一直有效。代码表中按代码的功能进行了分组，标有相同字母（或数字）的为一组，其中 00 组的 G 代码为非模态代码，其余为模态代码。模态代码可在连续多个程序段中有效，直到被同组其他指令取代才失效。

（2）非模态代码　非模态代码又称为非续效代码，其功能仅在其出现的程序段中有效。

【考题样例】

1. 判断题

同一个程序段中可以书写不同功能的模态代码。（　　）

参考答案：对　适用等级：中级

2. 单项选择题

1）数控机床中有些功能代码一旦被执行，则一直有效，直到被同组的功能代码取代为止，这类代码被称为（　　）。

A. G 代码　　　　B. M 代码　　　　C. 模态代码　　　D. 非模态代码

参考答案：C　适用等级：初级

2）G00 指令与下列的（　　）指令不是同一组的。

A. G01　　　　　B. G02　　　　　C. G03　　　　　D. G04

参考答案：D　适用等级：中级

解析：指令 G04 属于 00 组的 G 代码，为非模态代码。

3. 多项选择题

准备功能字 G 代码实现的功能有（　　）。

A. 机床坐标系　　　　　　　　　　B. 坐标平面

C. 刀具补偿　　　　　　　　　　　D. 指令插补

参考答案：ABCD　　适用等级：高级

10.8　辅助功能指令

【考核点】

1) M 指令。辅助功能 M 指令是用于指定主轴的旋转方向、起动、停止，切削液的开关，工件或刀具的夹紧或松开等功能。辅助功能指令由地址符 M 和其后的两位数字组成。

2) S 指令。S 指令用来指定主轴的转速，由地址符 S 和其后的若干位数字组成，有恒转速（单位为 r/min）和表面恒线速（单位为 m/min）两种运转方式。

3) T 指令。T 指令主要用来选择刀具，由地址符 T 和其后的若干位数字组成。数控车床上一般采用四位数码指令，如 T0102 的前两位数字表示刀号，后两位数字表示刀补号。

4) 主程序和子程序的格式。当相同模式的加工在程序中多次出现时，可把这个模式编成一个程序，该程序称为子程序，原来的程序称为主程序。在主程序执行期间出现子程序执行指令时，就执行子程序；当子程序执行完毕，CNC 控制返回主程序继续执行。在子程序的结尾用 M99 以控制执行完该子程序后返回主程序。

调用子程序的格式：M98　P＿　L＿

P：被调用的子程序号。

L：重复调用次数，当不指定重复数据时，子程序只调用一次。

【考题样例】

1. 判断题

T 指令若用四位数码指令时，则前两位数字表示刀号，后两位数字表示刀补号。（　　）

参考答案：对　　适用等级：初级

2. 单项选择题

1) 辅助功能中与主轴有关的 M 指令是（　　）。

A. M06　　　　　B. M09　　　　　C. M08　　　　　D. M05

参考答案：D　　适用等级：中级

2) 程序终了时，以（　　）指令表示。

A. M00　　　　　B. M01　　　　　C. M02　　　　　D. M03

参考答案：C　　适用等级：初级

3. 多项选择题

下列叙述正确的是（　　）。

A. 子程序执行完毕后返回主程序

B. 可以有多个主程序

C. 可以有多个子程序

D. 子程序可以调用主程序

参考答案：AC　　适用等级：高级

解析：主程序调用子程序，子程序可以调用另一个子程序。

模块 10　数控机床编程

10.9 插补功能指令

【考核点】

1. 直线插补指令（G01）

G01 指令是直线插补指令。它命令刀具在两坐标轴或三坐标轴间以联动插补的方式按指定的进给速度做任意斜率的直线运动。G01 也是模态指令。

编程格式：G01 X__ Y__ Z__ F__；

X__ Y__ Z__ 为刀具目标点坐标，当使用增量方式时，X__ Y__ Z__ 为目标点相对于起始点的增量坐标；F__ 为刀具切削进给速度指令。

指令说明：

1）刀具按照 F 指令所指定的进给速度直线插补至目标点。

2）F 指令是模态指令，在没有新的 F 指令替代前一直有效。

3）各轴实际进给速度是 F 速度在该轴方向上的投影分量。

2. 圆弧插补指令（G02/G03）

编程格式：

在 XOY 平面内 G17 $\begin{Bmatrix} G02 \\ G03 \end{Bmatrix}$ X__ Y__ $\begin{bmatrix} I\_\_ J\_\_ \\ R\_\_ \end{bmatrix}$ F__；

在 ZOX 平面内 G18 $\begin{Bmatrix} G02 \\ G03 \end{Bmatrix}$ X__ Z__ $\begin{bmatrix} I\_\_ K\_\_ \\ R\_\_ \end{bmatrix}$ F__；

在 YOZ 平面内 G19 $\begin{Bmatrix} G02 \\ G03 \end{Bmatrix}$ Y__ Z__ $\begin{bmatrix} J\_\_ K\_\_ \\ R\_\_ \end{bmatrix}$ F__；

在绝对方式编程下，X__ Y__ Z__ 为圆弧的终点坐标值；在增量方式下；X__ Y__ Z__ 为圆弧终点坐标相对于圆弧起始点的增量坐标。圆弧插补指令为模态指令。

指令说明：

1）G02 表示顺时针圆弧插补；G03 表示逆时针圆弧插补。图 10-1 所示为平面选择和圆弧插补指令示意图。

2）I、J、K 为圆弧的圆心相对于圆弧起始点分别在 X、Y 和 Z 坐标轴上的增量值，与 G90 或 G91 的定义无关，I、J、K 的值为零时可以省略。

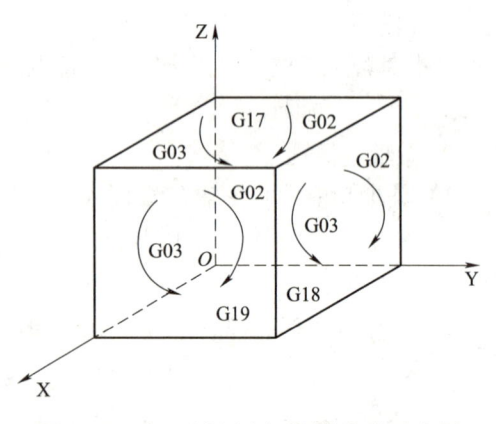

图 10-1 平面选择和圆弧插补指令示意图

3）R 是圆弧半径，当圆弧所对应的圆心角为 0°～180°时，R 取正值；当圆心角为 180°～360°时，R 取负值；R 不能用于整圆的编程，整圆编程需用 I、J、K 方式编程。

4）在同一程序段中，如果 I、J、K 与 R 同时出现则 R 有效。

【考题样例】

1. 判断题

直线插补指令 G01 的运动速度是由数控系统指定。（ ）

参考答案：错　适用等级：中级

2. 单项选择题

1) 设 G90　G01　X30　Z6；执行 G91　G01　Z15；后，Z 正方向实际移动量（　　）。
A. 9mm　　　　　　B. 21mm　　　　　　C. 15mm　　　　　　D. 22mm

参考答案：C　适用等级：初级

2) 圆弧插补指令 G03　X ＿　Y ＿　R ＿；中，X ＿　Y ＿后的值表示圆弧的（　　）。
A. 起始点坐标值　　　　　　　　　　B. 终点坐标值
C. 圆心相对于起始点的值　　　　　　D. 不确定

参考答案：D　适用等级：中级

3. 多项选择题

直线插补指令 G01 可以用来（　　）。
A. 编写孔加工程序　　　　　　　　　B. 编写平面加工程序
C. 编写端面加工程序　　　　　　　　D. 编写螺纹加工程序

参考答案：ABC　适用等级：高级

10.10　进给功能指令

【考核点】

1. 快速定位指令（G00）

编程格式：G00　X ＿　Y ＿　Z ＿；

X ＿　Y ＿　Z ＿为刀具目标点坐标，当使用增量方式时，X ＿　Y ＿　Z ＿为目标点相对于起始点的增量坐标。G00 是模态指令。

指令说明：

1) 刀具以各轴内定的速度由起始点（当前点）快速移动到目标点。
2) 刀具运动轨迹与各轴快速移动速度有关。
3) 刀具在起始点开始加速至预定的速度，到达目标点前减速定位。

2. 进给功能 F 指令

F 指令用来指定各运动坐标轴及其任意组合的进给量或螺纹导程。该指令是续效代码，有两种表示方法：

1) 代码法。即 F 后跟两位数字，这些数字不直接表示进给速度的大小，而是机床进给速度数列的序号。

2) 直接指定法。即 F 后面跟的数字就是进给速度的大小。一是以每分钟进给距离的形式指定刀具切削进给速度（每分钟进给量），用 F 字母和它后面的数值表示，单位为"mm/min"；二是以主轴每转进给量规定的速度（每转进给量），单位为"mm/r"。

3. 进给暂停指令 G04

编程格式：G04　P ＿或 G04　X(U) ＿；

X（U）：单位为 s

P：单位为 ms

【考题样例】

1. 判断题

G91 G00 X30.0 Y-20.0；表示刀具快速向 X 正方向移动 30mm，Y 负方向移动 20mm。（ ）

参考答案：对 适用等级：初级

2. 单项选择题

1）G00 指令的移动速度值是（ ）。

A. 机床参数指定 B. 数控程序指定 C. 操作面板指定 D. 编程人员指定

参考答案：A 适用等级：高级

解析：数控机床中 G00 指令移动速度值是由机床参数指定。

2）数控机床的 F 功能常用（ ）单位。

A. m/min
B. mm/min 或 mm/r
C. m/r
D. cm/r

参考答案：B 适用等级：初级

3. 多项选择题

若数控机床暂停 3s，数控编程指令正确的是（ ）。

A. G04 X3 B. G04 X300 C. G04 U300 D. G04 U3000

参考答案：AD 适用等级：中级

10.11 机床参考点指令 G28/G29/G30

【考核点】

1. 自动返回参考点指令（G28/G30）

编程格式：

G28 X__ Y__ Z__；返回第 1 参考点

G30 X__ Y__ Z__；返回第 2 参考点

X__ Y__ Z__ 为返回过程中经过的中间点的坐标值，其坐标值可以用增量值，也可以用绝对值，但需用 G91 指令或 G90 指令来指定。

编程说明：

1）执行这条指令时，可以使刀具以点位方式经中间点返回到参考点，中间点的位置由该指令后的 X__ Y__ Z__ 决定。

2）G28 指令一般用于自动换刀，所以使用 G28 指令时，应先取消刀具的补偿功能。

2. 自动从参考点返回指令（G29）

功能：使刀具由机床参考点经过中间点到达目标点。

编程格式：G29 X__ Y__ Z__；

X__ Y__ Z__ 为从参考点返回后刀具所到达的终点坐标。可用 G91/G90 指令来决定该值是增量值还是绝对值。如果是增量值，则该值是指刀具终点相对于 G28 指令所指中间点的增量值。

指令说明：

1) 这条指令一般紧跟在 G28 指令后使用，程序中的 X、Y、Z 坐标值是执行完 G29 后，刀具应到达的坐标点。

2) 它的动作顺序是从参考点快速到达 G28 指令的中间点，再从中间点移动到 G29 指令的点定位，其动作与 G00 动作相同。

【考题样例】

1. 判断题

数控机床执行 G28 指令时，直接返回机床参考点。（　　）

参考答案：错　适用等级：初级

2. 单项选择题

1) 数控编程使用 G28 指令时（　　）。
A. 必须先取消刀具半径补偿
B. 必须先取消刀具长度补偿
C. 半径补偿和长度补偿都必须取消
D. 半径补偿和长度补偿两者都不必要取消

参考答案：C　适用等级：中级

2) 程序：%1234
G54
G00 X200 Y300
G28 G90 X1000.0 Y500.0
T6
M06
G29 X1300.0 Y200.0
M30

刀具最终达到的位置是（　　）。
A. X200 Y300　　　　　　　　B. X1000.0 Y500.0
C. 参考点　　　　　　　　　　D. X1300.0 Y200.0

参考答案：D　适用等级：高级

3. 多项选择题

关于指令 G28 和指令 G29 叙述正确的是（　　）。
A. G28 是使刀具经过中间点达到参考点
B. G29 是使刀具由机床参考点经过中间点到达目标点
C. G29 是使刀具经过中间点达到参考点
D. G28 是使刀具由机床参考点经过中间点到达目标点

参考答案：AB　适用等级：高级

10.12 坐标系指令 G54~G59、G53 与坐标平面选择指令 G17/G18/G19

【考核点】

1. 坐标系指令

通过对刀设定的工件坐标系在编程时，可通过工件坐标系零点偏移指令 G54~G59 在程序中得到体现。工件坐标系零点偏移指令可通过 G53 指令来取消。工件坐标系零点偏移取消后，程序中使用的坐标系为机床坐标系。

2. 坐标平面选择指令

坐标平面选择 G17/G18/G19 指令用于圆弧插补、刀具半径补偿、旋转变换等操作中加工平面选择。G17：XOY 平面；G18：ZOX 平面；G19：YOZ 平面。G17、G18、G19 为模态功能，可相互注销。

【考题样例】

1. 判断题

移动指令与平面选择无关。例如指令 G17 G01 Z10，Z 坐标轴仍然会移动。（　　）

参考答案：对　　适用等级：中级

2. 单项选择题

1）工件坐标系零点偏移指令可通过（　　）指令来取消。

A. G53　　　　　　B. G54　　　　　　C. G55　　　　　　D. G59

参考答案：A　　适用等级：初级

2）某加工程序中的一个程序段为：N006 G91 G18 G94 G02 X30 Y35 I30 F100；该程序段的错误在于（　　）。

A. 不应该用 G91　　B. 不应该用 G18　　C. 不应该用 G94　　D. 不应该用 G02

参考答案：B　　适用等级：高级

3. 多项选择题

下列有关坐标平面选择指令的说法正确的有（　　）。

A. G17 表示 XOY 平面选择　　　　　　B. G18 表示 YOZ 平面选择
C. G18 表示 XOZ 平面选择　　　　　　D. G19 表示 YOZ 平面选择

参考答案：ACD　　适用等级：初级

10.13 坐标与尺寸单位指令

【考核点】

1. 绝对坐标与增量坐标指令（G90/G91）

在 ISO 代码中，绝对坐标指令用 G 代码 G90 来表示，增量坐标（也称为相对坐标）指令用 G 代码 G91 来表示，G90 与 G91 属于同组模态指令，系统默认指令是 G90。

2. 米、英制编程指令（G21/G20）

G21 指令表示米制，G20 指令表示英制。

【考题样例】

1. 判断题

G20/G21 是用来选择加工 G 代码中输入数据的单位，还能改变 HMI 界面上显示的数据单位。（　　）

参考答案：错　　适用等级：中级

2. 单项选择题

1）当数控机床执行 G91 G01 X-60.0 Y40.0 程序时，表示数控机床（　　）。

A. 刀具按进给速度移至机床坐标系 $X=-60mm$、$Y=40mm$ 点

B. 刀具快速移至机床坐标系 $X=-60mm$、$Y=40mm$ 点

C. 刀具快速向 X 负方向移动 60mm，Y 正方向移动 40mm

D. 编程错误

参考答案：C　　适用等级：初级

2）%0007
G54
G01 X10 Y10 Z10
G20
X2　Y2　Z2
M30

程序中 X2　Y2　Z2 的单位是（　　）。

A. in　　　　　　B. mm　　　　　　C. cm　　　　　　D. m

参考答案：A　　适用等级：初级

3. 多项选择题

数控程序编制中关于绝对坐标与增量坐标指令叙述错误的是（　　）。

A. 程序中只能用指令 G90

B. 程序中只能用指令 G91

C. 指令 G90、G91 在同一个程序可以混合使用

D. 子程序中不可以使用指令 G91

参考答案：ABD　　适用等级：初级

10.14　刀具补偿功能指令

【考核点】

1. 刀具半径补偿指令（G41、G42、G40）

编程格式：

G41　G01/G00　X__　Y__　F__　D__；
G42　G01/G00　X__　Y__　F__　D__；
G40　G01/G00　X__　Y__；

其中，G41 为刀具半径左补偿；G42 为刀具半径右补偿；G40 为取消刀具半径补偿；X、Y 为建立或取消刀具半径补偿的终点坐标值；D 为刀具偏置代号地址字，后面一般为两位数

字的代号。

2. 刀具长度补偿指令（G43、G44、G49）

G43 为刀具长度正补偿指令；G44 为刀具长度负补偿指令；G49 为取消刀具长度补偿指令。

指令格式：

G01（G00）G43（G44）Z＿＿ H＿＿；

指令说明：

1) Z 为编程值，H 为长度补偿值的寄存器号码。

2) 使用 G43、G44 指令时，无论用绝对方式还是用增量方式编程，程序中指定的 Z 坐标轴移动的终点坐标值，都要与 H 所指定寄存器中的偏移量进行运算，G43 时相加，G44 时相减，然后把运算结果作为终点坐标值进行加工。G43、G44 均为模态指令。

【考题样例】

1. 判断题

加工曲线轮廓时，对于有刀具半径补偿的数控系统，只需要按照刀具中心的轮廓曲线编程。（　　）

参考答案：错　适用等级：中级

2. 单项选择题

1) 沿刀具前进方向观察，刀具偏在工件轮廓的左边是（　　）指令。

A. G40　　　　　B. G41　　　　　C. G42　　　　　D. G43

参考答案：B　适用等级：初级

解析：假设工件不动，沿着刀具的运动方向看，刀位于工件左侧的刀具半径补偿，称为刀具半径左补偿。

2) 刀具长度补偿值的地址用（　　）。

A. D　　　　　B. H　　　　　C. R　　　　　D. J

参考答案：B　适用等级：初级

3. 多项选择题

下列程序段可以成功建立刀具半径补偿的有（　　）。

A. G00　G41　X25　Y0　D01
B. G00　G40　X25　Y0　D01
C. G02　G41　X25　Y0　D01　R10
D. G01　G42　X25　Y0　D01

参考答案：AD　适用等级：初级

10.15　固定循环指令

【考核点】

1. 内（外）径粗车复合循环指令（G71）

编程格式：G71 U(Δd) R(r) P(ns) Q(nf) X(Δx) Z(Δz) F(f) S(s) T(t)；

其中，Δd 为背吃刀量（每次切削量），指定时不加符号；r 为每次退刀量；ns 为精加工路径第一程序段的程序段号；nf 为精加工路径最后程序段的程序段号；Δx 为 X 方向精加工余量；Δz 为 Z 方向精加工余量；粗加工时指令 G71 中的 F、S、T 有效，而精加工时处于 ns 到 nf 程序段之间的 F、S、T 有效。

2. 端面粗车复合循环指令（G72）

编程格式：G72　W(Δd)　R(r)　P(ns)　Q(nf)　X(Δx)　Z(Δz)　F(f)　S(s)　T(t)；

其中，Δd 为背吃刀量（每次切削量），指定时不加符号；r 为每次退刀量；ns 为精加工路径第一程序段的程序段号；nf 为精加工路径最后程序段的程序段号；Δx 为 X 方向精加工余量；Δz 为 Z 方向精加工余量；粗加工时指令 G72 中的 F、S、T 有效，而精加工时处于 ns 到 nf 程序段之间的 F、S、T 有效。

3. 闭环车削复合循环指令（G73）

编程格式：G73　U(ΔI)　W(ΔK)　R(r)　P(ns)　Q(nf)　X(Δx)　Z(Δz)　F(f)　S(s)　T(t)；

其中，ΔI 为 X 方向的粗加工总余量；ΔK 为 Z 方向的粗加工总余量；r 为粗切削次数；ns 为精加工路径第一程序段的程序段号；nf 为精加工路径最后程序段的程序段号；Δx 为 X 方向精加工余量；Δz 为 Z 方向精加工余量；

粗加工时指令 G73 中的 F、S、T 有效，而精加工时处于 ns 到 nf 程序段之间的 F、S、T 有效。

4. 螺纹切削复合循环指令（G76）

编程格式：G76　C(c)　R(r)　E(e)　A(a)　X(x)　Z(z)　I(i)　K(k)　U(d)　V(Δd_{min})　Q(Δd)　P(p)　F(L)；

其中，c 为精整次数（1~99），为模态值；r 为螺纹 Z 向退尾长度，为模态值；e 为螺纹 X 向退尾长度，为模态值；a 为刀尖角度（两位数字），为模态值，取值要大于 10°且小于 80°；x、z 在绝对值编程时，为有效螺纹终点的坐标；在增量值编程时，为有效螺纹终点相对于循环起点的有效距离（用 G91 指令定义为增量编程，用 G90 指令定义为绝对编程）；i 为螺纹两端的半径差；如 i=0，为直螺纹（圆柱螺纹）切削方式；k 为螺纹高度；该值由 X 坐标轴方向上的半径值指定；Δd_{min} 为最小背吃刀量（半径值），当第 n 次背吃刀量小于 Δd_{min} 时，则背吃刀量设定为 Δd_{min}；d 为精加工余量（半径值）；Δd 为第一次背吃刀量（半径值）；p 为主轴基准脉冲处距离切削起始点的主轴转角；L 为螺纹导程。

5. 数控铣床/加工中心钻孔固定循环指令

铣床钻孔固定循环指令见表 10-1。

本部分仅列举部分指令格式及其参数的含义。

1）钻孔循环（中心钻）（G81）。该循环用作正常钻孔。切削进给执行到孔底，然后刀具从孔底快速移动退回。

编程格式：(G98/G99) G17 (G18/G19) G81 X__ Y__ Z__ R__ F__ L__；

其中，X、Y 为绝对编程（G90）时孔中心在 *XOY* 平面内的坐标位置；Z 为绝对编程（G90）时孔底的 Z 坐标值；R 为绝对编程（G90）时参考点 *R* 的坐标值；F 为切削进给

表 10-1　铣床钻孔固定循环指令

指　令	加工动作	孔底动作	退刀动作	功　能
G73	间歇进给	—	快速进给	钻深孔
G74	切削进给	暂停、主轴正转	切削进给	攻左旋螺纹
G76	切削进给	主轴准停	快速进给	精镗孔
G80	—		—	取消固定循环
G81	切削进给	—	快速进给	钻孔
G82	切削进给	暂停	快速进给	钻孔与锪孔
G83	间歇进给		快速进给	钻深孔
G84	切削进给	暂停、主轴反转	切削进给	攻右旋螺纹
G85	切削进给	—	切削进给	铰孔
G86	切削进给	主轴停	快速进给	镗孔
G87	切削进给	主轴正转	快速进给	反镗孔
G88	切削进给	暂停、主轴停	手动	镗孔
G89	切削进给	暂停	切削进给	镗孔

速度；L 为重复次数（L=1 时可省略，一般用于多孔加工，故 X 或 Y 应为增量值）。

2）带停顿的钻孔循环（G82）。此指令主要用于加工沉孔、不通孔，以提高孔深精度。该指令除了要在孔底暂停外，其他动作与 G81 相同。

编程格式：（G98/G99）G17（G18/G19）G82 X＿ Y＿ Z＿ R＿ F＿ L＿；

其中，X、Y 为绝对编程（G90）时孔中心在 XOY 平面内的坐标位置；Z 为绝对编程（G90）时孔底的 Z 坐标值；R 为绝对编程（G90）时参考点 R 的坐标值；F 为切削进给速度。L 为重复次数（L=1 时可省略，一般用于多孔加工，故 X 或 Y 应为增量值）。

3）钻孔固定循环取消（G80），该指令用于取消钻孔固定循环。

编程格式：G80；

说明：

1）取消所有钻孔固定循环，之后恢复正常操作。

2）R 平面和 Z 平面取消。

3）其他钻孔参数数据也被取消。

【考题样例】

1. 判断题

在执行不包含 X、Y、Z 移动轴指令的钻孔固定循环程序段时，本行将不产生刀具移动，但是当前行的循环参数模态值将被取消。（　　）

参考答案：错　　适用等级：高级

解析：指令 G80 用于取消钻孔固定循环。

2. 单项选择题

1）（　　）指令是端面加工循环指令，主要用于端面加工。

A. G72　　　　　　B. G73　　　　　　C. G74　　　　　　D. G75

参考答案：A　适用等级：初级

2) 钻孔循环指令中（　　）指令可以使钻头在孔底部停留一定时间。
A. G73　　　　　　B. G80　　　　　　C. G81　　　　　　D. G82

参考答案：D　适用等级：初级

3. 多项选择题

数控机床执行完孔加工循环指令时，确定刀具退回位置的指令是（　　）。
A. G96　　　　　　B. G97　　　　　　C. G98　　　　　　D. G99

参考答案：CD　适用等级：中级

10.16　用户宏程序

【考核点】

1. 变量

用户宏程序不允许直接使用变量名，变量用变量符号（#）和后面的变量号指定。

（1）局部变量　局部变量是指在宏程序内部使用的变量，即在当前时刻下调用宏程序 A 中使用的局部变量#i 与另一时刻下调用宏程序 A 中使用的#i 不同。系统提供#0~#49 为局部变量，它们的访问属性为可读可写。

（2）全局变量　与局部变量不同，全局变量在主程序调用各子程序以及各子程序、各宏程序之间通用，其值不变。系统提供#50~#199 为全局变量，它们的访问属性为可读可写。

（3）系统变量　系统变量是在系统中用途被固定的变量，其属性共有 3 类：只读、只写、可读可写，根据各系统变量而属性不同。

2. 运算指令

FANUC 系统运算指令见表 10-2。

表 10-2　FANUC 系统运算指令

运算种类	运算指令	含　义
算术运算	#i = #i+#j	加法运算，#i 加#j
	#i = #i-#j	减法运算，#i 减#j
	#i = #i * #j	乘法运算，#i 乘#j
	#i = #i/#j	除法运算，#i 除#j
条件运算	#i EQ #j	等于判断（=）
	#i NE #j	不等于判断（≠）
	#i GT #j	大于判断（>）
	#i GE #j	大于等于判断（≥）
	#i LT #j	小于判断（<）
	#i LE #j	小于等于判断（≤）
逻辑运算	#i = #i&#j	与逻辑运算
	#i = #i | #j	或逻辑运算
	# = ~#i	非逻辑运算

(续)

运算种类	运算指令	含 义
函数	#i = SIN [#i]	正弦（单位：弧度）
	#i = ASIN [#i]	反正弦
	#i = COS [#i]	余弦（单位：弧度）
	#i = ACOS [#i]	反余弦
	#i = TAN [#i]	正切（单位：弧度）
	#i = ATAN [#i]	反正切
	#i = ABS [#i]	绝对值
	#i = INT [#i]	取整（向下取整）
	#i = SIGN [#i]	取符号
	#i = SQRT [#i]	开方
	#i = POW [#i]	平方
	#i = LOG [#i]	对数
	#i = RECIP [#i]	倒数
	#i = EXP [#i]	指数，以 e（2.718）为底数的指数
	#i = ROUND [#i]	四舍五入
	#i = FIX [#i]	向下取整
	#i = FUP [#i]	向上取整

3. 宏语句

（1）赋值语句 把常数或表达式的值传送给一个宏变量称为赋值，这条语句称为赋值语句，如#2 = 175/SQRT[2] * COS[55 * PI/180]或#3 = 124.0。

（2）条件判断语句 HNC 系统支持两种条件判断语句。

类型 1 编程格式：

IF［条件表达式］

…

ENDIF

类型 2 编程格式：

IF［条件表达式］

…

ELSE

…

ENDIF

（3）循环语句

编程格式：

WHILE［条件表达式］

…

ENDW

当把 WHILE 中的条件表达式永远写成真即可实现无限循环，如：
WHILE [TRUE]; 或 WHILE [1];
…
ENDW

（4）无条件转移语句　使用 GOTO 可以跳转到指定标号处，GOTO 后跟数字（格式为：GOTO __），例如 GOTO4 将跳转到 N4 程序段（该程序段头必须写 N4）。

4. 嵌套

IF 语句最多支持 6 层嵌套调用，大于 6 层系统将报错；

WHILE 语句最多支持 6 层嵌套调用，大于 6 层系统将报错；

系统支持 IF 语句与 WHILE 语句混合使用，但是必须满足 IF-ENDIF 与 WHILE-ENDW 的匹配关系。如下面这种调用方式，系统将报错。

IF [条件表达式 1]
WHILE [条件表达式 2]
ENDIF
ENDW

【考题样例】

1. 判断题

程序为:%1234
G54
G01 X10 Y10
X [#1] Y30
M30

数控机床执行以上程序时，工件坐标系坐标值为（0，30）。（　　）

参考答案：对　适用等级：高级

解析：系统中未定义的变量，其值默认为 0。

2. 单项选择题

1) 宏程序中#110 属于（　　）。
A. 局部变量　　　　B. 系统变量　　　　C. 全局变量　　　　D. 常数

参考答案：C　适用等级：中级

2) 在变量使用中，下面（　　）的格式是对的。
A. O#1　　　　B. /#2 G00 X100.0　　　　C. N#3 X200.0　　　　D. #5 = #1 − #3

参考答案：D　适用等级：初级

3. 多项选择题

在宏程序中，变量可分为（　　）。
A. 局部变量　　　　B. 全局变量　　　　C. 系统变量　　　　D. 随机变量

参考答案：ABC　适用等级：高级

模块 11

数控加工工艺

11.1 数控机床的选用

【考核点】

数控机床较好地解决了复杂、精密、小批量、多品种零件的加工。选用数控机床时，应对其类型、规格、性能、特点、用途和应用范围进行具体了解。

1）机床类型的选择。应根据零件加工表面形状和加工位置选择数控机床的类型，如回转特征的轴类和套类零件选用数控车床加工，以平面与孔加工为主时适用于数控镗铣床加工，多工种、多工序的加工可采用加工中心，复杂轮廓的加工则可选用多轴数控机床。

2）机床规格选择。它是指对机床主要技术性能参数的选择。应根据零件外形尺寸选择合适的工作台面和进给坐标行程；根据加工表面的复杂程度选择合理的控制轴数和联动轴数。

3）机床精度选择。机床的精度指标主要有几何精度、位置精度和传动精度，其中位置精度中的定位精度和重复定位精度反映了坐标轴运动部件的综合精度。

4）机床的选择应与工厂现有条件相适应。数控机床应根据工厂实际情况，本着经济、实用原则选择。

【考题样例】

1. 判断题

1）金属切削数控机床适用于所有一般零件的加工。（　　）

　　　　　　　　　　　　　　　　　　　　参考答案：对　适用等级：初级

2）数控加工工艺系统由金属切削机床、刀具、夹具和工件四个要素组成。（　　）

　　　　　　　　　　　　　　　　　　　　参考答案：对　适用等级：初级

2. 单项选择题

1）下面对数控加工工艺系统组成部分叙述错误的是（　　）。

A. 采用数控技术或说装备了数控系统的机床，称为数控机床

B. 在机械制造中,用于装夹工件(和引导刀具)的装置统称为夹具
C. 刀具是实现数控加工的纽带
D. 工件是数控加工的对象

参考答案:C 适用等级:中级

2)数控机床按工艺用途分类不包括( )。
A. 金属切削类数控机床   B. 数控一般加工机床
C. 金属成形类数控机床   D. 数控特种加工机床

参考答案:B 适用等级:初级

3. 多项选择题

数控铣床按功能和特征可以分为( )。
A. 简易型数控铣床   B. 特种数控铣床
C. 普通数控铣床   D. 数控工具铣床
E. 数控仿形铣床

参考答案:ACDE 适用等级:初级

11.2 数控机床常用夹具及选择

【考核点】

在数控机床上加工工件时,需要采用定位、夹紧的方式来保证加工精度及工件的装夹,而用于装夹工件的工艺装备就称为机床夹具。

1. 机床夹具的作用与种类

机床夹具在定位的基础上,同时具备的作用有保证工件加工精度、扩大机床工艺范围、提高生产率、减轻劳动强度。

机床夹具按使用机床类型分为车床夹具、铣床夹具、钻床夹具、镗床夹具、加工中心夹具等;按驱动夹具工作的动力源不同可分为手动夹具、气动夹具、液压夹具、电动夹具等;按其专门化程度不同可分为通用夹具、专用夹具、可调夹具、组合夹具、随行夹具等。

2. 机床夹具的要求

数控加工对机床夹具的要求有:一是保证机床夹具本身在机床上安装准确;二是要能协调工件和机床坐标系的尺寸关系。

【考题样例】

1. 判断题

1)数控加工时,零件夹紧后就完全定位了。( )

参考答案:错 适用等级:中级

2)偏心夹紧机构自锁性能好、生产率高。( )

参考答案:错 适用等级:初级

解析:斜楔夹紧机构是利用机械摩擦的原理来夹紧工件,夹紧力较小,操作不方便,一般需要配合其他机构联合使用。螺旋夹紧机构采用螺旋直接夹紧或采用螺旋与其他元件组合实现夹紧,具有结构简单、夹紧力大、自锁性好和制造方便等特点,适用于手动夹紧;缺点则是夹紧动作较慢。偏心夹紧机构是采用偏心件直接或间接夹紧工件的机构,其操作简单、

夹紧动作快，夹紧力和夹紧行程小，一般用于夹紧力要求不大、没有振动或振动较小、没有离心力的场合。

2. 单项选择题

1）下列（　　）不是数控车床的夹具。

A. 自定心卡盘　　　　　　　　　　B. 软爪

C. 台虎钳　　　　　　　　　　　　D. 可调卡爪式卡盘

参考答案：C　适用等级：初级

解析：数控车床主要加工回转体类零件，夹具通常采用自定心卡盘、软爪、可调卡爪式卡盘或单动卡盘及顶尖。数控铣床、加工中心的常用夹具有斜楔夹紧机构、螺旋夹紧机构、偏心夹紧机构，典型代表是台虎钳。

2）下列有关夹紧力的说法不正确的是（　　）。

A. 夹紧力的作用点应落在定位元件的支承范围内

B. 夹紧力的作用点应落在工件刚性较好的方向和部位

C. 夹紧力的作用点尽量靠近工件的加工表面

D. 夹紧力越大越好，以便保证工件的稳固性

参考答案：D　适用等级：中级

解析：夹具在夹紧工件时要把握的原则是：夹紧力的作用点应落在定位元件的支承范围内；夹紧力的作用点应落在工件刚性较好的方向和部位；夹紧力的作用点尽量靠近工件的加工表面；夹紧力以保证工件稳固夹紧为宜，不宜过大，也不宜过小。

3. 多项选择题

1）下面叙述正确的是（　　）。

A. 单件小批量生产时，优先选用组合夹具

B. 在成批生产时，应采用专用夹具，并力求结构简单

C. 零件的装卸要快速、方便、可靠，以缩短机床的停顿时间

D. 数控加工用于单件小批量生产时，一般采用专用夹具

E. 使用螺旋机构设计的夹具，夹紧力大，具有自锁性，适用于手动夹紧

参考答案：ABCE　适用等级：中级

2）下列有关夹紧力的说法正确的是（　　）。

A. 夹紧力的方向应尽可能朝向主要限位面

B. 夹紧力的作用点尽量靠近工件的加工表面

C. 夹紧力的作用点应落在定位元件的支承范围内

D. 夹紧力的作用点应落在工件刚性较好的方向和部位

E. 夹紧力越大越好，以便保证工件的稳固性

参考答案：ABCD　适用等级：中级

11.3　切削用量选用原则

【考核点】

数控机床上安装的刀具首先要能保证刀具寿命能够加工完一个零件，或保证刀具寿命不低于一个工作班，最少不低于半个工作班，确保加工的连续性。

1）粗加工时切削用量的选用原则：首先选取尽可能大的背吃刀量；其次根据机床动力和刚性限制条件等，选取尽可能大的进给量；最后根据刀具寿命确定最佳的切削速度（主轴速度）。

2）精加工时切削用量的选用原则：首先根据粗加工后的加工余量确定背吃刀量；其次根据表面粗糙度选取较小的进给量；最后在保证刀具寿命的前提下确定最佳的切削速度（主轴速度）。

【考题样例】

1. 判断题

1）粗加工时选择大的背吃刀量、大的进给量和小的切削速度。（　　）

参考答案：错　适用等级：初级

2）数控机床加工时选择刀具的切削角度与普通机床加工时是不同的。（　　）

参考答案：错　适用等级：中级

解析：刀具的切削角度主要考虑的是工件材料、毛坯状况、刀具材料、刀具厂商推荐数据等综合信息，与设备是否为普通机床无直接关系。

2. 单项选择题

1）背吃刀量主要受机床刚度的制约，在机床刚度允许的情况下，尽可能使背吃刀量等于工序的（　　）。

A. 实际余量　　　　B. 设计余量　　　　C. 工序余量　　　　D. 加工余量

参考答案：C　适用等级：初级

2）确定切削参数，应该是在保证加工质量要求以及工艺系统刚性允许的情况下，充分利用机床功率和发挥刀具切削性能时的（　　）。

A. 最大切削量　　　B. 最小切削量　　　C. 一般切削量　　　D. 允许切削量

参考答案：C　适用等级：中级

3. 多项选择题

1）在保证加工质量和刀具寿命的前提下，关于正确选择切削用量的叙述正确的是（　　）。

A. 工作环境不是确定切削参数应考虑的因素

B. 充分发挥机床性能和刀具切削性能

C. 加工成本最低

D. 背吃刀量主要受机床刚度的制约，在机床刚度允许的情况下，尽可能使背吃刀量等于工序的工序余量

E. 使切削效果最高

参考答案：BCDE　适用等级：中级

2）由于现代数控加工的多样性和复杂性以及使用种类繁多的数控刀具，确定最为合理的切削用量需要综合考虑的因素有（　　）。

A. 工件材料　　　　B. 毛坯状况　　　　C. 生产纲领

D. 刀具厂商推荐数据　　　　　　　　E. 技术人员

参考答案：ABCD　适用等级：中级

解析：由于现代数控加工的多样性和复杂性以及使用种类繁多的数控刀具，需根据工件材料、毛坯状况、刀具材料、刀具厂商推荐数据等做出综合评价，确定最为合理的切削用量。

11.4 切削液选择

【考核点】

在机械加工中，常用的切削液可分为水溶液、乳化液和切削油。水溶液是以水为主要成分的切削液。水的导热能力好，冷却效果好，但容易使金属生锈，因此常加入防锈添加剂、表面活性物质等。乳化液具有良好的冷却作用，但润滑、防锈效果差，也常加入一定量的添加剂，以增加防锈和润滑功能。切削油主要成分是矿物油，润滑效果较差，也通过添加油性添加剂等提升润滑和防锈作用。

合理选择切削液可改善工件与刀具之间的摩擦状况，降低切削力和切削温度，减轻刀具磨损，减少工件的热变形，从而达到提高刀具寿命、加工效率和加工质量的目的。切削液作用主要有冷却作用、润滑作用、排屑作用、防锈作用、清洗式洗涤作用。

【考题样例】

1. 判断题

机械加工中都需要使用切削液，与加工材料、刀具等无关系。（   ）

参考答案：错　　适用等级：初级

2. 单项选择题

1）下列（   ）不属于切削液的作用。

A. 增大切削力的作用　　　　　　　B. 冷却作用
C. 润滑和防锈作用　　　　　　　　D. 排屑和洗涤作用

参考答案：A　　适用等级：初级

2）在粗加工时，主要考虑选用冷却功能的切削液是（   ）。

A. 水溶液　　　B. 乳化液　　　C. 切削油　　　D. 矿物油

参考答案：A　　适用等级：初级

3. 多项选择题

下列（   ）属于切削液作用。

A. 增大切削力的作用　　　　　　　B. 冷却作用
C. 润滑和防锈作用　　　　　　　　D. 排屑作用
E. 洗涤作用

参考答案：BCDE　　适用等级：初级

11.5 刀具进给路线设计

【考核点】

刀具进给路线是指刀具刀位点相对于工件进给运动的轨迹和方向，即刀具从刀位点开始运动起，直至加工结束所经过的路径，包括切削加工的路径及刀具切入、切出等非切削空行程。精加工的进给路线基本上都是沿零件轮廓的顺序进行的，因此重点是粗加工及空行程的进给路线。确定刀具进给路线的原则如下。

1) 规划安全的刀具进给路线，保证刀具切削加工的正常进行。安全问题是首要地位，即刀具在快速的点定位过程中与障碍物或工件的碰撞问题，因此要确保快速点定位与轮廓间有足够的安全间隙，避免点定位路径中有障碍物，避免刀具与工件碰撞。

2) 规划适当的刀具进给路线，保证加工零件满足加工质量要求。需要注意以下几个方面：设计合理的刀具进给路线，保证尺寸精度；设计加工中有利于保持工艺系统刚度的刀具进给路线；设计保证工件表面质量的刀具进给路线；设计保证螺纹加工质量的刀具进给路线。

3) 规划最短的刀具进给路线，减少走刀的时间，提高加工效率。具体总结为：设计尽量短的点定位路线；设计尽量短的进给切削路线。

【考题样例】

1. 判断题

1) 刀具进给路线主要是指粗加工及空行程进给路线，精加工的进给路线基本上都是沿零件轮廓的顺序进行的，不做主要考虑。（　　）

参考答案：错　适用等级：中级

2) 刀具进给路线的设计主要是考虑加工的安全和质量，不需要考虑加工效率问题。（　　）

参考答案：错　适用等级：初级

2. 单项选择题

1) 进给路线是刀具在整个加工工序中相对于工件的（　　），它不但包括了工步的内容，而且也反映出工步的顺序。

A. 走刀轨迹　　　　B. 运动距离　　　　C. 运动轨迹　　　　D. 位移路线

参考答案：C　适用等级：初级

2) 在确定零件加工时进给路线时，下列需要遵循的原则不正确的是（　　）。

A. 保证零件的加工精度和表面粗糙度

B. 使进给路线最短，减少刀具空运行时间，提高工作效率

C. 最终轮廓分多次进给精加工完成

D. 合理安排零件的加工顺序

参考答案：C　适用等级：中级

3) 下面叙述错误的是（　　）。

A. 点位加工的数控机床，应尽可能缩短进给路线，以减少空程时间，提高加工效率

B. 为保证工件轮廓表面加工后的粗糙度要求，最终轮廓应安排最后一次进给连续加工

C. 刀具的进退刀路线需认真考虑，要尽量避免在轮廓处起刀或切入切出工件，以免留下刀痕

D. 回转体类零件的加工一般采用数控车床或数控磨床加工

参考答案：C　适用等级：高级

解析：刀具的进退刀路线需认真考虑，结合工件特点，要尽量在轮廓处起刀或切入切出工件，以免留下刀痕。

模块 11　数控加工工艺

3. 多项选择题

在确定零件加工时进给路线时，下列需要遵循的原则正确的有（　　）。

A. 对于图样中的未注尺寸按 IT14 级给定
B. 在刀具允许的情况下采用尽可能大的背吃刀量
C. 合理安排零件的加工顺序
D. 最终轮廓分多次进给精加工完成
E. 使进给路线最短，减少刀具空运行时间，提高工作效率

参考答案：BCE　　适用等级：高级

11.6　数控加工工序专用技术文件

【考核点】

数控加工是由传统机械加工发展而来，故数控加工工艺规程的制定及格式与传统机械加工相似。常用的数控加工工序专用技术文件有数控加工工序卡片、数控刀具调整单、数控加工程序说明卡片、数控加工进给路线图、数控加工程序单等。

1）数控加工工序卡片是编制加工程序的主要依据和操作人员进行数控加工的主要指导性工艺文件。它主要包括工步顺序、工步内容、刀具编号及规格、切削用量的确定等。程序内容为数控加工程序单的内容。具体填写方法请参见数控加工教材与数控车铣 1+X 职业技能等级证书（数控车铣加工）系列教材。

2）数控刀具调整单主要包括数控刀具卡片和数控刀具明细表。刀具卡片主要反映刀具编号、刀具结构、刀具规格、组合件名称代号、刀片型号和材料等，其是组装刀具和调整刀具的依据。

3）数控加工程序单一般包括产品名称、程序编号、所用机床、零件的预制件形式和材料及零件加工数等。程序部分包括工序号、程序段号、程序内容、备注等。

4）程序说明卡片与加工进给路线图主要用于向操作人员详细说明，确保加工信息准确表达。

【考题样例】

1. 判断题

1）数控加工前对工件进行工艺设计是必不可少的准备工作。（　　）

参考答案：对　　适用等级：初级

2）程序说明卡片与加工进给路线图主要用于向操作人员详细说明，确保加工信息准确表达。（　　）

参考答案：对　　适用等级：初级

2. 单项选择题

1）（　　）是对工件进行数控加工的前期准备工作，其必须在程序编制之前完成。

A. 工艺设计　　　　B. 零件加工　　　　C. 材料准备　　　　D. 加工费用

参考答案：A　　适用等级：初级

2）在数控加工工序卡片中，最主要完成的内容是（　　）。

A. 编程原点与对刀点　　　　　　　　B. 编程简要说明

C. 工艺过程安排　　　　　　　　　D. 数控切削用量

参考答案：C　适用等级：中级

3. 多项选择题

1) 下列属于数控加工工序专用技术文件的是（　　）。
A. 加工工艺过程卡片　　　　　　　B. 数控刀具调整单
C. 数控加工程序单　　　　　　　　D. 程序说明卡片
E. 加工进给路线图

参考答案：BCDE　适用等级：中级

2) 在数控加工工序卡片中，应包括（　　）等内容。
A. 程序内容　　　B. 刀具规格　　　C. 工步内容
D. 切削用量　　　E. 设备规格

参考答案：BCDE　适用等级：中级

11.7　数控车削加工工艺

【考核点】

1. 数控车床的种类

按主轴位置分为卧式数控车床、立式数控车床。

按可控轴数分为：

1) 两轴控制的数控车床。车床上只有一个回转刀架，可实现两坐标轴控制。
2) 四轴控制的数控车床。车床上有两个独立的回转刀架，可实现四坐标轴控制。

按系统功能分为经济型数控车床、全功能型数控车床、车削加工中心。

2. 数控车削的加工对象

数控车床主要功能有直线插补、圆弧插补、车削固定循环、恒线速度车削、刀具补偿等。主要加工对象为：

1) 精度要求高的回转体类零件。
2) 表面粗糙度值小的回转体类零件。
3) 轮廓形状复杂的零件。
4) 带横向加工的回转体类零件。
5) 带特殊螺纹的回转体类零件。

3. 切削用量的选择

数控车削加工中的切削用量包括背吃刀量 a_p、主轴转速 n 或切削速度 v、进给速度或进给量 f。根据被加工表面的质量要求、刀具材料和工件材料，参考切削用量手册、相关资料或以往的加工经验，选取背吃刀量、切削速度和每转进给量，进而确定出主轴转速和进给速度。

4. 刀具选择

刀具切削部分的几何参数对零件的表面质量及切削性能影响极大，应根据零件的形状、刀具的安装位置以及加工方法等，正确选择刀具的几何形状及有关参数。

5. 数控车削加工工序的划分

1) 以一次安装所进行的加工作为一道工序。

2) 以一个完整数控程序连续加工的内容为一道工序。

3) 以工件上的结构内容组合用一把刀具加工为一道工序。

4) 以粗、精加工划分工序。

6. 进给路线的确定

进给路线一般是指刀具从起刀点开始运动起，直至返回该点并结束加工程序所经过的路径为止，包括切削加工的路径及刀具切入、切出等非切削空行程。确定进给路线的主要工作在于确定粗加工及空行程的进给路线等，主要有：

1) 刀具引入、切出路线。

2) 确定最短的空行程路线。

3) 确定最短的切削进给路线。

4) 大余量毛坯的阶梯切削进给路线。

5) 完工轮廓的连续切削进给路线。

6) 特殊的进给路线。

【考题样例】

1. 判断题

1) 数控车削编程完成后，再对工件进行工艺设计准备工作（　　）

参考答案：错　适用等级：初级

2) 对于一般轴类零件的加工采用特种加工类数控机床。（　　）

参考答案：错　适用等级：初级

2. 单项选择题

1) 数控加工中的（　　）决定了数控机床的使用效率、零件的加工质量、刀具数量和经济性等问题。

A. 工艺设计　　B. 零件加工　　C. 材料准备　　D. 加工费用

参考答案：A　适用等级：初级

2) 车床主轴的纯轴向窜动对（　　）加工无影响。

A. 车外圆　　B. 车端面　　C. 车螺纹　　D. 倒角

参考答案：A　适用等级：中级

3. 多项选择题

1) 以下属于数控车削加工工序的划分原则的是（　　）。

A. 以一次安装所进行的加工作为一道工序

B. 以一个完整数控程序连续加工的内容为一道工序

C. 以工件上的结构内容组合用一把刀具加工为一道工序

D. 以粗、精加工划分工序

E. 以操作人员的技术水平划分工序

参考答案：ABCD　适用等级：中级

2) 数控车削加工工序的划分完成后，进行工步顺序安排的一般原则有（　　）。

A. 先粗后精　　B. 先远后近　　C. 内外交叉

D. 刀具集中　　E. 基面先行

参考答案：ACDE　　适用等级：中级

解析：工序的划分完成后，还需要进行工步顺序安排。工步顺序安排的一般原则：先粗后精、先近后远、内外交叉、刀具集中、基面先行。

11.8　数控铣削加工工艺

【考核点】

1. 数控铣床的分类

按主轴位置分为立式数控铣床、卧式数控铣床、立卧两用数控铣床。

按系统功能分为经济型数控铣床、全功能数控铣床、高速数控铣床。

数控铣床多采用半封闭或全封闭防护；主轴无级调速，转速范围宽；手动换刀，刀具装夹方便；一般三坐标联动；应用广泛。

2. 数控铣床主要功能

数控铣床主要功能有：点位控制功能；连续轮廓控制功能；刀具半径补偿功能；刀具长度补偿功能；比例及镜像加工功能；旋转功能；子程序调用功能；宏程序功能；自动加减速控制功能；数据输入输出及 DNC 功能。此外数控铣床还有自诊断功能。

3. 数控铣床主要加工对象

数控铣床用来加工精密、复杂的平面类、曲面类零件，包括平面类零件、变斜角类零件、曲面类（立体类）零件。加工曲面类零件一般采用三坐标数控铣床。当曲面较复杂、通道较狭窄、会伤及毗邻表面及需要刀具摆动时，要采用四坐标或五坐标铣床。

4. 数控铣削刀具及切削用量的选择

铣刀类型应与零件表面形状与尺寸相适应。加工较大的平面应选择面铣刀；加工凹槽、较小的台阶面及平面轮廓应选择立铣刀；加工空间曲面、模具型腔或凸模成形表面等多选用模具铣刀；加工封闭的键槽选择键槽铣刀；加工变斜角零件的变斜角面应选用鼓形铣刀；加工各种直的或圆弧形的凹槽、斜角面、特殊孔等应选用成形铣刀。

切削用量包括切削速度、进给速度、背吃刀量和侧吃刀量。从刀具寿命出发，切削用量的选择方法是：先选取背吃刀量或侧吃刀量；其次确定进给速度；最后确定切削速度。

铣刀材料和几何参数主要根据零件材料切削加工性、零件表面几何形状和尺寸大小选择；切削用量是依据零件材料特点、刀具性能及加工精度要求确定。通常为提高切削效率要尽量选用大直径的铣刀；侧吃刀量取刀具直径的三分之一到二分之一；背吃刀量应大于冷硬层厚度；切削速度和进给速度应通过试验选取效率和刀具寿命的综合最佳值。

5. 进给路线的确定

铣削主要进给路线选择如下。

（1）铣削外轮廓的进给路线　采用立铣刀侧刃铣削方式，应当沿切削轮廓的延伸线切入，退刀时要沿轮廓的延伸线退刀。

（2）铣削内轮廓的进给路线　如果轮廓不允许外延，进退刀时按照法线方向切入和退出，当采用圆弧插补法铣削时，应当选择从圆弧过渡到圆弧的加工方法，保证加工的精度。

（3）铣削内槽时的进给路线　采用平底立铣刀，铣削的方式有行切法和环切法及两种方法混合。

(4) 铣削曲面轮廓的进给路线　采用球形刀，用行切法进行加工，通过控制刀具切削时行间的距离来满足工件加工精度的要求。由于曲面边界没有其表面的限制，所以球形刀从边界处开始切入。

【考题样例】

1. 判断题

1) 数控铣床的工作台一定能做 X、Y、Z 三个方向移动。（　　）

参考答案：错　适用等级：初级

2) 数控铣床上加工余量较少的表面，逆铣的优点多于顺铣。（　　）

参考答案：错　适用等级：中级

解析：刀具吃刀旋转方向与进给方向一致称为顺铣。刀具吃刀旋转方向与进给方向相反称为逆铣。顺铣的特点：需要的夹紧力比逆铣要小，刀具磨损慢，工件加工表面质量较好。逆铣的特点：工件需要较大的夹紧力，容易使加工的工件表面产生加工硬化，降低表面加工质量，刀齿磨损加快，降低铣刀寿命。顺铣和逆铣分别适合于不同加工场合。

1) 从机床分：加工中心、五面铣床、镗铣床等一般采用顺铣；普通铣床、钻床、车床等使用 T 形丝杠的机床一般使用逆铣。

2) 从加工余量分：只限于普通铣床，粗铣绝对采用逆铣，严禁采用顺铣；精铣也最好采用逆铣，在加工量极小的情况下也可使用顺铣。

2. 单项选择题

1) 铣削外轮廓时，为避免切入/切出产生刀痕，最好采用（　　）。
A. 法向切入/切出　　B. 切向切入/切出　　C. 斜向切入/切出　　D. 直线切入/切出

参考答案：B　适用等级：中级

2) 采用球头刀铣削加工曲面，减小残留高度的办法是（　　）。
A. 减小球头刀半径和加大行距　　　　B. 减小球头刀半径和减小行距
C. 加大球头刀半径和减小行距　　　　D. 加大球头刀半径和加大行距

参考答案：B　适用等级：中级

3) 下面叙述正确的是（　　）。
A. 点位加工的数控机床，应尽可能缩短进给路线，以减少空程时间，提高加工效率
B. 为保证工件轮廓表面加工后的粗糙度要求，最终轮廓应安排分开进给加工
C. 刀具的进退刀路线需认真考虑，要尽量避免在轮廓处起刀或切入切出工件，以免留下刀痕
D. 回转体类零件的加工一般采用数控车床、数控磨床以及加工中心加工

参考答案：A　适用等级：高级

3. 多项选择题

数控铣削加工工艺方案的制定一般包括（　　）。
A. 选择加工方法　　B. 确定装夹方式　　C. 工作效益的评估
D. 切削用量的确定　　E. 确定加工顺序

参考答案：ABDE　适用等级：中级

11.9 加工中心加工工艺

【考核点】

1. 加工中心的类型

按照机床主轴布局形式的不同,加工中心可分为立式加工中心、卧式加工中心、龙门式加工中心、复合加工中心四种;按照换刀形式的不同,加工中心可分为带刀库、机械手的加工中心,无机械手的加工中心,刀库转塔式加工中心。

加工中心具有全封闭防护;工序集中,加工连续进行;使用多把刀具,自动进行刀具交换;使用多个工作台,自动进行工作台交换;功能强大,趋向复合加工;高自动化、高精度、高效率、高投入;在适当的条件下才能发挥最佳效益等特点。

2. 加工中心的主要加工对象

加工中心的主要加工对象有既有平面又有孔系的零件、复杂曲面类零件、外形不规则零件、周期性投产的零件、加工精度要求较高的中小批量零件、新产品试制中的零件。

3. 工艺设计

(1) 加工方法的选择 平面、平面轮廓及曲面在镗铣类加工中心上采用铣削方式加工。孔加工方法比较多,有钻削、扩削、铰削和镗削等。

(2) 加工阶段的划分 在加工中心上加工的零件,其加工阶段的划分主要根据零件是否已经过粗加工、加工质量要求的高低、毛坯质量的高低以及零件批量的大小等因素确定。

(3) 加工顺序的安排 在安排加工顺序时同样要遵循"基面先行""先粗后精""先主后次"及"先面后孔"的一般工艺原则。此外还应考虑减少换刀次数和每道工序尽量减少刀具的空行程移动量。

(4) 刀具选择 加工中心的刀库中需根据加工工艺配置相应的刀具,通过自动换刀来满足加工中心中所有工序的加工。

(5) 进给路线的确定 加工中心上刀具的进给路线可分为孔加工进给路线和铣削加工进给路线。进退刀方式在铣削加工中是非常重要的。二维轮廓铣削加工常见的进刀方式有垂直进刀、侧向进刀和圆弧进刀。

【考题样例】

1. 判断题

1) 由于数控加工中心的先进性,因此任何零件均适合在数控加工中心上加工。(   )

参考答案:错   适用等级:初级

2) 立式加工中心与卧式加工中心相比,加工范围较宽。(   )

参考答案:错   适用等级:中级

2. 单项选择题

1) 数控加工中心与普通数控铣床、镗床的主要区别是(   )。

A. 一般具有三个数控轴

B. 设置有刀库,在加工过程中由程序自动选用和更换

C. 能完成钻、铰、攻螺纹、铣、镗等加工功能

D. 主要用于箱体类零件的加工

参考答案：B　适用等级：中级

2）下列叙述中，除（　　）外，均适用于在加工中心上进行加工。
A．轮廓形状特别复杂或难于控制尺寸的零件
B．大批量生产的简单零件
C．精度要求高的零件
D．小批量多品种的零件

参考答案：B　适用等级：初级

3. 多项选择题

对于数控加工顺序安排的说法正确的有（　　）。
A．在同一个安装中进行的多个工步，应先安排对工件刚性破坏较小的工步
B．能提高加工质量和生产率
C．先外后内的原则
D．精度要求较高的主要表面粗加工一般应安排在次要表面粗加工之后
E．能尽量使工件的装夹次数、刀具更换次数及所有空行程时间减至最少

参考答案：ABE　适用等级：高级

11.10 数控特种加工工艺

【考核点】

1. 电火花成形加工

电火花成形加工的原理是基于工具和工件（正、负极）之间脉冲性火花放电时的电腐蚀现象来蚀除多余的金属，以达到零件的尺寸、形状及表面质量预定要求的加工。

电火花成形加工的特点及应用范围：
1）适用于难切削材料的成形加工。
2）可加工特殊及复杂形状的零件。
3）易于实现加工过程自动化。
4）可以改进结构设计，改善结构的工艺性。

电火花成形加工方式主要有单电极加工、多电极多次加工和摇动加工等，其选择要根据具体情况而定。单电极加工一般用于比较简单的型腔；多电极多次加工的加工时间较长，电极需要准确定位，但其工艺参数的选择比较简单；摇动加工用于一些型腔表面粗糙度值较小、形状精度要求较高的零件。

2. 电火花线切割加工

电火花线切割加工是利用金属导线作为负极，工件作为正极，在线电极和工件之间加以高频的脉冲电压，并置于乳化液或去离子水等工作液中，使其不断产生火花放电，工件不断被电蚀，从而加工零件的一种工艺方法。

电火花线切割加工的特点：
1）加工范围宽。
2）线电极损耗极小，加工精度高。
3）适用于小批量和试制品的加工。
4）加工多个工件时，能方便调节加工工件之间的间隙。

5）多用于加工零件上的直壁曲面。

根据电极丝运动的方式可将数控电火花线切割机床分为两大类，即快走丝线切割机床和慢走丝线切割机床。数控电火花线切割机床的重要加工范围：加工模具、加工电火花成形加工用的电极、加工零件。

【考题样例】

1. 判断题

1）数控线切割加工是轮廓切割加工，不需要设计和制造成形工具电极。（　　）

参考答案：对　适用等级：中级

2）电火花和电化学加工是非接触加工，加工后的工件表面无残余应力。（　　）

参考答案：对　适用等级：中级

2. 单项选择题

1）快走丝线切割加工广泛使用（　　）作为电极丝。

A. 钨丝　　　　　　B. 纯铜丝　　　　　　C. 钼丝　　　　　　D. 黄铜丝

参考答案：C　适用等级：初级

2）若线切割机床的单边放电间隙为 0.02mm，钼丝直径为 0.18mm，则加工圆孔时的补偿量为（　　）。

A. 0.10mm　　　　　B. 0.11mm　　　　　C. 0.20mm　　　　　D. 0.21mm

参考答案：B　适用等级：高级

3. 多项选择题

下列属于线切割加工主要工艺指标的是（　　）。

A. 切割速度　　　　B. 加工精度　　　　C. 表面粗糙度值
D. 电极功率　　　　E. 放电间隙

参考答案：ABC　适用等级：高级

模块 12

CAD/CAM 技术

12.1 CAD/CAM 技术内涵

【考核点】

随着计算机技术的发展和应用,在制造业中先后出现 CAD(计算机辅助设计,Computer Aided Design)技术、CAE(计算机辅助工程分析,Computer Aided Engineering)技术、CAPP(计算机辅助工艺设计,Computer Aided Process Planning)技术、CAM(计算机辅助制造,Computer Aided Manufacturing)技术等计算机辅助单元技术。为了实现企业信息资源的共享与集成,在这些单元技术的基础上形成 CAD/CAE/CAPP/CAM 集成技术,又称为 4C 技术,通常简称为 CAD/CAM 技术,即借助于计算机工具从事产品的设计与制造技术。

CAD 主要从事产品几何建模、分析计算、图形处理等相关的设计活动;CAE 是完成对所设计产品进行有限元分析、优化设计、仿真模拟等分析任务;CAPP 是根据产品设计结果完成包括毛坯设计、加工方法选择、工艺路线制定、工序设计、工时定额计算等产品加工的工艺规程设计;CAM 通常是指计算机辅助数控编程。

【考题样例】

1. 判断题

1)CAD/CAM 技术又称为 4C 技术。( )

参考答案:对 适用等级:初级

2)有限元分析属于 CAE 技术。( )

参考答案:对 适用等级:中级

2. 单项选择题

1)CAD 指的是(   )。

A. 计算机辅助绘图   B. 计算机辅助造型
C. 计算机辅助设计   D. 计算机辅助分析

参考答案:C 适用等级:初级

2) (　　) 技术一般用于产品机构分析、优化设计、仿真模拟等设计领域。
A. CAD　　　　　　B. CAM　　　　　　C. CAD/CAM　　　　D. CAE

参考答案：D　适用等级：中级

3. 多项选择题

1) CAD/CAM 技术包含有（　　）。
A. CAD 技术　　　　B. CAM 技术　　　　C. CAPP 技术
D. CAX 技术　　　　E. CAE 技术

参考答案：ABCE　适用等级：初级

2) 通常，CAPP 不包括（　　）功能。
A. 优化设计　　　　B. 加工方法选择　　　C. 仿真模拟
D. 数控编程　　　　E. 工艺路线制定　　　F. 有限元分析

参考答案：ACDF　适用等级：中级

12.2　CAD/CAM 系统的结构组成

【考核点】

CAD/CAM 系统是由硬件、软件和设计者组成的人机一体化系统。硬件是基础，包括计算机主机、外部设备以及网络通信设备等有形物质设备。软件是核心，包括操作系统、各种支撑软件和应用软件等。设计者在 CAD/CAM 系统中起着关键的作用。

根据执行任务和处理对象的不同，可将 CAD/CAM 系统的软件分为系统软件、支撑软件及应用软件三个不同的层次。CAD/CAM 系统的系统软件包括计算机操作系统、硬件驱动系统及语言编译系统等。支撑软件是针对用户共性需要而开发的通用性软件，是 CAD/CAM 系统的重要组成部分。应用软件是针对专门应用领域的需要而研制的 CAD/CAM 软件。

【考题样例】

1. 判断题

1) 为保证 CAD/CAM 系统的作业，其硬件系统应满足如下的要求：图形处理功能强、存储容量大、人机交互环境好、网络通信速度快。(　　)

参考答案：对　适用等级：初级

2) AutoCAD 软件只限于二维工程图绘制，不能进行三维造型。(　　)

参考答案：错　适用等级：中级

2. 单项选择题

1) (　　) 不是 CAD/CAM 系统的输入设备。
A. 激光扫描仪　　　B. 三坐标测量仪　　　C. 图形输入板　　　D. 绘图仪

参考答案：D　适用等级：初级

2) 在设计策略、设计信息组织、设计经验与创造性以及灵感思维方面，CAD/CAM 系统中 (　　) 占有主导地位。
A. 软件　　　　　　B. 硬件　　　　　　C. 设计者　　　　　D. 上述三者

参考答案：C　适用等级：初级

3. 多项选择题

1) CAD/CAM 系统输入设备有（　　　　）。

A. 数字化仪　　　　B. 数据手套　　　　C. 显示器
D. 打印机　　　　　E. 图形扫描仪　　　F. U 盘

参考答案：ABE　　适用等级：中级

2) 由美国公司开发的 CAD/CAE/CAM 软件有（　　　　）。

A. Inventor　　　　B. Mastercam　　　　C. Cimatron
D. CATIA　　　　　E. ANSYS　　　　　　F. PTC Creo

参考答案：ABEF　　适用等级：中级

12.3　CAD/CAM 建模技术

【考核点】

　　机械产品 CAD/CAM 建模是对产品的几何形状及其属性进行数字化描述，用合适的数据结构进行组织和存储，在计算机内部构建产品数字化模型的过程。

　　机械产品模型蕴含的信息包括几何信息、拓扑信息、非几何信息。几何信息是指构成产品结构中的点、线、面、体等各几何元素在欧氏空间中的位置和大小。拓扑信息是反映产品结构中各几何元素的数量及其相互间的连接关系。非几何信息包括产品的物理属性和工艺属性等，如产品质量、性能参数、尺寸公差、表面粗糙度值和技术要求等。

　　机械产品模型有线框模型、表面（曲面）模型、实体模型、特征模型和装配模型，其中线框模型、表面（曲面）模型和实体模型统称为几何模型，主要反映产品结构的几何信息和拓扑信息。线框模型是用棱边和顶点来表示的产品结构模型，其结构简单，易于构建，但含有信息量较少。表面（曲面）模型是在线框模型基础上添加了面信息，但仍缺少形体的体信息。实体模型是通过基本体素经正则集合运算所构建的形体几何模型，拥有完备的几何信息和拓扑信息。特征模型是以实体模型为基础，以功能特征为基本单元，实现对产品结构的描述和构建。装配模型是完整表达产品结构组成和装配关系的产品模型，能够反映产品零部件间的相对位置和相互配合的约束关系。装配模型有自底向上和自顶向下两种不同的建模方法。

【考题样例】

1. 判断题

1) 几何元素完全相同的形体是等同的形体。（　　　）

参考答案：错　　适用等级：中级

解析：对于几何元素完全相同的两形体，若各自拓扑关系不同，则由这些相同几何元素构造的形体可能完全不同。

2) 线框模型因为信息量少，在形体的描述方面存在诸多缺陷，因此现在已经不使用线框建模技术了。（　　　）

参考答案：错　　适用等级：初级

解析：线框模型虽然有诸多的不足，但由于数据结构简单，占有存储空间小，至今在不少场合仍有一定的应用。

2. 单项选择题

1) 三维几何建模可以划分为线框建模、表面（曲面）建模和（   ）。
A. 装配建模　　　　B. 特征建模　　　　C. 同步建模　　　　D. 实体建模

参考答案：D　适用等级：初级

2) 在装配建模中，零件的自由度应该被限制而没有被限制时，该零件的约束状态称为（   ）。
A. 不完全约束　　　B. 完全约束　　　　C. 过约束　　　　　D. 欠约束

参考答案：D　适用等级：中级

解析：零件被限制的自由度少于六个时，为不完全约束；零件的六个自由度都被限制时，为完全约束；零件的一个或多个自由度同时被多次限制时，为过约束；零件的自由度应该被限制而没有被限制，为欠约束。

3. 多项选择题

1) 曲面建模中常见的参数曲面有（   ）。
A. 孔斯（Coons）曲面
B. 贝齐尔（Bezier）曲面
C. B 样条曲面
D. 非均匀有理 B 样条（NURBS）曲面
E. 高斯（Gauss）曲面

参考答案：ABCD　适用等级：中级

2) 特征建模系统一般具有的特征间约束关系有（   ）。
A. 邻接关系　　　　B. 从属关系　　　　C. 分布关系
D. 引用关系　　　　E. 平行关系

参考答案：ABCD　适用等级：中级

3) 装配模型中的约束配合关系一般有（   ）。
A. 贴合约束　　　　B. 对齐约束　　　　C. 距离约束
D. 角度约束　　　　E. 相切约束

参考答案：ABCDE　适用等级：中级

12.4　CAD/CAM 数据交换格式

【考核点】

CAD/CAM 各模块之间的数据资源共享，需要满足两个条件：一是要有统一的产品数据模型定义体系；二是要有统一的产品数据交换标准。

AutoCAD 的 DWG/DXF 格式已成为 CAD 二维数据交换事实文件标准。常用的三维数据交换格式有三类：公共级别类，如 STEP 文件（*.stp）、IGES 文件（*.igs）、STL 文件（*.stl）等；几何内核级别类，如 ACIS 内核文件（*.sat）、Parasolid 内核文件（*.x_t）；专用级别类，如 SolidWorks 模型文件（*.sldprt）、PRO/E 模型文件（*.prt）、UG NX 模型文件（*.prt）等。

数据格式转换时，优先使用商用专用接口，其次是几何内核类 Parasolid 的 *.x_t 格式、ACIS 的 *.sat 格式，然后是公共级别类 STEP 标准的 *.stp 格式。对于点和各类曲线的文件数据转换可以选用 IGES 格式。STL 为小平面模型的文件格式，用于快速成形和 3D 打印。

【考题样例】

1. 判断题

1）AutoCAD 2010 版本可以打开 AutoCAD 2018 图形（*.dwg）文件。（　　）

参考答案：错　适用等级：初级

解析：一般来说，低版本软件不能直接打开高版本软件保存的文件。如果需要在 AutoCAD 低版本软件中打开高版本软件保存的文件，则需要在高版本软件中通过"图形另存为"的方式，选择低版本文件格式进行存盘。

2）大部分 CAD/CAM 软件均有 IGES 接口，但实体与曲面模型的数据转换不推荐使用 IGES 格式。（　　）

参考答案：对　适用等级：中级

解析：IGES 数据转换容易造成实体、曲面的数据损失，一般用于点和各类曲线的文件数据转换。

2. 单项选择题

1）AutoCAD 软件默认保存的图形文件格式是（　　）。

A. *.dxf　　　　B. *.dwg　　　　C. *.prt　　　　D. *.drw

参考答案：B　适用等级：初级

2）在 NX 12.0 中将模型保存为（　　）格式文件，能较好地在 NX 10.0 中打开。

A. *.prt　　　　B. *.stp　　　　C. *.igs　　　　D. *.x_t

参考答案：D　适用等级：中级

解析：NX 软件的低版本不能直接打开高版本的文件，Parasolid 是 NX 软件建模的几何内核，文件的扩展名为 x_t。

3. 多项选择题

公共级别类的三维数据交换格式有（　　）。

A. STEP 文件（*.stp）　　　　　　B. IGES 文件（*.igs）
C. STL 文件（*.stl）　　　　　　　D. Parasolid 文件（*.x_t）

参考答案：ABC　适用等级：初级

12.5　计算机辅助工程分析

【考核点】

CAE 是产品设计过程的一个重要环节，是应用计算机及相关软件系统对产品的性能与安全可靠性进行分析，对其未来的工作状态和运行行为进行仿真，以证实所设计产品的功能可用性和性能可靠性。

有限元分析在机械产品设计时最常见的应用是结构分析，包括结构静力分析和结构动力分析。结构静力分析是在不考虑结构体的惯性和阻尼以及载荷不随时间变化条件下，分析结构体的位移、约束反力、应变等结构特征；结构动力分析是在考虑结构体的惯性和阻尼以及载荷是随时间变化条件下，分析结构体的动力学特征，包括结构体的振动模态、动态载荷响应等。

工程问题的优化设计是在确定设计目标，选择一组设计参数并满足一系列约束条件下，如何使设计目标达到最优化的设计技术。目标函数、设计变量和设计约束称为优化设计的三要素。

计算机仿真是以数学理论为基础，以计算机为工具，利用系统模型对实际的或设计中的系统进行试验仿真研究的一门综合性技术，具有省时、省力、省钱等优点。目前，计算机仿真有多种软件工具可供选用。ADAMS 系统有较强的仿真功能，是目前市场上应用范围最广、应用行业最多的机械系统动力学仿真工具之一。

【考题样例】

1. 判断题

1）目前，大多商用 CAD 软件系统配置有装配体运动仿真的功能模块，可通过仿真模拟来检验装配体模型实际工作时的运动特征。（　　）

参考答案：对　适用等级：中级

2）有限元分析是一个积零为整进行整体分析，然后再化整为零进行单元分析的过程。（　　）

参考答案：错　适用等级：高级

解析：有限元分析是一个化整为零进行单元分析，再积零为整进行整体分析的过程。它是将一个连续结构体划分为若干个小单元，进行单元分析，建立单元平衡方程；根据各单元的连接关系，构建结构体的整体方程组；求解方程组以得到结构体的整体结构特征。

3）在优化设计中，梯度法是求解有约束非线性优化最常用的方法。（　　）

参考答案：错　适用等级：高级

解析：根据优化设计的类型、设计变量的多少以及约束条件的不同，有多种不同的求解方法。黄金分割法是求解单变量优化问题的最简单有效的方法；梯度法是求解无约束非线性优化问题时初始迭代效果较好的一种方法；罚函数法是求解有约束非线性优化最常用的方法。

2. 单项选择题

1）（　　）是应用计算机及相关软件系统对所设计的产品或系统性能、未来工作状态、运行行为及安全可靠性进行验证分析的技术手段，现已成为现代产品或系统设计过程中的一个重要环节。

A. 计算机辅助工艺设计（CAPP）　　　B. 计算机辅助设计（CAD）
C. 计算机辅助绘图（CAD）　　　　　　D. 计算机辅助工程分析（CAE）

参考答案：D　适用等级：初级

2）目前，计算机仿真有多种软件工具可供选用。其中（　　）是一个数学分析软件系统，有较强的语言编程能力，应用其编程工具和动画功能，可建立产品或系统的仿真模型，可动态显示系统的动态运动特征。

A. ADAMS　　　B. MATLAB　　　C. ANSYS　　　D. NASTRAN

参考答案：B　适用等级：中级

3）有限元分析软件系统包括前置处理、（　　）和后置处理等几个主要功能模块。

A. 计算求解　　　　　B. CAD 建模　　　　　C. CAE 分析　　　　　D. 网格划分

参考答案：A　适用等级：高级

3. 多项选择题

1) (　　) 称为优化设计数学模型的三要素。

A. 目标函数　　　　　B. 设计变量　　　　　C. 设计约束
D. CAD 模型　　　　　E. 优化算法

参考答案：ABC　适用等级：高级

2) ANSYS Workbench 是具有协同作业环境的有限元分析平台，在此平台环境下可完成 (　　) 等多物理场的分析。

A. 结构分析　　　　　B. 热分析　　　　　　C. 流体分析
D. 电场分析　　　　　E. 磁场分析　　　　　F. 声场分析

参考答案：ABCDEF　适用等级：高级

12.6　计算机辅助工艺设计

【考核点】

计算机辅助工艺设计（CAPP）是连接 CAD 与 CAM 系统的桥梁，是决定产品加工方法、工艺路径、生产组织的重要过程。CAPP 系统通常由零件信息获取、工艺过程生成、工序设计、工艺文件管理、数据库/知识库、人机界面等模块组成。根据工艺规程生成原理的不同，有交互式 CAPP、检索式 CAPP、派生式 CAPP、创成式 CAPP、综合式 CAPP 以及 CAPP 专家系统等不同 CAPP 系统类型。

派生式 CAPP 系统是以成组技术为基础，利用零件的相似性将零件归类成族，编制零件族的标准工艺，创建标准工艺库。在工艺设计时，通过成组编码调用相应零件族的标准工艺，经编辑、修改来完成零件工艺设计。

创成式 CAPP 系统是根据零件加工型面特征，通过系统工艺数据库和决策逻辑，自动决策生成零件加工工艺过程和加工工序，根据加工工艺条件选择确定机床、刀具、量具和夹具并进行加工过程的优化。

CAPP 专家系统是将工艺专家的知识表示成计算机能够接受和处理的符号形式，采用工艺专家的推理和控制策略，从事工艺设计的一种智能型 CAPP 系统。

【考题样例】

1. 判断题

1) 目前市场上所提供的 CAPP 系统大部分是一个通用的、智能程度高的 CAPP 系统。(　　)

参考答案：错　适用等级：中级

解析：由于工艺设计受工艺设备、生产批量、技术条件以及生产环境等制约因素影响，经验性强，很难实现一个通用的、智能程度高的 CAPP 系统。目前，市场上所提供的 CAPP 系统多为交互式与检索式相结合的 CAPP 系统，也称为智能填表式 CAPP 系统，即系统支持用户自定义工艺表格功能，并将有关表格单元与工艺资源库进行关联，可使表格内容能够自动填写。

2）CAPP 专家系统是一种基于知识推理、自动决策的 CAPP 系统，具有较强知识获取、知识管理和自学习能力，是 CAPP 技术一个重要的发展方向。（　　）

参考答案：对　适用等级：中级

2. 单项选择题

1）（　　）是连接 CAD 与 CAM 系统的桥梁。
A. 计算机辅助工程分析（CAE）
B. 计算机辅助工艺设计（CAPP）
C. 企业资源计划（ERP）
D. 产品数据管理（PDM）

参考答案：B　适用等级：初级

2）（　　）CAPP 系统是以成组技术为基础，利用零件的相似性将零件归类成族，编制零件族的标准工艺，创建标准工艺库。在工艺设计时，通过成组编码调用相应零件族的标准工艺，经编辑、修改来完成零件工艺设计。
A. 派生式　　　　B. 创成式　　　　C. 交互式　　　　D. 检索式

参考答案：A　适用等级：中级

3）决策表和决策树是（　　）CAPP 系统所采用的工艺规程决策逻辑。
A. 派生式　　　　B. 创成式　　　　C. 交互式　　　　D. 检索式

参考答案：B　适用等级：高级

解析：决策表和决策树是创成式 CAPP 系统所采用的工艺规程决策逻辑，决策表是以表格形式描述和存储各类工艺决策规则，决策树是以树状结构描述和处理工艺条件与工艺结论之间的逻辑关系。

3. 多项选择题

CAPP 专家系统主要包括工艺知识库、工艺推理机、知识获取模块、解释模块、用户界面以及动态数据库等，其中（　　）是专家系统的两个重要功能模块。
A. 工艺知识库　　　　B. 工艺推理机　　　　C. 知识获取模块
D. 解释模块　　　　E. 动态数据库

参考答案：AB　适用等级：高级

解析：工艺知识库和工艺推理机是专家系统的两个重要功能模块，工艺知识的表示有产生式规则表示法、谓词逻辑表示法、框架表示法、语义网络表示法、面向对象的知识表示法等多种不同的表示方法。工艺推理机的推理策略通常有正向推理、反向推理和混合推理。

12.7　计算机辅助数控编程

【考核点】

CAD/CAM 系统数控编程是在系统交互环境下，由编程者指定零件实体模型上的加工型面，选择或定义合适的切削刀具，输入相应的加工工艺参数，由系统自动生成刀具加工轨迹，再经后置处理转换为特定机床数控代码的过程。CAD/CAM 系统数控编程作业包括加工工艺分析、刀具轨迹生成与编辑、后置处理、加工仿真等基本步骤。

使用 CAD/CAM 软件进行数控编程时，用到最多的是对曲面进行加工。通常 CAM 系统为用户提供了多种不同的曲面加工方法，其中等参数曲线法是将刀具沿参数曲面的 U 向或 V

向等参数曲线进行切削加工；任意切片法是在三轴坐标中，刀具轴线与Z轴方向一致，若用垂直XOY平面的任意平行平面族去截待加工曲面时，将得到一组曲线族，刀具沿着这组曲线进行曲面加工；等高线法是用一组平行的水平平面族去截被加工曲面，从而得到一条条等高曲线族，刀具从曲面的最高点开始向下切削，直至将整个曲面加工完毕。

平面型腔是成型模具及机械零件中常见的一种结构形式，是指由封闭的约束边界与其底面构成的凹坑。平面型腔有行切法、环切法、综合法等不同的加工方法。行切法是刀具按平行于某坐标轴方向或按一组平行线方向进行走刀的方式，又分为往返走刀及单向走刀；环切法是环绕被加工轮廓边界进行走刀加工的方法；综合法是结合了行切法和环切法两者的优点，可获得较高的编程和加工效果。

加工仿真是通过仿真软件在计算机屏幕上模拟数控加工的过程，以检验加工过程中可能发生的干涉和碰撞现象，包括加工过程中刀具与工件、刀具与机床夹具间的干涉碰撞。

后置处理是将刀位源文件CLSF转换为指定机床能够执行的数控指令的过程。后置处理模块有专用后置处理模块和通用后置处理模块之分。专用后置处理模块是针对特定数控机床开发的，不同控制系统的数控机床均需要开发一个专用后置处理模块；通用后置处理模块处理功能通用化，可满足不同数控系统的后置处理要求。

【考题样例】

1. 判断题

1）加工仿真有刀具轨迹验证仿真和机床加工仿真两种类型。通过刀具轨迹验证仿真，可以帮助编程者判断刀具与机床夹具间的干涉碰撞。（　　）

参考答案：错　适用等级：初级

解析：加工仿真有刀具轨迹验证仿真和机床加工仿真两种类型。一般而言，刀具轨迹验证仿真是在后置处理之前进行，主要检验所生成的刀位源文件的正确性和合理性；而机床加工仿真则是在后置处理完成后进行，主要验证所生成的NC数控代码的正确性和可行性。

2）通用后置处理模块是将后置处理的程序功能通用化，可满足不同数控系统的后置处理要求，现已成为当前CAD/CAM系统后置处理模块的主流形式。（　　）

参考答案：对　适用等级：中级

2. 单项选择题

1）CAM系统数控编程中，粗加工进给路线一般选择（　　）切削。

A. 单向　　　　　　B. 双向　　　　　　C. 不确定方向　　　　D. 螺旋方向

参考答案：A　适用等级：初级

解析：进给路线确定应考虑粗精加工的工艺特点，粗加工切削用量较大，一般选择单向切削，刀具始终保持在一个方向进行切削加工，即当刀具完成一行加工后，提升至安全平面，然后快速运动到下一行的起始点，再进行下一行的加工，这样可保证切削过程的稳定性。

2）CAM系统数控编程中，（　　）的刀位点计算消耗时间最长。

A. 等参数曲线法　　B. 任意切片法　　　C. 等高线法　　　　　D. 平行铣削法

参考答案：C　适用等级：中级

3. 多项选择题

1）对于应用最广泛的铣削加工CAM系统，一般具有（　　）等基本功能。

A. 刀具定义　　　　B. 工艺参数设定　　　C. 刀具轨迹自动生成与编辑
D. 刀位验证　　　　E. 加工仿真　　　　　F. 后置处理

参考答案：ABCDEF　　适用等级：中级

2）CAM 系统中通用后置处理模块的处理过程需要提供（　　）资料。

A. 机床数据文件 MDF　　　　　　B. 刀位文件 CLSF
C. CAD 模型　　　　　　　　　　D. 后置处理模块软件 PM

参考答案：ABD　　适用等级：高级

12.8　CAD/CAM 集成技术

【考核点】

CAD/CAM 系统集成包含计算机辅助设计、分析、工艺、制造及信息管理等不同软件系统的信息资源的集成，通过集成达到各系统之间的功能互补、信息通信以及数据共享的管理与控制特征。

CAD/CAM 系统集成涉及产品建模、集成系统数据管理、数据交换接口以及系统集成平台等关键技术，基于专用数据接口、标准数据接口、工程数据库以及 PDM 平台等多种不同的系统集成方式。

基于 PDM 平台的 CAD/CAM 系统集成是通过应用封装、接口交换、紧密集成等多种集成方式，使 CAD/CAM 各个功能子系统在 PDM 平台统一操作环境下运行，产生的各类产品信息由 PDM 统一管理，各个子系统在 PDM 平台上可共享产品全生命周期信息。

【考题样例】

1. 判断题

1）CAD/CAM 系统所涉及的数据类型多，数据处理工作量大，除了一些结构型数据之外，还有大量如图形、图像等非结构性数据。（　　）

参考答案：对　　适用等级：中级

2）PDM 制造过程数据文档管理系统，能够有效组织企业生产工艺过程卡片、零件蓝图、三维数模、刀具清单、质量文件和数控程序等生产作业文档，实现车间无纸化生产。（　　）

参考答案：对　　适用等级：中级

2. 单项选择题

1）（　　）是由 ISO 国际标准化组织制定，采用中性机制的文件交换格式，是针对整个产品生命周期的产品数据交换模型，可保证在各个应用系统之间进行无障碍的数据交换和通信。

A. STEP　　　　B. IGES　　　　C. ACIS　　　　D. Parasolid

参考答案：A　　适用等级：中级

2）若将企业设计部门的 CAD/CAM 系统与经营管理部门的 ERP、MES、TQM 等管理系统进行集成，便构成了遍及整个企业的信息集成系统，即计算机集成制造系统，简称为（　　）。

A. FMS B. CE
C. AM D. CIMS
E. VMS

参考答案：C　适用等级：高级

解析：FMS 为柔性制造系统，CE 为并行工程，AM 为敏捷制造，CIMS 为计算机集成制造系统，VMS 为虚拟制造系统。

3. 多项选择题

CAD/CAM 系统集成的关键技术有（　　）。

A. 产品建模技术　　　　　　　　　B. 计算机辅助制造技术
C. 集成系统数据管理技术　　　　　D. 数据交换接口技术
E. 系统集成平台

参考答案：ACDE　适用等级：中级

模块 13

多轴数控加工

13.1 多轴数控加工概念

【考核点】

随着企业对数控机床的加工能力和加工效率提出了更高的要求,多轴数控加工技术得到了空前的发展。通常所说的多轴数控加工是指四轴以上的数控加工,其中具有代表性的是五轴数控加工。

多轴数控加工能同时控制四个以上坐标轴的联动,将数控铣、镗、钻等功能组合在一起,工件一次装夹,既可以完成铣、镗、钻等多工序加工,有效地避免了由于多次安装造成的定位误差,能缩短生产周期,提高加工精度。

多轴数控加工的特点与优势如下:

1. 减少基准转换,提高加工精度

多轴数控加工的工序集成化不仅提高了工艺的有效性,而且由于工件在整个加工过程中只需要一次装夹,加工精度更容易得到保证。

2. 减少工装夹具数量和占地面积

尽管多轴数控加工中心的单台设备价格较高,但由于生产过程链的缩短和设备数量的减少,工装夹具数量、车间占地面积和设备维护费用也随之减少。

3. 缩短生产过程链,简化生产管理

多轴数控机床的完整加工大大缩短了生产过程链,而且由于只把加工任务交给一个工作岗位,不仅使生产管理和计划调度简化,而且透明度明显提高。工件越复杂,它相对传统工序分散的生产方法的优势就越明显。同时由于生产过程链的缩短,在制品数量必然减少,可以简化生产管理,从而降低了生产运作和管理的成本。

4. 缩短新产品研发周期

对于航空航天、汽车等领域的企业,有的新产品零件及成型模具形状很复杂,精度要求也很高,因此具备高柔性、高精度、高集成性和完整加工能力的多轴数控加工中心可以很好地解决新产品研发过程中复杂零件加工的精度和周期问题,大大缩短研发周期和提高新产品的成功率。

【考题样例】

1. 判断题

1) 多轴机床对于复杂零件,可以简化生产管理和计划调度。( )

参考答案:对　适用等级:初级

2) 五轴机床可以减少夹具的使用,从而提高了产品的加工质量。( )

参考答案:对　适用等级:初级

3) 多轴机床可以减少加工中的干涉,从而降低刀具的长度,提升了系统的刚性。( )

参考答案:对　适用等级:初级

2. 单项选择题

1) 下列( )不是采用多轴数控加工的目的。

A. 加工复杂型面　　　　　　　　　B. 提高加工质量
C. 提高工作效率　　　　　　　　　D. 促进数控技术发展。

参考答案:D　适用等级:初级

2) 相对于一般的三轴加工,以下关于多轴加工的说法不对的是( )。

A. 加工精度提高　　　　　　　　　B. 编程复杂(特别是后处理)
C. 加工质量提高　　　　　　　　　D. 工艺顺序与三轴相同

参考答案:D　适用等级:中级

3) 多轴数控加工通过( )提高加工效率。

A. 充分利用切削速度　　　　　　　B. 减少装夹次数
C. 充分利用刀具直径　　　　　　　D. 以上都是

参考答案:D　适用等级:中级

4) 下面对于多轴数控加工的论述错误的是( )。

A. 多轴数控加工能同时控制四个或四个以上坐标轴的联动
B. 能缩短生产周期,提高加工精度
C. 多轴数控加工时刀具轴线相对于工件是固定不变的
D. 多轴数控加工技术正朝着高速、高精、复合、柔性和多功能方向发展

参考答案:C　适用等级:中级

3. 多项选择题

1) 与三轴数控加工设备相比,五轴联动数控机床的优点是( )。

A. 保持刀具最佳切削状态,改善切削条件
B. 有效避免刀具干涉
C. 提高加工质量和效率
D. 缩短新产品研发周期
E. 缩短生产过程链,简化生产管理

参考答案:ABCDE　适用等级:初级

2) 多轴加工能够提高加工效率，下列说法正确的是（　　）。
A. 可充分利用切削速度　　　　　　B. 可充分利用刀具直径
C. 可减小刀长，提高刀具强度　　　D. 可改善接触点的切削面积

参考答案：ABCD　适用等级：初级

3) 五轴机床可以提高表面质量，下列描述正确的是（　　）。
A. 利用球刀加工时，倾斜刀具轴线后可以提高加工质量
B. 可将点接触改为线接触，提高表面质量
C. 可以提高变斜角平面质量
D. 能减小加工残留高度

参考答案：ABC　适用等级：中级

13.2　多轴机床结构

【考核点】

1. 四轴机床结构特点

四轴机床一般为"3+1"的结构，分别为三个直线运动轴和一个旋转轴，即XYZ+A、XYZ+B两种形式四轴结构，如图13-1所示。3个直线坐标轴分别是X轴、Y轴、Z轴，旋转坐标轴分别是A轴、B轴。其中绕X轴旋转的轴为A轴，绕Y轴旋转的轴为B轴。四轴机床应用于凸轮、蜗轮、蜗杆、螺旋桨、鞋模、人体模型、汽车配件及其他精密零件加工。

图13-1　四轴机床结构

2. 五轴机床结构特点

五轴机床大多是"3+2"的结构，即由X、Y、Z三个直线运动轴加上分别围绕X、Y、Z轴旋转的A、B、C三个旋转轴中的两个旋转轴组成。这样，从大的方面分类，就有X、Y、Z、A、B；X、Y、Z、A、C；X、Y、Z、B、C三种形式。根据两个旋转轴的组合形式不同来划分，大体上有双转台式、转台加摆头式和双摆头式三种形式。这三种结构形式由于物理上的原因，分别决定了五轴机床的规格大小和加工对象的范围。

（1）双转台式结构的五轴机床　如图13-2所示，机床为A轴+C轴的双转台式结构。设置在床身上的工作台可以围绕X轴回转，定义旋转轴为A轴，A轴一般工作范围为30°～-120°。工作台的中间还设有一个回转台绕Z轴旋转，定义旋转轴为C轴，C轴一般能进行

360°回转。这样通过 A 轴与 C 轴的组合，固定在工作台上的工件有五个面可以由立式主轴进行加工。A 轴和 C 轴最小分度值一般为 0.001°，这样就可以将工件摆动到任意角度，加工出倾斜面、倾斜孔等。A 轴和 C 轴如果能在数控系统、伺服系统以及软件的支持下与 X、Y、Z 三个直线运动轴实现联动，就可加工出复杂的空间曲面。这种结构的优点是主轴的结构比较简单，主轴刚性好，制造成本比较低。但一般工作台不能设计太大，承重也较小，特别是当 A 轴回转大于等于 90°时，工件切削时会对工作台带来很大的承载力矩。

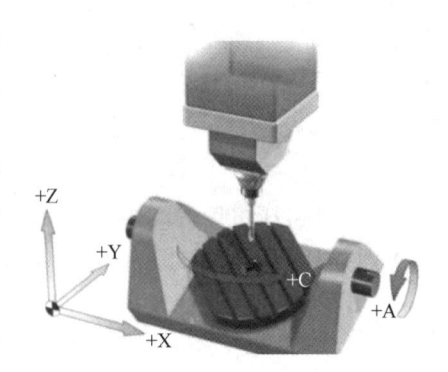

图 13-2 双转台式结构

（2）转台加摆头式结构的五轴机床　如图 13-3 所示，由于转台可以是 A 轴、B 轴或 C 轴，摆头也是一样，可以分别是 A 轴、B 轴或 C 轴，所以转台加摆头式结构的五轴联动机床可以有各种不同的组合，以适应不同的加工对象。这种结构的优点是主轴加工非常灵活，工作台也可以设计得比较大。

这种结构非常适合模具高精度曲面加工，为了达到回转的高精度，高端的回转轴还配置了圆光栅尺反馈，分度精度都在几秒以内，因为这类主轴的回转结构比较复杂，所以制造成本也较高。

（3）双摆头式结构的五轴机床　如图 13-4 所示，由于结构本身的原因，摆头中间一般有一个带有松拉刀结构的电主轴，所以双摆头自身的尺寸不容易做小，一般在 400~500mm，加上双摆头活动范围的需要，所以双摆头结构的五轴机床的加工范围不宜太小，而是越大越好，一般为龙门式或动梁龙门式，龙门的宽度在 2000mm 以上。

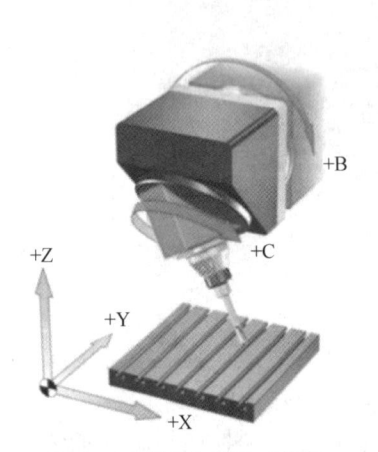

图 13-3 转台加摆头式结构

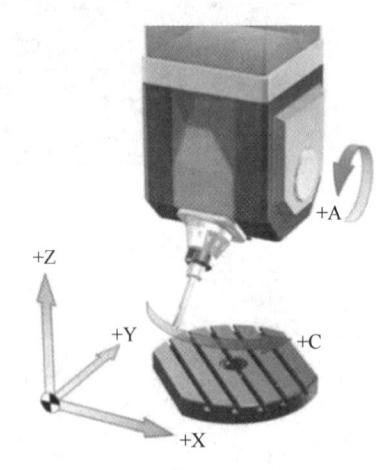

图 13-4 双摆头式结构

目前，较先进的双摆头式五轴机床的摆头结构一般采用"零传动"技术的转矩电动机，"零传动"技术在旋转轴中的应用是解决其传动链刚性和精度的较理想的技术路线。随着技术的发展，转矩电动机的制造成本下降，市场价格也随之下降，这一进程将促使五轴机床的制造技术大大地前进一步。

【考题样例】

1. 判断题

1）双转台式五轴联动机床的 A 轴回转大于或等于 90°时，工件切削时会对工作台带来较小的承载力矩，因而能适用于大型精密工件的加工。（   ）

参考答案：对　适用等级：中级

2）双摆头式五轴机床，两个旋转轴都在主轴上，适合于加工体积较大的零件。（   ）

参考答案：对　适用等级：高级

3）双摆头式五轴机床旋转灵活，适合各种形状大小零件，但是机床刚性差，不能重切削。由于双摆头式五轴机床主要是针对大型零件而设计的，所以以龙门式为主。（   ）

参考答案：对　适用等级：高级

2. 单项选择题

1）五轴联动机床一般由三个直线轴加上两个回转轴组成，根据旋转轴具体结构的不同可分为（   ）种形式。

　A. 2　　　　　　　　B. 3　　　　　　　　C. 4　　　　　　　　D. 5

参考答案：B　适用等级：初级

2）在多轴加工中，以下关于工件定位与机床关系的描述中（   ）是错误的。

　A. 机床各部件之间的关系

　B. 工件坐标系原点与旋转轴的位置关系

　C. 刀尖点或刀心点与旋转轴的位置关系

　D. 直线轴与旋转轴的关系

参考答案：D　适用等级：中级

3. 多项选择题

1）下列关于双摆头式五轴机床特点描述正确的是（   ）。

　A. 旋转灵活　　　　　　　　　　　　B. 适合各种形状大小零件

　C. 机床刚性差　　　　　　　　　　　D. 能重切削

参考答案：ABC　适用等级：初级

2）双摆头式五轴机床的特点有（   ）。

　A. 工作台负载能力强　　　　　　　　B. 主轴的刚性相对较好

　C. 刀具长度对加工精度会产生影响　　D. 容易产生位置误差和形状误差

参考答案：ACD　适用等级：初级

解析：涉及摆头结构的五轴机床，加工力矩来自于摆头内的旋转驱动电动机，一旦加工刀具较长，则力矩越长，刀尖位置可以提供的切削力就比较小，所以一般刚性较差；而且摆头结构的五轴机床，受限于摆头内空间狭隘，内置驱动电动机无法做大，所以扭力较小。而转台结构的五轴机床工作台下的电动机可以做很大，所以联动起来扭力也更大，精度也更高。

3）下列关于双转台式机床特点描述正确的是（   ）。

　A. 机床刚性好　　　　　　　　　　　B. 不受转台的限制

　C. 不适合大型零件　　　　　　　　　D. 旋转灵活

参考答案：AC　　适用等级：中级

13.3　五轴机床的 RTCP 功能

【考核点】

RTCP 即是 Rotated Tool Center Point，也就是业界常说的刀尖点跟随功能。在五轴加工中，追求刀尖点轨迹及刀具与工件间的姿态时，由于回转运动，产生刀尖点的附加运动。数控系统控制点往往与刀尖点不重合，因此数控系统要自动修正控制点，以保证刀尖点按指令既定轨迹运动。业内也有将此技术称为 TCPM、TCPC 或 RPCP 等功能，这些称呼的功能定义都与 RTCP 类似。严格意义上来说，RTCP 功能是用在双摆头结构上，应用摆头旋转中心点来进行补偿；RPCP 功能主要是应用在双转台形式的机床上，补偿的是由于工件旋转所造成的直线轴坐标的变化。这些功能殊途同归，都是为了保持刀具中心点和刀具与工件表面的实际接触点不变。为了表述方便，通常将此类技术统称为 RTCP 技术。

之前不具备 RTCP 功能的五轴机床和数控系统，必须依靠自动编程软件和后处理技术，事先规划好刀路。通过后处理器，表明机床第四轴和第五轴中心的位置关系，来补偿旋转轴对直线轴坐标的位移。这样生成的 CNC 程序，X、Y、Z 不仅仅是编程趋近点，更是包含了 X、Y、Z 轴上必要的补偿。这样处理的结果不仅会导致加工精度不足，效率低下，所生成的程序不具有通用性，所需人力成本也很高。同时由于每台机床的回转参数不同，都要有对应的后处理文件，对于生产也会造成极大的不便。同样一个零件，机床或刀具更换，都必须重新进行 CAM 编程和后处理，并且操作人员在装夹工件时需要保证工件在工作台回转中心位置，这意味着需要大量的装夹找正时间，精度却得不到保证。

拥有 RTCP 技术的五轴机床，操作人员不必把工件精确地与转台轴线对齐，工件装夹得以简化，机床将自动补偿偏移，这样减少辅助时间，同时提高加工精度。另外，自动编程软件的后处理器制作也简化，只要输出刀尖点坐标和矢量即可。

【考题样例】

1. 判断题

RTCP 功能是指刀轴旋转后为保持刀尖不变，五轴自动计算并执行线性轴补偿。（　　）

参考答案：对　　适用等级：高级

2. 单项选择题

五轴程序中 TRAORI 的作用主要是（　　）。

A. 定向转换，激活后刀尖跟踪　　　　B. 保护 A 轴和 C 轴

C. 优化程序轨迹，改善切削性能　　　D. 补偿机床偏差，提高设备精度

参考答案：A　　适用等级：高级

3. 多项选择题

下面（　　）属于 RTCP 功能的优点。

A. 能够有效避免机床超程

B. 简化了 CAM 软件后置处理的设定

C. 增加了数控程序对五轴机床的通用性

D. 使得手工编写五轴程序变得简单可行

参考答案：BCD　适用等级：中级

13.4 驱动几何体概念

【考核点】

在几何学中，将若干几何面（平面或曲面）所围成的有限形体称为几何体，围成几何体的面称为几何体的界面或表面，不同界面的交线称为几何体的棱线或边，不同棱线的交点称为几何体的顶点。几何体也可看成空间中若干几何面分割出来的有限空间区域。

驱动几何体就是引导刀具运动的一个载体，驱动几何体可以是曲线、点、边界、曲面等。

【考题样例】

1. 判断题

在多轴编程中，常常需要做一些辅助曲面，以便获得更好的刀路，曲面的质量很大程度上会决定刀路的质量。（　　）

参考答案：对　适用等级：高级

2. 单项选择题

1）多轴加工的驱动方法通常有（　　）。
A. 点　　　　　　B. 线　　　　　　C. 面　　　　　　D. 以上都是

参考答案：D　适用等级：初级

2）多轴加工可以把点接触改为线接触从而提高（　　）。
A. 加工质量　　　B. 加工精度　　　C. 加工效率　　　D. 加工范围

参考答案：A　适用等级：初级

3）在多轴编程中，经常会用到"驱动几何体"这个概念，下面对"驱动几何体"论述中错误的是（　　）。
A. 驱动几何体可以是二维或三维的几何体
B. 驱动几何体不能与切削区域相同
C. 驱动几何体可以是被加工面的本身，也可以是被加工面以外的几何体
D. 驱动几何体规定了软件所产生的刀轨的范围、起点、终点、走向、步距、跨距等各项工艺参数

参考答案：B　适用等级：中级

3. 多项选择题

以下（　　）方式在加工曲面时属于线接触。
A. 侧刃铣削　　　B. 端刃铣削　　　C. 球刀行切　　　D. 环绕铣削

参考答案：AB　适用等级：高级

13.5 刀轴控制

【考核点】

1. 刀轴矢量

刀轴矢量被定义为从刀端指向刀柄的方向，用于定义固定刀轴与可变刀轴的方向，如图

模块 13　多轴数控加工　191

13-5 所示。固定刀轴与指定的矢量平行，而可变刀轴在刀具沿刀具路径移动时，可不断地改变方向。

在 CAM 软件中，如何实现人们对刀轴矢量的控制，是 CAM 系统五轴技术的核心技术。

2. 常用刀轴控制方法

1) 远离点。通过指定一聚焦点来定义可变刀轴矢量。它以指定的聚焦点为起点，并指向刀柄所形成的可变刀轴矢量，如图 13-6 所示。

2) 朝向点。通过指定一聚焦点来定义可变刀轴矢量。它指向定义的聚焦点并指向刀柄，作为可变刀轴矢量，如图 13-7 所示。

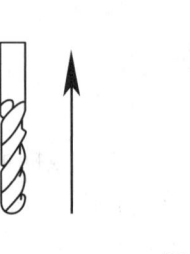

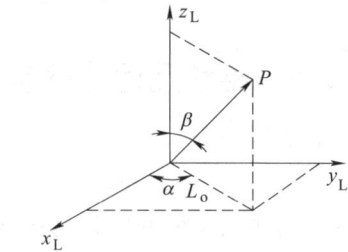

图 13-5 刀轴矢量

图 13-6 远离点刀轴矢量控制

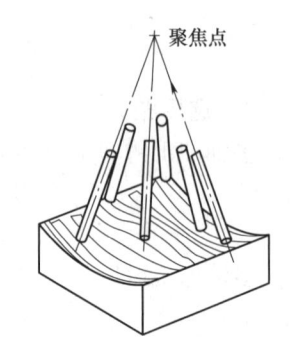

图 13-7 朝向点刀轴矢量控制

3) 远离直线。指定一条直线为聚焦线，"刀轴矢量"从定义的聚焦线离开并指向刀具夹持器。"刀轴"沿聚焦线移动，同时与该聚焦线保持垂直，如图 13-8 所示。

4) 朝向直线。指定一条直线为聚焦线，可变刀轴矢量指向聚集线，并垂直于该线，如图 13-9 所示。

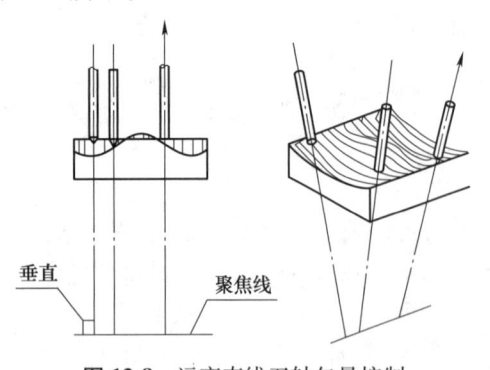

图 13-8 远离直线刀轴矢量控制

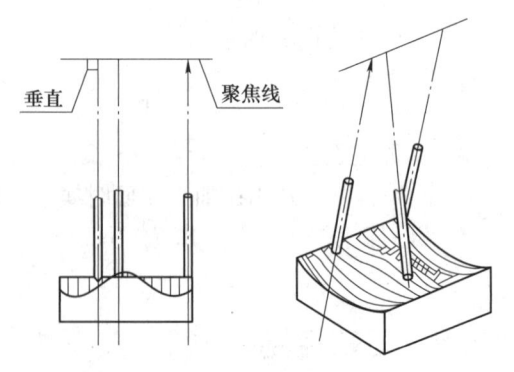

图 13-9 朝向直线刀轴矢量控制

5) 相对于矢量。直接指定某个方向来确定刀轴的方向，并且可以通过调整"前倾角"和"侧倾角"来调整刀轴方向，如图 13-10 所示。

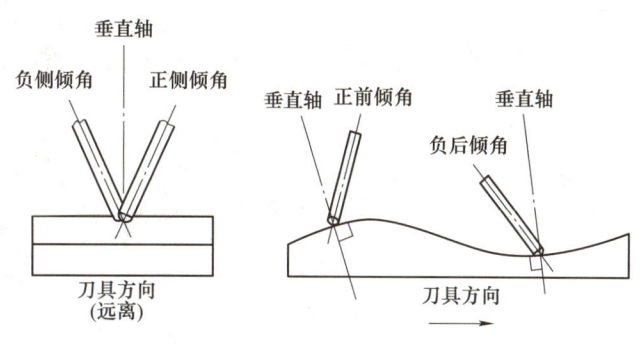

图 13-10 相对于矢量刀轴矢量控制

【考题样例】

1. 判断题

1）多轴加工控制刀轴摆动的目的之一是为了避免干涉。（ ）

参考答案：对　适用等级：初级

2）利用球刀进行加工时，倾斜刀具轴线后可以提高加工效率及改善表面质量。（ ）

参考答案：对　适用等级：中级

2. 单项选择题

1）与三轴加工相比，（ ）不属于多轴加工的三要素之一。

A. 走刀方式　　　　B. 刀轴方向　　　　C. 刀具类型　　　　D. 刀具运动

参考答案：C　适用等级：初级

2）多轴加工的刀轴控制方式与三轴固定轮廓铣不同之处在于对刀具轴线（ ）的控制。

A. 距离　　　　　　B. 角度　　　　　　C. 矢量　　　　　　D. 方向

参考答案：C　适用等级：初级

3）在多轴加工编程中，图 13-11 中（ ）为刀轴控制中的朝向点。

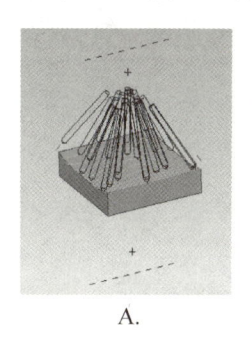

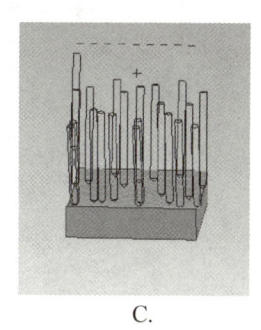

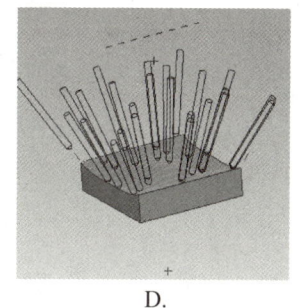

图 13-11 刀轴控制

参考答案：A　适用等级：高级

解析：要正确区分刀轴矢量和投影矢量，投影矢量是控制驱动往加工面投影的方向，而刀轴矢量是控制刀轴的方向，刀轴的正方向是指从刀尖指向刀具夹持位置。

3. 多项选择题

五轴机床通过刀轴控制可以提高表面质量,图 13-12 中对这个特性的描述有（　　）。

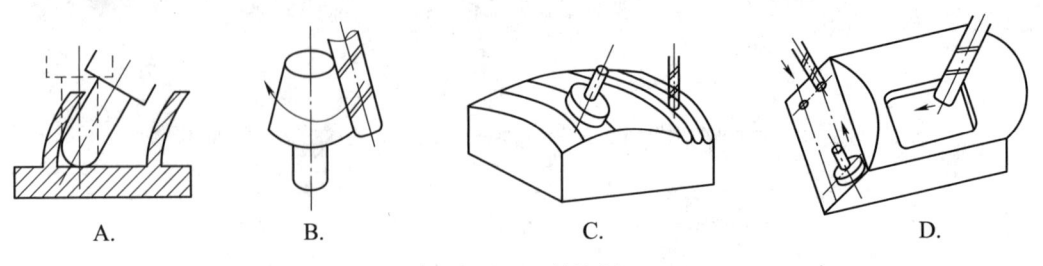

A.　　　　　　B.　　　　　　C.　　　　　　D.

图 13-12　刀轴控制

参考答案：ABCD　　适用等级：高级

参考答案：D　适用等级：中级

解析：电阻属于电路元件，不是电路的物理量。

14.3　电路有载、短路与开路

【考核点】

1. 有载工作状态

将电路中的开关 S 闭合后，电源与负载接通，电路处于有载工作状态，电路中有电流流过，如图 14-1 所示。

2. 短路工作状态

电源被短路，此时电源的两个极性端直接相连，如图 14-2 所示。电源被短路往往造成严重后果，如导致电源因发热过甚而损坏，或因电流过大而引起电气设备的机械损伤，因而要绝对避免电源被短路。在实际工作中，应经常检查电气设备和线路的绝缘情况，以防止电源短路事故。

3. 开路工作状态

将图 14-3 中的开关 S 断开，电源处于开路工作状态，也称为电源的空载运行，此时负载上的电流、电压和功率均为零，即电源的开路电压等于电源的电动势。

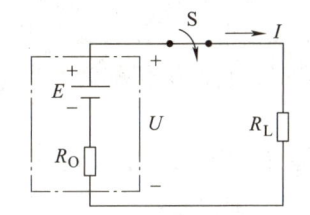

图 14-1　电路有载工作状态

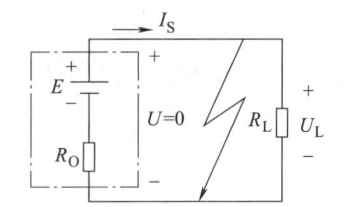

图 14-2　电路短路工作状态

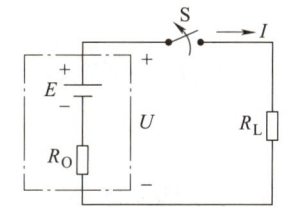

图 14-3　电路开路工作状态

【考题样例】

1. 判断题

1）短路对电路没有危害。（　　）

参考答案：错　适用等级：初级

2）电气设备和器件应尽量工作在轻载工作状态，也即额定状态。（　　）

参考答案：错　适用等级：中级

2. 单项选择题

两只额定电压相同的电阻串联在电路中，其阻值较大的电阻发热（　　）。

A. 相同　　　　　B. 较大　　　　　C. 较小　　　　　D. 不确定

参考答案：B　适用等级：中级

解析：在串联电路中，电流相等，根据公式 $P=I^2R$，可知电阻较大者，功率较大。

3. 多项选择题

以下（　　）是电路的常见工作状态。

A. 短路　　　　　B. 开路　　　　　C. 有载　　　　　D. 断路

参考答案：ABC　　适用等级：中级

14.4　电位的分析与计算

【考核点】

在计算电位时，必须选定电路中的某一点作为参考点，并规定该点的电位为零。参考点就是零电位点。

电位是分析电路常用的物理量，用 V 表示。从物理学可知，电压就是电位的差值，即

$$U_{ab} = V_a - V_b$$

参考点选择的不同，电路中各点电位就不同。只有当参考点选定之后，电路中各点电位才有确定的数值，即电位的高低与参考点的选择有关。但是不管参考点如何选择，任意两点间电压是不变的，与参考点选择无关。

【考题样例】

1. 判断题

1）电路中的参考方向与实际方向是相同的。（　　）

参考答案：错　　适用等级：初级

2）一段电路的电压 $U_{ab}=-10V$，该电压实际上表示 a 点电位高于 b 点电位。（　　）

参考答案：错　　适用等级：中级

3）在分析电路中某点的电位时，电路中的参考点可以任意选定，它的电位称为参考电位。（　　）

参考答案：对　　适用等级：中级

2. 单项选择题

1）参考点也称为零电位点，它是（　　）。

A. 人为规定的　　　　　　　　　　B. 由参考方向决定的
C. 由电位的实际方向决定的　　　　D. 大地性质决定的

参考答案：A　　适用等级：中级

解析：电路中的参考点可以任意选定，通常设参考电位为0。

2）当参考点改变时，电路中的电位差是（　　）。

A. 变大的　　　　B. 变小的　　　　C. 不变化的　　　　D. 无法确定的

参考答案：C　　适用等级：初级

14.5　电路分析方法

【考核点】

在线性电路中，当有两个或两个以上电源作用时，任一支路电流或电压，等于各个电源单独作用时在该支路中产生的电流或电压的代数和。

1）叠加定理只适用于线性电路，不能用于非线性电路。

2）应用叠加原理分析计算电路时，应保持电路的结构不变。当某一电源单独作用时，要将不作用的电源中的恒压源短接，恒流源开路。

3）最后进行叠加时，要注意各电流或电压分量的方向，与所有电源共同作用的支路电流或

电压方向一致的电流分量或电压分量取正号，反之取负号。

【考题样例】

1. 判断题

非线性电路中同样可以使用叠加定理。（　　）

参考答案：错　　适用等级：中级

2. 单项选择题

用叠加原理计算复杂电路，就是把一个复杂电路化为（　　）电路进行计算的。

A. 单电源　　　　　B. 较大　　　　　C. 较小　　　　　D. R、L

参考答案：A　　适用等级：初级

解析：在线性电路中，当有两个或两个以上电源作用时，任一支路电流或电压，等于各个电源单独作用时在该支路中产生的电流或电压的代数和，此为叠加原理。

3. 多项选择题

以下关于叠加定理描述正确的是（　　）。

A. 叠加定理只适用于线性电路，不能用于非线性电路
B. 叠加定理既适用于线性电路，也适用于非线性电路
C. 应用叠加原理分析计算电路时，应保持电路的结构不变
D. 应用叠加原理分析计算电路时，不用保持电路的结构不变

参考答案：AC　　适用等级：中级

14.6　单相正弦交流电路

【考核点】

大小和方向都随时间按正弦规律变化的电压、电流、电动势称为正弦交流电。正弦交流电的瞬时值表达式或解析式为：$i = I_m \sin(\omega t + \phi_i) = \sqrt{2} I \sin(\omega t + \phi_i)$。

由上式可知，正弦交流电的特征具体表现在变化的快慢、振幅的大小和计时时刻的状态三个方面，这三个量称为正弦量的"三要素"，它们分别用角频率（或频率、周期）、最大值（或有效值）和初相位来表示。

【考题样例】

1. 判断题

1) 我国和大多数国家采用60Hz作为电力系统的供电频率。（　　）

参考答案：错　　适用等级：初级

2) 通常交流电压电流测量数值是瞬时值。（　　）

参考答案：错　　适用等级：中级

3) 两个同频率正弦量相等的条件是最大值相等。（　　）

参考答案：错　　适用等级：中级

4) 正弦电压可以方便利用变压器进行升压或降压，因而发电厂都是以正弦交流的形式生产电能。（　　）

参考答案：对　　适用等级：中级

2. 单项选择题

1) 按国际和我国标准，（　　）线只能用作保护接地或保护接零线。
A. 黑色　　　　　　B. 蓝色　　　　　　C. 黄绿双色　　　　　　D. 都可以
参考答案：C　适用等级：中级

2) 确定正弦量的三要素为（　　）。
A. 相位、初相位、相位差
B. 最大值、频率、初相位
C. 周期、频率、角频率
D. 初相角、相位差、频率
参考答案：B　适用等级：中级

3) 通常用交流仪表测量的是交流电源、电压的（　　）。
A. 平均值　　　　　B. 有效值　　　　　C. 瞬时值　　　　　D. 幅值
参考答案：B　适用等级：初级

3. 多项选择题

以下（　　）可以直接或间接计算出正弦交流电的构成要素。
A. 频率　　　　　　B. 角频率　　　　　C. 初相位　　　　　D. 幅值
参考答案：ABCD　适用等级：中级

14.7　纯电阻电路

【考核点】

交流电路中如果只有线性电阻，这种电路称为纯电阻电路。日常生活中接触到的白炽灯、电炉、电熨斗等都属于电阻性负载，在这类电路中影响电流大小的主要因素是负载电阻 R。

当电阻两端 u 和 i 的参考方向相同时，根据欧姆定律得出：$i=\dfrac{U}{R}$，即电阻元件上的电压与通过的电流成线性关系。

电阻是耗能元件，为了反映电阻所消耗功率的大小，在工程上常用平均功率（也称为有功功率）来表示。平均功率就是瞬时功率在一个周期内的平均值，用 P 表示。

【考题样例】

1. 判断题

1) 纯电阻单相正弦交流电路中的电压与电流，其瞬时值遵循欧姆定律。（　　）
参考答案：对　适用等级：初级

2) 在交流电路中，电阻元件通过的电流与其两端电压是同相位的。（　　）
参考答案：对　适用等级：中级
解析：电阻两端电压和电流相位差为 0。

2. 单项选择题

1) 在交流电路中，某元件电流的（　　）值是随时间不断变化的量。
A. 有效　　　　　　B. 平均　　　　　　C. 瞬时　　　　　　D. 最大
参考答案：C　适用等级：初级
解析：电流的有效值、平均值和最大值通常都是确定值。

2）在检查插座时，电笔在插座的两个孔中均不亮，首先判断是（　　）。
A. 短路　　　　　　　　　　　　B. 相线断线
C. 零线断线　　　　　　　　　　D. 相线和零线同时断线

参考答案：B　适用等级：中级

14.8 纯电感电路

【考核点】

当一个线圈的电阻和分布电容小到可以忽略不计时，可以看成是一个纯电感。将它接在交流电源上就构成了纯电感电路。L 称为线圈的电感量，单位为 H（亨 [利]）。具有参数 L 的电路元件称为电感元件，简称为电感。空心线圈的电感量是一个常数，与通过的电流大小无关，这种电感称为线性电感。

电感元件上的电压 u 和电流 i 是同频率的正弦电量，电压和电流的相位差 $\phi=90°$，即 u 超前 i 90°，电压和电流的最大值、有效值的关系为

$$U_m = \omega L I_m = X_L I_m, U = \omega L I = X_L I$$

$X_L = \omega L = 2\pi f L$ 称为电感电抗，简称为感抗，单位为 Ω（欧姆）。电感元件具有"隔交通直""通低频、阻高频"的性质，在电子技术中被广泛应用，如滤波、高频扼流等。

电感与电源之间只是进行能量交换而不消耗功率，平均功率不能反映能量交换的情况，因而常用瞬时功率的最大值来衡量这种能量交换的情况，并把它称为无功功率。无功功率用 Q 表示，单位为 var（乏）。

【考题样例】

1. 判断题

感性负载并联适当电容器后，线路的总电流减小，无功功率也将减小。（　　）

参考答案：对　适用等级：初级

2. 单项选择题

1）交流电路中电流比电压滞后 90° 该电路属于（　　）电路。
A. 纯电阻　　　B. 纯电感　　　C. 纯电容　　　D. 电阻和电容

参考答案：B　适用等级：中级

解析：电感两端电压超前电流 90° 相位角。

2）电感接在有效值为 2V 的交流电压源两端，已知吸收 $Q=1$var，则该电感的感抗是（　　）。
A. 1Ω　　　B. 2Ω　　　C. 3Ω　　　D. 4Ω

参考答案：D　适用等级：中级

解析：电感产生的无功功率 $Q=U^2/X_L$，可知，$X_L=(4/1)\Omega=4\Omega$。

14.9 纯电容电路

【考核点】

两块金属导体中间隔以绝缘介质所组成的整体，就形成一个电容器。当对电容器施加电压时，极板上聚集电荷，极板间建立电场，电场中储存能量，所以电容器是一种能够储存电

场能量的元件。C 称为电容器的电容量，单位为 F（法拉，简称为法）。具有参数 C 的电路元件称为电容元件，简称为电容。当电容量 C 是一个常数，与两端电压无关时，这种电容称为线性电容。

电容元件上的电压 u 和电流 i 也是同频率的正弦电量，电压和电流的相位差 $\phi = -90°$，即 u 滞后 i 90°。电压和电流的最大值、有效值的关系为

$$U_m = \frac{1}{\omega C} I_m = X_C I_m, \quad U = \frac{1}{\omega C} I = X_C I$$

X_C 称为电容电抗，简称为容抗，单位为 Ω（欧姆）。电容元件具有"隔直通交""通高频、阻低频"的性质，在电子技术中被广泛应用于旁路、隔直、滤波等方面。

电容与电源之间只是进行能量的交换而不消耗功率，其能量的交换也用无功功率来衡量。无功功率用 Q 表示，单位为 var（乏）。

【考题样例】

1. 判断题

电流的频率越高，则电感元件的感抗值越小，而电容元件的容抗值越大。（　　）

参考答案：错　　适用等级：中级

2. 单项选择题

1) 电容量的单位是（　　）。
A. 法　　　　　　B. 乏　　　　　　C. 安时　　　　　　D. 欧姆

参考答案：A　　适用等级：初级

2) 一电容接到 $f = 50$Hz 的交流电路中，容抗 $X_C = 240$Ω，若改接到 $f = 25$Hz 的电源时，则容抗 X_C 为（　　）Ω。
A. 80　　　　　　B. 120　　　　　　C. 160　　　　　　D. 480

参考答案：D　　适用等级：中级

解析：电容 $X_C = \dfrac{1}{2\pi f C}$，可知，$X_C$ 的大小与频率成反比。

3) 并联电容器的作用是（　　）。
A. 降低功率因数　　B. 提高功率因数　　C. 维持电流　　D. 维持电压

参考答案：B　　适用等级：中级

4) 电容器功率的单位是（　　）。
A. 乏　　　　　　B. 瓦　　　　　　C. 法拉　　　　　　D. 焦

参考答案：A　　适用等级：初级

解析：电容产生的也是无功功率 Q，其单位为乏。

14.10　正弦交流电路的分析

【考核点】

当 R、L、C 串联时，有欧姆定律式

$$U = \sqrt{U_R^2 + (U_L - U_C)^2}$$

$$U = I\sqrt{R^2 + (X_L - X_C)^2} = I\sqrt{R^2 + X^2} = IZ$$

电压相量 $\dot{U}$、$\dot{U}_R$、$(\dot{U}_L-\dot{U}_C)$ 组成了一个直角三角形，称为电压三角形。

$X=X_L-X_C$，称为电抗；$Z=\sqrt{R^2+X^2}$ 称为阻抗，单位都是 Ω。可以看出 Z、R、(X_L-X_C) 也组成了一个直角三角形，称为阻抗三角形。阻抗三角形和电压三角形是相似三角形。

视在功率表示电源提供总功率（包括 P 和 Q）的能力，即电源的容量。在交流电路中，总电压与总电流有效值的乘积定义为视在功率，用字母 S 表示，单位为 V·A（伏·安）或 kV·A（千伏·安），即 $S=UI$。这三个功率之间有一定的关系，即 $S=\sqrt{P^2+Q^2}$。显然，它们也可以用一个直角三角形来表示，称为功率三角形。

【考题样例】

1. 判断题

1）视在功率就是有功功率加上无功功率。（   ）

参考答案：错　适用等级：中级

解析：$S^2=P^2+Q^2$，故视在功率不等于有功功率加上无功功率。

2）在交流电路中，电阻是耗能元件，而纯电感或纯电容元件只有能量往复交换，没有能量的消耗。（   ）

参考答案：对　适用等级：初级

3）电阻、感抗和容抗的单位都是欧姆。（   ）

参考答案：对　适用等级：中级

2. 单项选择题

1）R、L、C 三个理想元件串联，若 $X_L>X_C$，则电路中的电压、电流关系是（   ）。

A. u 超前 i　　　　B. i 超前 u　　　　C. 同相　　　　D. 反相

参考答案：A　适用等级：中级

解析：若 $X_L>X_C$，说明电路呈感性，所以电压超前电流。

2）电路的无功功率是电源与电路（   ）间能量（   ）的功率

A. 电源 交换　　　B. 负载 无用　　　C. 电源 无用　　　D. 负载 消耗

参考答案：D　适用等级：中级

解析：无功功率也是功率的消耗，并不是无用之功。

3. 多项选择题

以下（   ）的单位相同。

A. 视在功率　　　　　　　　　　　B. 电容产生的功率
C. 电阻产生的功率　　　　　　　　D. 电感产生的功率

参考答案：BD　适用等级：中级

14.11　三相交流电路

【考核点】

1. 三相电源

三相对称电源是指由三个频率相同、幅值相等、相位彼此互差 120° 的正弦电压源按一定方式连接而成的对称电源。三相对称电压是由三相交流发电机产生的。在三相交流发电机中有三个相同的绕组，三个绕阻的首端分别用 U_1、V_1、W_1 表示，末端分别用 U_2、V_2、W_2 表示。

三个交流电压达到最大值的先后次序称为相序，相序为 $U \rightarrow V \rightarrow W$，称为正序或顺序，反之，当相序为 $W \rightarrow V \rightarrow U$ 时，这种相序称为反序或逆序。通常无特殊说明，三相电源均为正序。

2. 三相负载

三相负载：接在三相电源上的负载。

对称三相负载：各相负载相同的三相负载。

不对称三相负载：各相负载不相同的三相负载。

相电压：每相负载两端的电压。

相电流：流过每相负载的电流。

线电流：流过相线的电流。

中线电流：流过中性线上的电流。

【考题样例】

1. 判断题

1）只要每相负载所承受的相电压相等，那么不管三相负载是接成星形还是三角形，三相负载所消耗的功率都是相等的。（　　）

参考答案：对　适用等级：中级

2）应进行星形连接的三相异步电动机误接成三角形，电动机不会被烧坏。（　　）

参考答案：错　适用等级：中级

2. 单项选择题

1）单相三孔插座的上孔接（　　）。
　A. 零线　　　　　　B. 相线　　　　　　C. 地线　　　　　　D. 火线

参考答案：C　适用等级：中级

2）对称三相电动势在任一瞬间的（　　）等于零。
　A. 频率　　　　　　B. 波形　　　　　　C. 角度　　　　　　D. 代数和

参考答案：D　适用等级：初级

3）在三相交流电路的不对称星形连接中，中线的作用是（　　）。
　A. 使不对称的相电流保持对称　　　　　　B. 使不对称的相电压保持对称
　C. 使输出功率更大　　　　　　　　　　　D. 使线电压与相电压同相

参考答案：B　适用等级：中级

4）负载星形接法，线电流（　　）相电流。
　A. 大于　　　　　　B. 小于　　　　　　C. 等于　　　　　　D. 基本等于

参考答案：C　适用等级：中级

3. 多项选择题

以下描述正确的是（　　）。
　A. 三个频率相同、幅值相等、相位彼此互差 120° 的正弦电压源按一定方式连接而成的对称电源为三相对称电源

B. 三相负载是接在三相电源上的负载
C. 火线与火线之间的电压称为线电压
D. 火线与零线之间的电压称为相电压

参考答案：ABCD　　适用等级：中级

14.12　电气设备——变压器

【考核点】

变压器是根据电磁感应原理制成的一种静止的电气设备。它具有变换电压、变换电流和变换阻抗的功能，因而在工程中的各个领域获得了广泛应用。

变压器虽种类很多，形状各异，但其基本结构是相同的，主要部件是铁心、绕组等。铁心构成变压器的磁路部分。按照铁心结构的不同，变压器可分为心式与壳式两种。心式铁心变压器的绕组套在铁心柱上，结构比较简单，绕组的装配和绝缘都比较方便，且用铁量较少，因此多用于容量较大的变压器，如电力变压器。壳式铁心变压器具有分支磁路，铁心把绕组包围在中间，故不要专门的变压器外壳，但它的制造工艺复杂，用铁量也较多，常用于小容量的变压器中，如电子线路中的变压器。绕组构成变压器的电路部分。一般小容量变压器的绕组是用高强度漆包线绕成，大容量变压器的绕组可用绝缘扁铜线或铝线制成。

【考题样例】

1. 判断题

变压器是一种静止的电气设备，其只能传递电能，而不能产生电能。（　　）

参考答案：对　　适用等级：初级

2. 单选选择题

1）引起电磁场的原因是（　　）。
A. 由变速运动的带电粒子引起　　B. 由不变的电压引起
C. 由不变的电流引起　　　　　　D. 由较大的电阻引起的

参考答案：A　　适用等级：中级

2）变压器是一种（　　）的电动机。
A. 运动　　　B. 静止　　　C. 发电机　　　D. 不确定

参考答案：B　　适用等级：中级

14.13　变压器的运行

【考核点】

1. 变压器的空载运行

变压器的空载运行是指变压器一次绕组接交流电源电压，二次绕组开路，不接负载时的运行情况，此时满足

$$\frac{U_1}{U_{20}} \approx \frac{E_1}{E_2} = \frac{N_1}{N_2} = K$$

2. 变压器的负载运行

变压器的一次绕组接电源，二次绕组接负载，变压器向负载供电，称为变压器的负载运

行，此时满足

$$I_1 / I_2 = 1/k$$

3. 阻抗变换

虽然变压器一次、二次绕组之间只有磁的耦合，没有电的直接联系，但实际上一次绕组的电流会随着二次绕组负载阻抗的大小而变化，此时满足

$$|Z'| = \left(\frac{N_1}{N_2}\right)^2 |Z|$$

【考题样例】

1. 判断题

1）变压器能变换任何电压。（　　）

参考答案：错　　适用等级：初级

2）变压器能变电压也可以变电流、变阻抗。（　　）

参考答案：对　　适用等级：中级

2. 单项选择题

1）已知变压器的一次匝数 $N_1 = 1000$ 匝，二次匝数 $N_2 = 2000$ 匝，若此时变压器的负载阻抗为 5Ω，则从一次绕组看进去此阻抗应为（　　）。

A. 2.5Ω　　　　　B. 1.25Ω　　　　　C. 20Ω　　　　　D. 10Ω

参考答案：B　　适用等级：中级

解析：阻值比是匝数平方比。

2）一台变压器一次、二次绕组电压为60V/12V，若二次绕组接一电阻 8Ω，则从一次绕组看进去的等效电阻是（　　）。

A. 40Ω　　　　　B. 80Ω　　　　　C. 120Ω　　　　　D. 200Ω

参考答案：D　　适用等级：中级

解析：电压与匝数正比，阻值比是匝数平方比，故一次电阻为 $8 \times 5^2 \Omega = 200\Omega$。

3. 多项选择题

以下关于变压器的说法，描述正确的是（　　）。

A. 变压器是根据电磁感应原理制成的一种静止的电气设备
B. 变压器能变换电压
C. 变压器能变换电流
D. 变压器能变换阻抗

参考答案：ABCD　　适用等级：中级

14.14　电气设备——电动机

【考核点】

电动机是一种把电能转换为机械能的旋转机器。它通过转动部分驱动生产机械工作。三相异步电动机主要有两个部分组成：固定部分——定子，旋转部分——转子。此外还有端盖、风扇等附属部分。

三相定子绕组 AX、BY、CZ，它们在空间按互差 $120°$ 的规律对称排列，并接成星形与三

相电源 U、V、W 相连。三相定子绕组便通过三相对称电流；随着电流在定子绕组中通过，在三相定子绕组中就会产生旋转磁场，在旋转磁场的作用下，转子能够转动起来。

【考题样例】

1. 判断题

1) 电动机的转速与磁极对数有关，磁极对数越多，转速越高。（　　）

参考答案：错　适用等级：中级

2) 判断导体内感应电动势的方向时应使用电动机左手定则。（　　）

参考答案：错　适用等级：初级

2. 单项选择题

1) 三相异步电动机虽然种类繁多，但基本结构均由（　　）和转子两大部分组成。
A. 外壳　　　　　　B. 定子　　　　　　C. 罩壳及机座　　　　D. 铁心

参考答案：B　适用等级：初级

2) 异步电动机旋转磁场的转向与（　　）有关。
A. 电源频率　　　　B. 转子转速　　　　C. 电源相序　　　　D. 电源初相位

参考答案：C　适用等级：中级

3) 三相异步电动机转子的转速（　　）同步转速。
A. 低于　　　　　　　　　　　　　　　B. 高于
C. 等于　　　　　　　　　　　　　　　D. 可以低于，也可以高于

参考答案：A　适用等级：高级

3. 多项选择题

以下关于电动机的说法，描述正确的是（　　）。
A. 三相异步电动机由定子和转子两部分组成
B. 电动机能把电能转换为机械能
C. 三相异步电动机能够转动的原因是通电电动机内部产生了旋转磁场
D. 电动机能把机械能转换为电能

参考答案：ABC　适用等级：中级

14.15　电动机的控制

【考核点】

1. 电动机起动

利用刀开关、交流接触器、空气断路器等电器将电动机直接接入电源起动，称为直接起动或全压起动。它的优点是设备简单、操作方便、起动迅速，但是起动电流大。

2. 电动机反转

三相异步电动机的转子转向取决于旋转磁场的转向。使电动机反转，只要将接在定子绕组上的三根电源线中的任意两根对调，改变接入电动机电源的相序，使旋转磁场反转即可。

3. 电动机制动

制动就是刹车。当切断电动机的电源后，由于转子的惯性作用，电动机将继续转动一段时间才能停下来。在生产中为了提高生产率，保证产品质量及安全，常要求电动机能迅速而

准确地停止转动，这就需要对电动机进行制动。

> 【考题样例】

1. 判断题

三相异步电动机在满载和空载下起动时，起动电流是一样的。（   ）

参考答案：错　适用等级：中级

2. 单项选择题

1）在机床的调速方法中，一般使用（   ）。

A. 电气无级调速　　　　　　　　　B. 机械调速

C. 同时使用以上两种调速　　　　　D. 变转差率调速

参考答案：A　适用等级：中级

2）电动机在额定工作状态下运行时定子电路所加的（   ）称为额定电压。

A. 线电压　　　B. 相电压　　　C. 线电流　　　D. 相电流

参考答案：A　适用等级：中级

3. 多项选择题

常见的电动机控制包括（   ）。

A. 电动机的起动　　B. 电动机的正反转　　C. 电动机的制动　　D. 电动机的调速

参考答案：ABCD　适用等级：中级

解析：常见的电动机控制包括电动机的起动、正反转、制动、调速、时间控制和行程控制等。

模块 15

液压与气动

15.1 液压传动系统

【考核点】

液压传动是以密闭系统内部液压油的液压能传递运动和动力的传动形式,传动过程中先通过动力元件将原动机的机械能转换为液压油的液压能,再通过执行元件将液压能转换为机械能输出。

液压传动工作原理可归纳如下:

1) 液压传动是以液体(液压油)作为传递运动和动力的工作介质。
2) 传动过程经过两次能量转换,即机械能→液压能→机械能。
3) 液压传动依靠密封容积(或密封系统)内容积的变化实现能量传递。

液压传动系统主要由五部分组成:

1) 动力元件。将机械能转换成液压能的装置,一般是指液压泵,为系统提供液压油。
2) 执行元件。将流体的液压能转换成机械能输出的装置,如做直线运动的液压缸、做回转运动的液压马达、摆动缸。
3) 控制元件。在系统中负责调节流体的压力、流量及流动方向的各类液压阀。
4) 辅助元件。保证系统正常工作所需的上述三种以外的装置,如过滤器、油箱、油管、接头、密封圈、压力表等。
5) 工作介质。液压系统中以液压油作为传递能量和信号的工作介质。

【考题样例】

1. 判断题

1) 液压泵为系统提供液压油,是液压系统的动力元件。(　　)

参考答案:对　　适用等级:初级

2) 液压缸是常用的液压系统执行元件。(　　)

参考答案:对　　适用等级:中级

2. 单项选择题

1）下列元件不属于执行元件的是（　　）。
A. 单向阀　　　　　B. 摆动缸　　　　　C. 液压马达　　　　　D. 液压缸
参考答案：A　适用等级：初级

2）液压泵能够将原动机的（　　）转换成液压能。
A. 电能　　　　　B. 气压能　　　　　C. 机械能　　　　　D. 液压能
参考答案：C　适用等级：初级

3. 多项选择题

1）属于液压系统组成的是（　　）。
A. 油箱　　　　　B. 马达　　　　　C. 液压缸
D. 快速接头　　　E. 液压油
参考答案：ABCDE　适用等级：初级

2）属于液压系统辅助元件的是（　　）。
A. 液压马达　　　B. 液压缸　　　　C. 油箱
D. 接头　　　　　E. 压力表
参考答案：CDE　适用等级：初级

15.2　液压油

【考核点】

液压油作为液压传动系统中的工作介质，主要用于传动、润滑、密封、冷却、防锈、传递信号及吸收冲击等。液压传动系统能否可靠有效地工作在很大程度上取决于使用的液压油。液压油应具有良好的黏温特性、润滑性、稳定性、抗锈性、耐蚀性、相容性、消泡性、脱气性、抗乳化性、防火性以及比热容和传热系数大、体积膨胀系数小、闪点和燃点高、流动点和凝固点低等特点。

与液压传动性能紧密相关的物理性质包含密度、黏度、压缩率和压缩模量等。其中，黏度是液压油最重要的性质，是表征液体流动时内摩擦力大小的系数，是衡量液体黏性大小的指标，常用的黏度表示方法有动力黏度、运动黏度和相对黏度。

为保证液压设备良好运行，应根据具体情况或系统要求选择合适黏度和种类的液压油，需要考虑液压系统使用的外部环境情况、系统工作压力及设备情况等。

【考题样例】

1. 判断题

1）使用过程中液压油的密度随压力的变化相对较小。（　　）
参考答案：对　适用等级：初级

解析：液压油的密度随压力增加而加大，随温度升高而减小，但在一般情况下由压力和温度引起的这种变化较小，可忽略。

2）选用液压油时应充分考虑外部环境的影响。（　　）
参考答案：对　适用等级：初级

解析：液体黏度随温度变化而变化，温度上升时黏度下降，温度下降时黏度上升，常用黏度—温度特性曲线表征油液黏度随温度变化关系，油液黏度随温度变化越小时其黏温特性越好。

2. 单项选择题

1) 某液压设备长期重载作业，可选用（　　）。
   A. 低温液压油　　B. 抗燃液压油　　C. 抗磨液压油　　D. 航空液压油

   参考答案：C　　适用等级：初级

   解析：液压设备一般应选用通用液压油，如果环境温度较低或温度变化较大，应选择黏度特性好的低温液压油；若环境温度较高且有防火要求，则应选择抗燃液压油；如设备长期重载作业，为减少磨损可选用抗磨液压油。

2) 工程上常用的黏度表示方法是（　　）。
   A. 动力黏度　　B. 运动黏度　　C. 相对黏度　　D. 恩氏黏度

   参考答案：B　　适用等级：初级

3. 多项选择题

1) 液压油作为液压传动传统中的工作介质，作用有（　　）。
   A. 传动　　B. 润滑　　C. 防锈
   D. 冷却　　E. 传递信号

   参考答案：ABCDE　　适用等级：初级

2) 黏度较高的液压油适用的工作环境为（　　）。
   A. 环境温度较高　　B. 环境温度较低　　C. 工作压力高
   D. 运动速度高　　E. 运动速度低

   参考答案：ACE　　适用等级：初级

15.3　液压动力元件

【考核点】

液压泵都是依靠密封容积变化的原理工作的，一般称为容积式液压泵。工作时，液压泵应当具有若干能够发生周期性变化的密封工作腔，油箱必须与大气相通，并有相应的配油机构使得吸油腔和压油腔隔开。

液压泵按照结构形式分为齿轮泵、叶片泵、柱塞泵、螺杆泵等；按照排量能否调节分为定量泵和变量泵。液压泵的主要性能参数有工作压力和额定压力、排量和流量、功率和效率等。液区泵符号如图 15-1 所示。

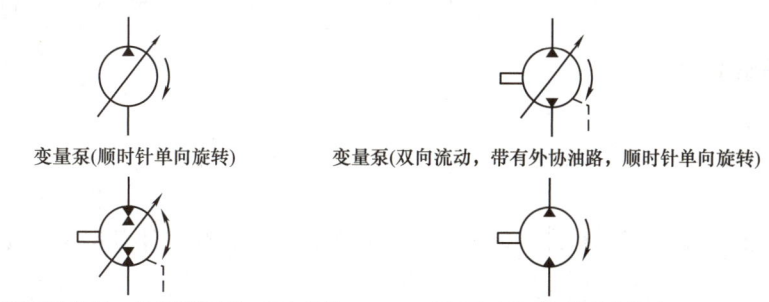

变量泵(顺时针单向旋转)　　变量泵(双向流动，带有外协油路，顺时针单向旋转)

变量泵/马达(双向流动，带有外泄油路，双向旋转)　　定量泵/马达(顺时针单向旋转)

图 15-1　液压泵符号

齿轮泵（图 15-2）按照齿轮啮合形式不同可分为外啮合式和内啮合式齿轮泵，外啮合式齿轮泵应用较广，内啮合式齿轮泵多为辅助泵。外啮合式齿轮泵工作时，两啮合的轮齿将泵体、前后盖板和齿轮包围的密闭容积分成两部分，轮齿进入啮合的一侧密闭容积减小，经压油口排油，退出啮合的一侧密闭容积增大，经吸油口吸油。

叶片泵按结构可分为单作用叶片泵、双作用叶片泵。单作用叶片泵（图15-3）由转子、定子、叶片和配油盘等构成，定子的内表面是圆形的，转子与定子之间有一偏心距e，配油盘只开一个吸油口和一个压油口。当转子转动时，由于离心力作用，叶片顶部始终压在定子内圆表面上，两相邻叶片间就形成密封容腔，转子每转一周，每个密封容腔完成吸油、压油各一次，因此称为单作用叶片泵。双作用叶片泵（图15-4）转子和定子中心重合，定子内表面由四段圆弧和四段过渡曲线组成，当转子每转一周，每个工作空间要完成两次吸油和压油，故称为双作用叶片泵。

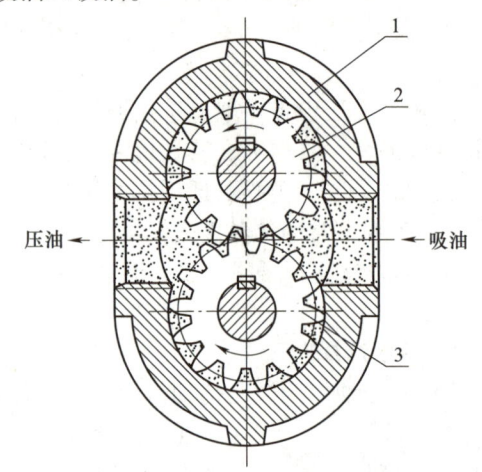

图 15-2 齿轮泵
1—泵体 2—主动齿轮 3—从动齿轮

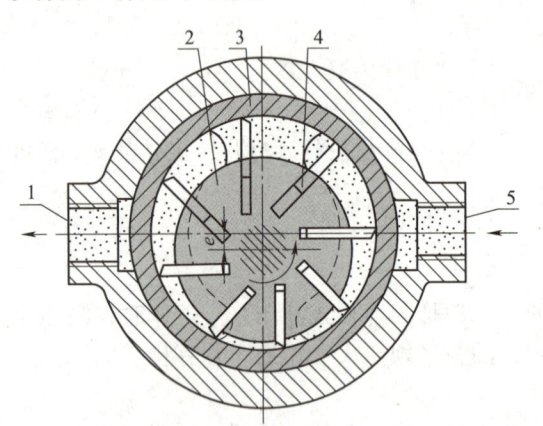

图 15-3 单作用叶片泵（变量泵）
1—压油口 2—转子 3—定子
4—叶片 5—吸油口

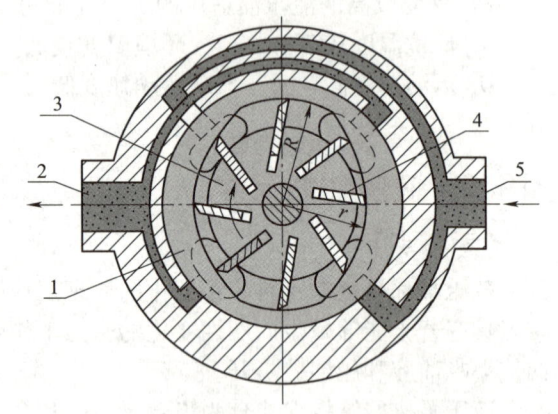

图 15-4 双作用叶片泵（定量泵）
1—定子 2—压油口 3—转子
4—叶片 5—吸油口

【考题样例】

1. 判断题

1）液压泵每转一周排出的液体体积称为流量。（　　）

参考答案：错　适用等级：初级

解析：液压泵每转一周排出的液体体积称为排量，液压泵单位时间内排出的液体体积称为流量。

2）单作用叶片泵是定量液压泵。（　　）

参考答案：错　适用等级：初级

解析：单作用叶片泵转子与定子之间有一偏心距e，偏心距e可调节，是变量泵。

2. 单项选择题

1）液压泵实际工作压力称为（　　）。

A. 工作压力　　　B. 额定压力　　　C. 最大压力　　　D. 理论压力

参考答案：A　适用等级：初级

2）液压泵能实现吸油和压油，是由于泵的（　　）变化。
A. 动能
B. 压力能
C. 密封容积
D. 流向

参考答案：C　适用等级：初级

3. 多项选择题

1）影响齿轮泵工作的因素有困油、径向不平衡力及泄漏，其中泄漏的途径有（　　）。
A. 泵体表面和齿顶圆间的径向间隙
B. 齿轮两端面和端盖间的端面间隙
C. 齿轮啮合处间隙

参考答案：ABC　适用等级：初级

2）根据 GB/T 786.1—2021，图 15-5 中顺时针单向旋转变量泵是（　　）。

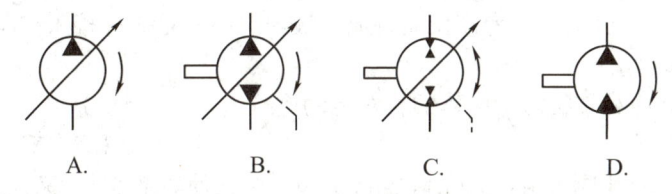

图 15-5　定量泵选择

参考答案：AB　适用等级：初级

15.4　液压控制元件

【考核点】

液压控制元件是指在液压系统中能够控制油液流动方向、压力及流量的液压阀件，因此按照液压阀用途可分为方向控制阀、压力控制阀和流量控制阀。液压阀件安装在液压泵和执行元件之间，各类液压阀件对系统参数起到控制作用。

1. 方向控制阀

方向控制阀用来控制液压系统中各油路间液流的通断或液流方向，从而控制执行元件的运动与停止或运动方向，包含单向阀、换向阀等。

2. 压力控制阀

在液压系统中，压力控制阀是用来控制液体压力的阀。这类阀是利用阀芯上的液压力和弹簧力相平衡的原理来工作的。根据功能不同，压力控制阀可以分为溢流阀、减压阀、顺序阀以及压力继电器等。

1）溢流阀是液压系统中非常重要的压力控制元件，分为直动式和先导式两种，前者用于低压系统，后者用于中高压系统。溢流阀在液压系统中能够起到溢流、安全保护、远程调压、卸荷及形成背压等作用。

2）减压阀是一种利用液压油流过隙缝产生压降，使出口压力低于进口压力的压力控制阀，可分为定压减压阀、定比减压阀和定差减压阀三种，定压减压阀用来保证出口压力为定值，定比减压阀用来保证进出口压力成比例，定差减压阀用来保证进出口压力差不变，其中定压减压阀应用最广，简称为减压阀。

3）顺序阀是利用油液压力的变化来控制油路的通断，在液压系统中主要用于控制多个执行元件顺序动作。根据控制方式的不同可分为两类：一是直接利用阀进油口的压力来控制阀口启闭的内控顺序阀；二是独立于阀进口的外来压力控制阀口启闭的外控顺序阀。

3. 流量控制阀

通过改变阀口通流面积的大小来控制通过阀的流量，达到调节执行元件运动速度的目的，常用的流量控制阀有节流阀和调速阀。

【考题样例】

1. 判断题

1）单向阀只能控制液压系统中油液单向流动。（　　）

参考答案：错　适用等级：初级

解析：液压系统中常见的单向阀有普通单向阀和液控单向阀两种，其中普通单向阀可使液压油只能沿一个方向流动，不允许反向倒流；液控单向阀是一种接入控制液压油即可使得油液双向流动的单向阀。

2）换向阀是利用阀芯相对于阀体的相对运动进行工作。（　　）

参考答案：对　适用等级：初级

解析：换向阀是利用阀芯相对于阀体的相对运动，从而使油路接通、断开或变换液体的流动方向，从而使液压执行元件起动、停止或变换运动方向。

2. 单项选择题

1）将液压系统中的压力信号转换为电信号的转换装置是（　　）。

A. 光电传感器　　　B. 溢流阀　　　C. 压力继电器　　　D. 压力表

参考答案：C　适用等级：初级

解析：压力继电器是将液压系统中的压力信号转换为电信号的转换装置。它的作用是根据液压系统压力的变化，通过压力继电器内的微动开关，自动接通或切断有关电路，以实现顺序动作或安全保护等。

2）在图15-6中，表示换向阀手动控制方式的图形符号是（　　）。

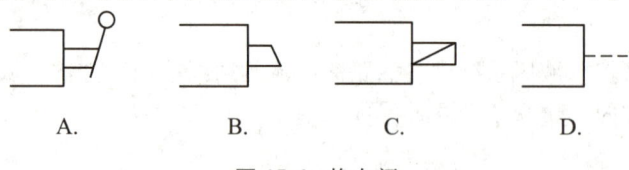

A.　　　　　　B.　　　　　　C.　　　　　　D.

图15-6　换向阀

参考答案：A　适用等级：初级

3. 多项选择题

1）三位换向阀的阀芯在中间位置时，各通口间有不同的连通方式，可满足不同的使用要求，这种连通方式称为换向阀的中位机能，常用的换向阀中位机能有（　　）。

A. O 型　　　B. H 型　　　C. Y 型　　　D. P 型　　　E. M 型

参考答案：ABCDE　适用等级：中级

2）在图15-7中，图形符号（　　）不是溢流阀。

A.　　　　　B.　　　　　　　　C.　　　　D.　　　E.

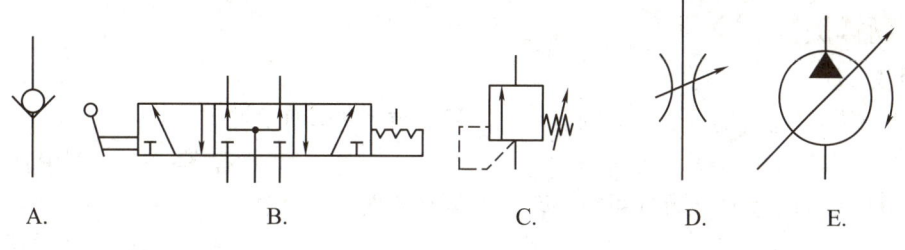

图 15-7　溢流阀

参考答案：ABDE　　适用等级：初级

15.5　液压执行元件

【考核点】

液压执行元件是将系统中的液压能转变为机械能输出的装置，有液压马达和液压缸两种类型，其中液压马达能够将液压能转化成连续回转的机械能，液压缸能够将液压能转换成往复运动的机械能。液压马达和液压泵结构上基本相同，作为将液压能转换为机械能的执行元件可实现连续回转运动，输出转矩和转速。液压马达按其结构类型主要分为齿轮式液压马达、叶片式液压马达和柱塞式液压马达三类，按额定转速可分为高速液压马达和低速液压马达两类。

液压缸是将液压能转变为机械能并做直线往复运动或摆动的液压执行元件。它结构简单，工作可靠，运动平稳，在各类液压系统中应用广泛。液压缸按其结构形式可以分成直线式液压缸和摆动式液压缸，其中直线式液压缸分为活塞式液压缸、柱塞式液压缸和伸缩式液压缸三类。直线式液压缸实现往复直线运动，输出推或拉的直线运动；摆动式液压缸可实现小于 360° 的往复摆动，输出角速度和转矩。液压缸部分示例见表 15-1。

表 15-1　液压缸部分示例

运动形式	元件	符号
直线运动	单作用单杆缸（靠弹簧力回程，弹簧腔带连接油口）	
	双作用单杆缸	
	双作用双杆缸（活塞杆直径不同，双侧缓冲，右侧缓冲带调节）	
	单作用柱塞缸	
摆动运动	摆动执行器/旋转驱动装置（带有限制旋转角度功能，双作用）	
	摆动执行器/旋转驱动装置（单作用）	

【考题样例】

1. 判断题

1) 柱塞缸只能实现一个方向的运动,回程靠重力等其他力推动。( )

参考答案:对　适用等级:初级

2) 液压缸的差动连接方式可以实现活塞运动速度提升。( )

参考答案:对　适用等级:初级

2. 单项选择题

1) 汽车起重机的吊臂需要根据实际情况调整臂长,可选用( )。
A. 柱塞缸　　　　B. 伸缩缸　　　　C. 齿轮缸　　　　D. 摆动缸

参考答案:B　适用等级:初级

2) 双活塞杆式液压缸以缸体固定安装时,能够实现活塞有效行程的( )倍。
A. 1　　　　　　B. 2　　　　　　C. 3　　　　　　D. 4

参考答案:C　适用等级:初级

3. 多项选择题

1) 单杆液压缸的特点有( )。
A. 往复运动速度不同,常用于实现机床的快退和慢进
B. 两端的有效面不同,输出推力不等
C. 无杆腔吸油时,实现进给运动
D. 有杆腔吸油时,驱动部件快退
E. 工作台运动范围是活塞杆有效行程的两倍

参考答案:ABCDE　适用等级:中级

2) 齿条传动液压缸可将直线运动转换为回转运动,其结构是在活塞杆上加工出齿条,齿轮与传动轴连成一体,当液压缸工作时齿条带动齿轮旋转,适用于( )。
A. 机械手进刀机构　　B. 回转夹具　　C. 转位机构
D. 磨床进刀机构　　　E. 翻斗车

参考答案:ABCD　适用等级:初级

15.6　液压辅助元件

【考核点】

辅助元件是液压系统必不可少的组成部分,主要包括油管、管接头、蓄能器、过滤器、油箱、密封元件、热交换器等,这些元件主要对液压系统的性能、效率、温度、噪声和寿命有很大的影响。

过滤器用于滤去油中杂质,维护油液清洁,防止油液污染,保证系统正常工作。工作时,油液从进油口进入过滤器,沿滤芯的径向由外向内通过滤芯,油液中的颗粒被滤芯中的过滤层滤除,进入滤芯内部的油液即为洁净的油液,过滤后的油液从过滤器的出油口排出。按照滤芯材料和结构形式不同,过滤器可以分为网式过滤器、线隙式过滤器、纸芯式过滤器、烧结式过滤器、磁性式过滤器。使用时,过滤器可以布置在泵的吸油管道、泵的出口、回油路、重要元件前及单独设置过滤系统。

油箱的作用主要是储油，要能够储存系统中需要的全部油液，其分为开式油箱和闭式油箱，开式油箱中油液的液面与大气相通，闭式油箱中油液的液面与大气隔绝，开式油箱使用广泛，闭式油箱则用于水下和高空无稳定气压的场合。开式油箱又分为整体式油箱和分离式油箱。整体式油箱利用设备本身的内腔作为油箱（如压铸机、注塑机等）；分离式油箱与主机分离，与泵构成一个独立的供油单元，使用广泛。

蓄能器是液压系统当中存放液压油的耐压容器。当系统压力高于蓄能器内压力时，系统中的油液充进蓄能器中，直至蓄能器内外压力保持平衡；当系统压力低于蓄能器内压力时，蓄能器中的油液释放到系统中，直至蓄能器内外压力保持平衡。

【考题样例】

1. 判断题

1）过滤器的滤孔尺寸会影响过滤精度。（　　）

参考答案：对　适用等级：初级

2）油箱的作用主要是储油，所以液压系统中只要有油箱就可以，大小无所谓。（　　）

参考答案：错　适用等级：初级

2. 单项选择题

1）蓄能器的主要功能是（　　）。

A. 过滤油液　　B. 短时大量供油　　C. 回路锁紧　　D. 缓冲作用

参考答案：B　适用等级：初级

2）过滤器选择的主要依据是（　　）。

A. 安装位置　　B. 滤芯材料　　C. 滤油能力　　D. 尺寸

参考答案：C　适用等级：初级

3. 多项选择题

1）蓄能器的主要作用有（　　）。

A. 用作辅助动力源　　　　　　B. 消除压力脉动
C. 降低噪声　　　　　　　　　D. 系统保压
E. 吸收冲击

参考答案：ABCDE　适用等级：中级

解析：蓄能器是液压系统中的重要辅助元件，对保证系统正常运行、保持系统稳定性、降低噪声等具有重要作用。按产生液体压力的方式它分为弹簧式、重锤式和充气式。蓄能器常用作辅助动力源或紧急动力源、系统保压和补充泄漏或吸收冲击和消除压力脉动。

2）过滤器可以（　　）。

A. 布置在泵的吸油管道　　　　B. 布置在泵的出口
C. 布置在回油路　　　　　　　D. 布置在重要元件前
E. 单独设置过滤系统

参考答案：ABCDE　适用等级：初级

15.7　液压回路

【考核点】

以某型号数控机床（图15-8）为例，该系统涉及卡盘夹紧支路、回转刀架松夹支路、刀架转位支路和尾座套筒移动支路等。

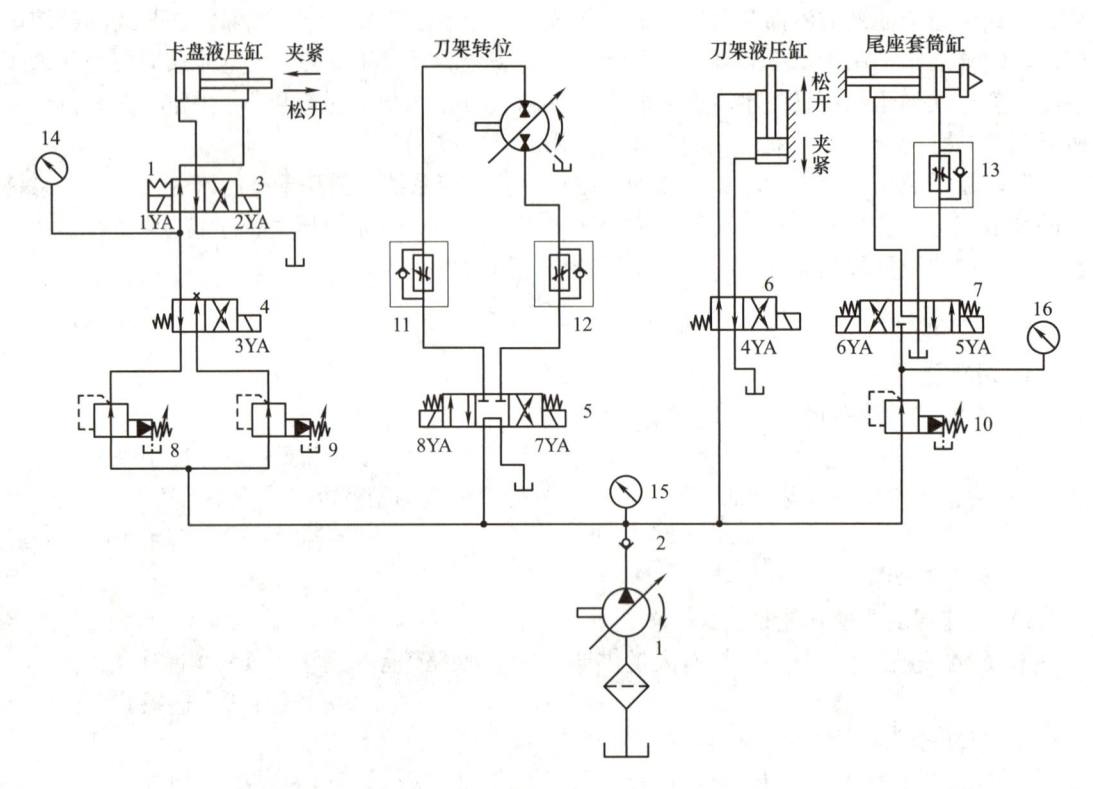

图 15-8　某型号数控机床液压原理图
1—变量泵　2—单向阀　3、4、5、6、7—电磁换向阀　8、9、10—减压阀
11、12、13—单向调速阀　14、15、16—压力表

1）卡盘夹紧动作。1YA 通电时活塞收回夹紧工件，2YA 通电时活塞伸出松开工件。

2）回转刀架松夹动作。回转刀架换刀时，首先刀架松开，然后转到指定刀位，刀架夹紧与松开由两位四通电磁换向阀 6 控制，4YA 通电时刀架松开，4YA 断电时刀架夹紧。

3）刀架转位动作。刀架有正转和反转，采用液压马达实现刀架换位是数控车床刀架换位中常见的方式之一，三位四通电磁换向阀 5 控制刀架的正转反转，单向调速阀 11 和 12 通过电磁换向阀 5 的左右换位来控制刀架旋转时速度，当 8YA 通电、7YA 断电时刀架正转，当 8YA 断电、7YA 通电时刀架反转。

4）尾座套筒移动动作。尾座套筒前端用于安装活动顶针，活动顶针在加工时用于长轴类零件的辅助支承，尾座套筒的伸出与退回由三位四通电磁换向阀 7 控制。当 6YA 通电、5YA 断电时，系统液压油经减压阀 10→电磁换向阀 7（左位）→尾座套筒缸有杆腔，套筒伸出，使顶针顶紧工件；套筒伸出时的工作预紧力大小通过减压阀 10 调整，伸出速度由单向调速阀 13 控制；当 6YA 断电、5YA 通电时，套筒退回。

【考题样例】

1. 判断题

1）图 15-9 所示液压回路能够实现液压缸运动的快慢切换。（　　）

参考答案：对　适用等级：初级

2）图 15-9 所示的二位二通换向阀的控制方式是机控。（　　）

参考答案：对　适用等级：初级

2. 单项选择题

1）图 15-10 所示的阀 2 和阀 3 实现（　　）功能。

图 15-9　液压原理图 1

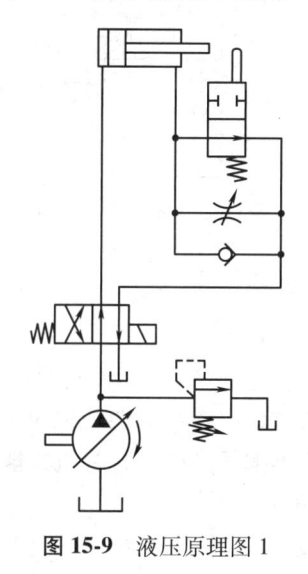

图 15-10　液压原理图 2
1—先导式溢流阀　2、3—溢流阀　4—换向阀

A. 减压　　　　　　　　　　　　B. 溢流
C. 安全保护　　　　　　　　　　D. 多级调压

参考答案：D　适用等级：中级

解析：通过换向阀 4 可将溢流阀 2、3 与先导式溢流阀 1 的遥控口连通，当溢流阀 2、3 设置比先导式溢流阀 1 低的压力时，可实现多级调压。

2）图 15-11 所示液压回路中二位二通换向阀的功能是（　　）。
A. 卸荷　　　　　　　　　　　　B. 减压
C. 安全保护　　　　　　　　　　D. 调压

参考答案：A　适用等级：初级

3. 多项选择题

1）常用的方向控制回路有（　　）。
A. 锁紧回路　　B. 换向回路　　C. 平衡回路
D. 制动回路　　E. 卸荷回路

参考答案：ABD　适用等级：中级

2）读图 15-12，下列说法正确的是（　　）。
A. 换向阀的中位机能是 H 型　　　B. 换向阀的中位机能是 O 型
C. 换向阀的中位机能是 M 型　　　D. 液压泵为变量泵
E. 阀在中位时液压泵的压力是零

参考答案：CE　适用等级：中级

模块 15　液压与气动　219

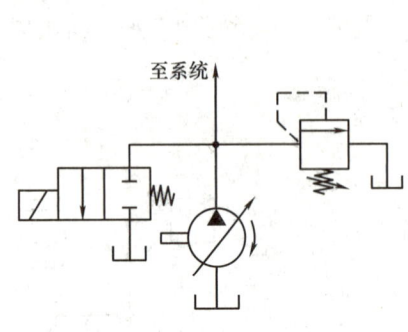

图 15-11　液压原理图 3　　　　　　　图 15-12　液压原理图 4

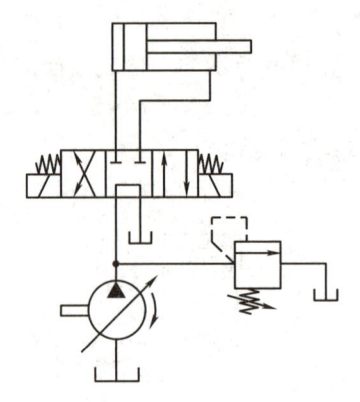

15.8　气压传动系统

【考核点】

气压传动系统是利用空气压缩机将电动机或其他原动机输出的机械能转化为空气的压力能，然后在控制元件和辅助元件的作用下，通过执行元件再把压力能转化为机械能，从而完成所要求的直线或旋转运动并对外做功。系统的组成如下。

1. 气源装置

气源装置由空气压缩机及其附件组成。它将原动机的机械能转化为气体的压力能，同时清除压缩空气中的水分、灰尘和油污，输出干燥洁净的压缩空气。

2. 执行元件

气动执行元件把空气的压力能转化为机械能，以驱动执行机构做往复运动（如气缸）或旋转运动（如气马达）。

3. 控制元件

气动控制元件能控制和调节压缩空气的压力、流量和流动方向保证气动执行元件按设计要求正常工作，如压力阀、流量阀、方向阀和逻辑阀等。

4. 辅助元件

辅助元件是解决元件内部润滑、排气噪声、元件间的连接以及信号转换、显示、放大、检测等所需要的各种气动元件，如油雾器、消声器、管接头及连接管、转换器、显示器、传感器、放大器等。

5. 工作介质

气压传动的工作介质为压缩空气，在系统中起到传递运动、动力和信号的作用。

【考题样例】

1. 判断题

1）空气具有压缩性，故其工作平稳性以及工作速度不如液压传动。（　　）

参考答案：对　适用等级：初级

2）气压传动系统工作压力低，气动元件材质要求低，使用寿命长。（　　）

参考答案：对　适用等级：初级

2. 单项选择题

下面属于气压传动系统控制元件的是（　　）。

A. 空压机　　　　B. 油雾器　　　　C. 气马达　　　　D. 压力阀

参考答案：D　适用等级：初级

3. 多项选择题

与液压传动相比，气压传动的优点有（　　）。

A. 空气作为工作介质，能直接排入大气，不污染环境

B. 空气黏性小，流动损失小，适用于远距离传输

C. 排气噪声大

D. 环境适应性强，在恶劣环境中较液压传动安全

E. 工作压力低，输出力小

参考答案：ABD　适用等级：中级

15.9　气动元件

【考核点】

如图 15-13 所示，气压传动系统由气源装置、控制元件、执行元件及辅助元件等各类元件组成，可实现机械能转化为空气的压力能，再由空气的压力能转化为机械能的两次能量转换过程，并能够通过不同气动元件的搭配实现不同的系统功能。

气压传动系统主要元件见表 15-2。

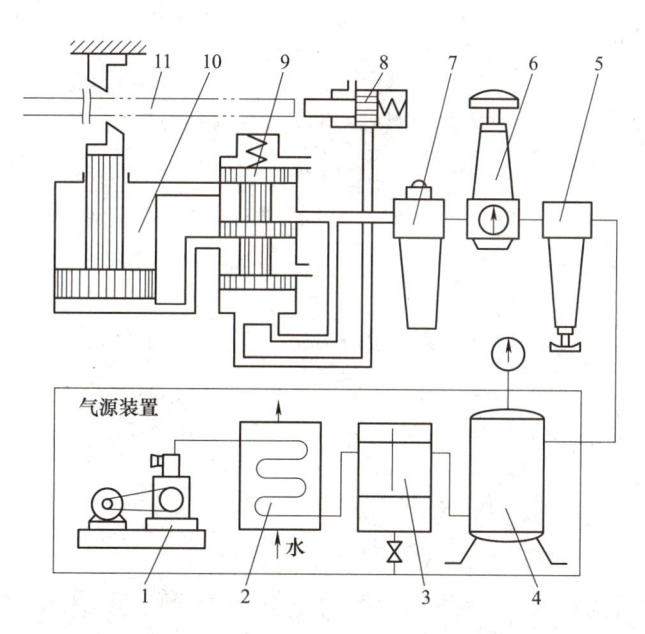

图 15-13　气压传动系统组成（以气动剪动机为例）

1—空气压缩机　2—冷却器　3—油水分离器　4—气罐　5—空气过滤器　6—调压阀
7—油雾器　8—行程阀　9—气控换向阀　10—气缸　11—供料

表 15-2　气压传动系统主要元件

系统组成	元件	描　述
气源装置	空气压缩机	气压传动系统动力源、气源装置核心，按照工作原理可分为速度式和容积式
	冷却器	将空气压缩机排出的气体冷却并除去水分，结构形式有蛇管式、套管式、列管式、散热片式
	油水分离器	安装在冷却器后面的管道上，分离压缩空气中的水、油等杂质
	气罐	存储一定量的压缩空气，消除压力波动，保证输出气流的连续性，调节气量以备应急使用，进一步分离压缩空气中的水分和油分
控制元件	方向控制阀	包含单向阀与换向阀，换向阀的控制方式有人力、机械、气压及电磁控制
	逻辑控制阀	双压阀：有两个输入口和一个输出口，只有当两个输入口都有输入信号时，输出口才有输出，实现逻辑与功能；当两个输入信号压力不等时，输出压力低的一个 梭阀：有两个输入口和一个输出口，当两个输入口任何一个有输入信号时，输出口就有输出，实现逻辑或功能；当两个输入信号压力不等时，输出压力高的一个
	流量控制阀	节流阀：通过调节阀的开度来调节空气的流量 单向节流阀：由单向阀和节流阀并联而成，可对执行元件两个方向的运动速度进行调节 快速排气阀：当入口压力下降到一定值时，出口压力气体自动从排气口迅速排出的阀，通常安装在气缸上或靠近气缸安装，加快气缸往复运动速度
	压力控制阀	减压阀：将较高的气压减小至较低的输出压力并保持，分为直动式和先导式两大类 溢流阀：起安全保护作用，当压力超过调定值时自动排气，使压力降低，保证系统安全，也称为安全阀 顺序阀：根据气体压力大小控制各执行机构按顺序动作的压力控制阀，通常与单向阀组装成一体，称为单向顺序阀
执行元件	气缸	按压缩空气在活塞端面作用力方向不同分为单作用和双作用气缸 按结构特点不同分为活塞式、薄膜式、柱塞式和摆动式气缸等 按安装方式不同分为耳座式、法兰式、轴销式、凸缘式、嵌入式和回转式气缸等 按功能不同分为普通式、缓冲式、气-液阻尼式、冲击和步进气缸等
	气马达	按结构不同分为叶片式、活塞式、齿轮式气马达等，最常用的是叶片式和活塞式气马达，其中叶片式气马达结构紧凑、耗气量较大，常用在中小容量、高转速场合；活塞式气马达是通过曲柄或斜盘将多个气缸活塞的输出力转换为回转运动，有较大的起动力矩和功率，但结构复杂，主要用于低速大转矩场合
辅助元件	空气过滤器	为气源质量要求较高的精密仪器、仪表进一步除去水、油及其他杂质
	干燥器	将压缩空气进一步净化以吸收或排除其中的水分、油分及杂质，使湿空气变成干空气
	油雾器	把润滑油雾化后，经压缩空气携带进入系统中各润滑部分，满足润滑的需要
	消声器	排除压缩气体高速通过气动元件排到大气时产生的噪声污染

【考题样例】

1. 判断题

1) 使用梭阀时,当两个输入信号压力不等时,输出压力低的一个。(   )

参考答案:错   适用等级:初级

2) 叶片式气马达常用在中小容量、高转速场合。(   )

参考答案:对   适用等级:初级

2. 单项选择题

1) 气动三联件包括空气过滤器、减压阀和(   )。
A. 冷却器   B. 油雾器   C. 空气干燥器   D. 气罐

参考答案:B   适用等级:初级

2) 气压系统中能够实现逻辑与功能的阀是(   )。
A. 顺序阀   B. 双压阀   C. 梭阀   D. 快速排气阀

参考答案:B   适用等级:初级

3. 多项选择题

1) 下列常用的气马达的结构形式有(   )。
A. 叶片式   B. 活塞式   C. 齿轮式
D. 嵌入式   E. 回转式

参考答案:AB   适用等级:中级

2) 气缸的主要安装方式有(   )。
A. 耳座式   B. 法兰式   C. 轴销式
D. 凸缘式   E. 嵌入式

参考答案:ABCDE   适用等级:初级

15.10 气动回路

【考核点】

图 15-14 所示为某数控加工中心气压传动系统原理图。该系统主要实现加工中心的自动换刀功能,在换刀过程中完成主轴定位、主轴松刀、拔刀、向主轴锥孔吹气排屑和插刀动作,工作原理如下。

当数控系统发出换刀指令时,主轴停止旋转,同时 4YA 通电,压缩空气经气动三联件 1、换向阀 4、单向节流阀 5 进入主轴定位缸 A 的右腔,活塞左移,使主轴自动定位;定位后压下开关,使 6YA 通电,压缩空气经换向阀 6、快速排气阀 7 进入气液增压器 B 的右腔,增压器的高压油使活塞伸出,实现主轴松刀,同时使 8YA 通电,压缩空气经换向阀 8、单向节流阀 10 进入缸 C 的上腔,缸 C 下腔排气,活塞下移实现拔刀,由回转刀库交换刀具,同时 1YA 通电,压缩空气经换向阀 2、单向节流阀 3 向主轴锥孔吹气;稍后 1YA 断电、2YA 通电,停止吹气;8YA 断电、7YA 通电,压缩空气经换向阀 8、单向节流阀 9 进入缸 C 的下腔,活塞上移,实现插刀动作;6YA 断电、5YA 通电,压缩空气经换向阀 6 进入气液增压器 B 的左腔,使活塞退回,主轴的机械机构使刀具夹紧;4YA 断电、3YA 通电,缸 A 的活塞在弹簧力的作用下复位,回复到开始状态,换刀结束。

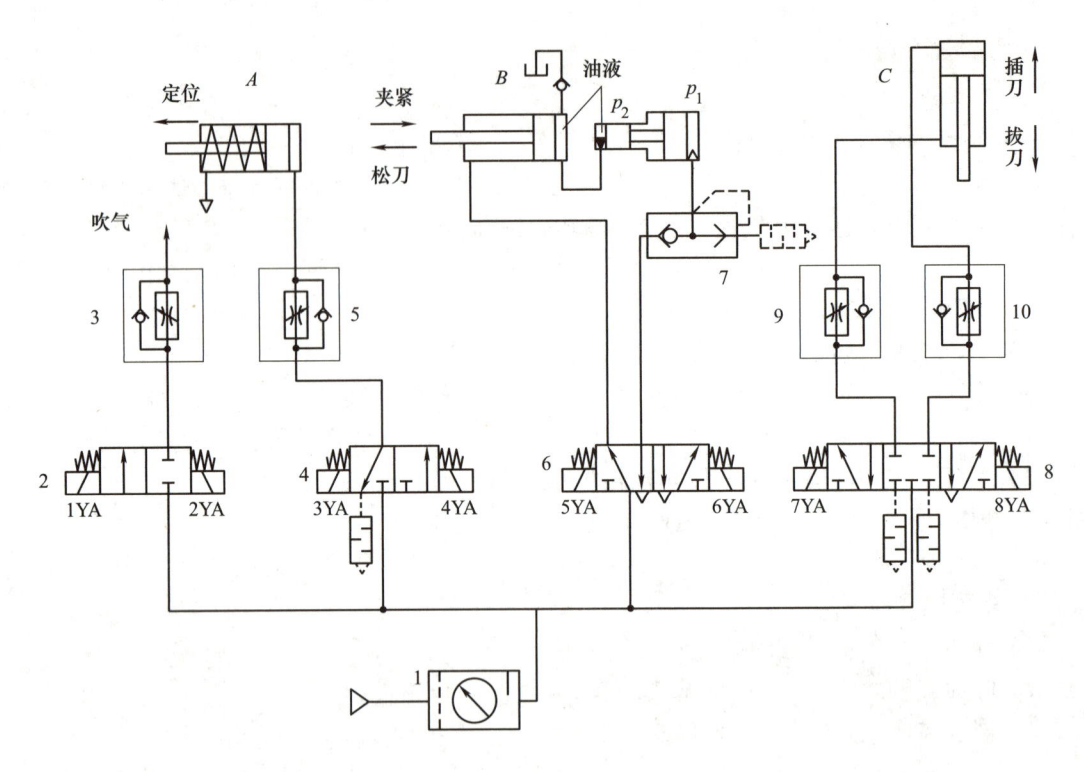

图 15-14 某数控加工中心气压传动系统原理图

1—气动三联件 2、4、6、8—换向阀 3、5、9、10—单向节流阀 7—快速排气阀

【考题样例】

1. 判断题

1）在图 15-15 所示气动回路中，可通过梭阀采用手动阀和电磁阀分别单独控制气控换向阀换向。（　　）

参考答案：对　适用等级：中级

2）梭阀和双压阀都是两个单向阀的组合。（　　）

参考答案：对　适用等级：初级

图 15-15 气动回路 1

2. 单项选择题

1）快速排气阀通常装在（　　）与气缸之间，使气缸的排气不需要通过换向阀而快速完成，从而加快了气缸往复运动的速度。

A. 双压阀　　　　　　　　　　B. 换向阀
C. 节流阀　　　　　　　　　　D. 减压阀

参考答案：B　适用等级：初级

2）图 15-16 回路中采用顺序阀实现执行元件顺序动作的是（　　）。

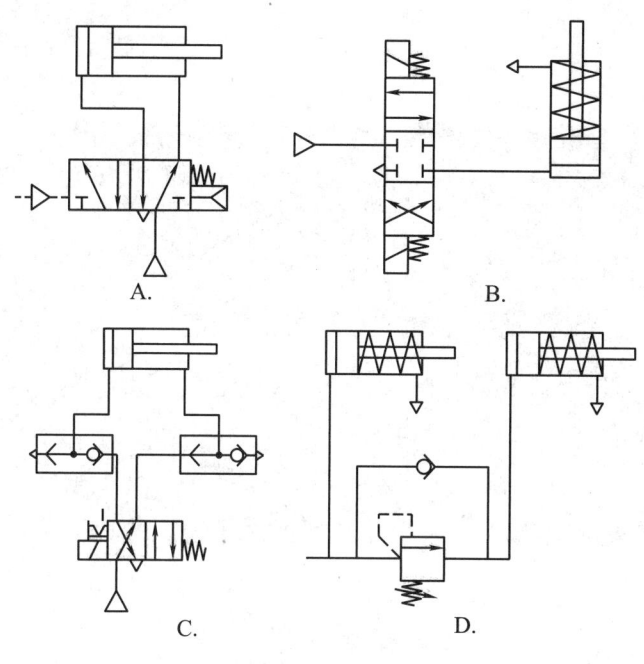

图 15-16 气动回路 2

参考答案：D　适用等级：中级

3. 多项选择题

1）图 15-17 所示的高低压转换回路中，用到的控制元件是（　　）。

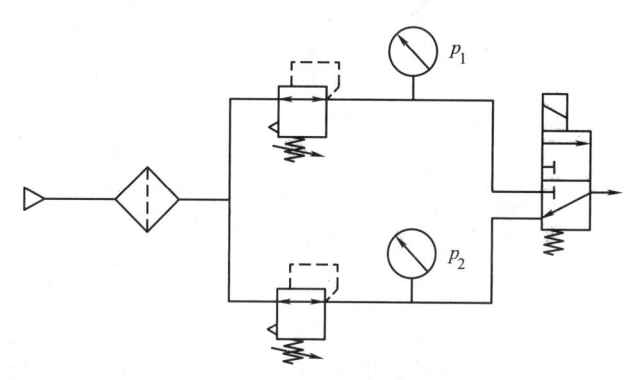

图 15-17 高低压转换回路

A. 2 个溢流阀　　　　B. 2 个减压阀　　　　C. 1 个二位二通换向阀
D. 2 个顺序阀　　　　E. 1 个二位三通换向阀

参考答案：BE　适用等级：中级

2）在行程长、速度快、惯性大的场合，为降低或避免气缸行程末端活塞与缸体的撞击，可采用（　　）。

A. 缓冲气缸　　　　B. 调速回路　　　　C. 速度换接回路
D. 速度控制回路　　E. 缓冲回路

参考答案：AE　适用等级：初级

模块 15　液压与气动　225

模块 16

机床电气控制

16.1 时间继电器

【考核点】

时间继电器的特点是当得到控制信号后（如继电器线圈接通或断开电源），其触点状态并不立即改变，而是经过一段时间的延迟之后，触点才闭合或断开，因此这种继电器又称为延时继电器。时间继电器种类很多，按构成原理有电磁式、电动式、空气阻尼式、晶体管式和数字式等；按延时方式分为通电延时型、断电延时型。

【考题样例】

1. 判断题

时间继电器按构成原理有电磁式、电动式、空气阻尼式、晶体管式和数字式等。（　　）

参考答案：对　适用等级：初级

2. 单项选择题

1）继电器线圈断开电源以后，其延时触点状态经过一段时间的延迟之后，触点才复位，这是（　　）。

A. 通电延时继电器的延时触点　　　　B. 断电延时继电器的延时触点
C. 通电延时继电器的瞬时触点　　　　D. 断电延时继电器的瞬时触点

参考答案：B　适用等级：中级

2）在顺序控制的电动机起动线路中，要求第 2 台电动机在第 1 台电动机起动之后 30s 才起动，需要用到（　　）。

A. 通电延时继电器的延时触点　　　　B. 断电延时继电器的延时触点
C. 通电延时继电器的瞬时触点　　　　D. 断电延时继电器的瞬时触点

参考答案：A　适用等级：中级

3. 多项选择题

时间继电器的动合与动断触点与普通动合与动断触点不同的地方有（ ）。

A. 通电延时继电器的动合延时触点在线圈通电以后延时闭合
B. 断电延时继电器的动断延时触点在线圈通电时是断开的
C. 时间继电器分通电延时型和断电延时型
D. 动断触点在线圈通电后会断开

参考答案：ABC　适用等级：中级

解析：根据其延时方式的不同，时间继电器可分为通电延时型和断电延时型两种。

1）通电延时继电器在线圈通电后立即开始延时，延时完毕，其延时触点动作，用以操纵控制电路；当线圈断电后，继电器立即恢复到动作前的状态。

2）断电延时继电器恰恰相反，当线圈通电后，其延时触点立即动作；而在线圈断电后，延时触点却需要经过一定的延时才能恢复到动作前的状态。

16.2　三相异步电动机Y-△降压起动控制电路分析

【考核点】

Y-△降压起动也称为星形-三角形降压起动，简称为星三角降压起动。星三角降压起动电路的额定电压为380V，且因为星形与三角形运行时可能方向不一致，最好在主回路中用低压断路器。Y-△降压起动控制的电路如图16-1所示，采用三个接触器，即正转接触器KM、Y形连接接触器KM$_Y$和△形连接接触器KM$_△$。

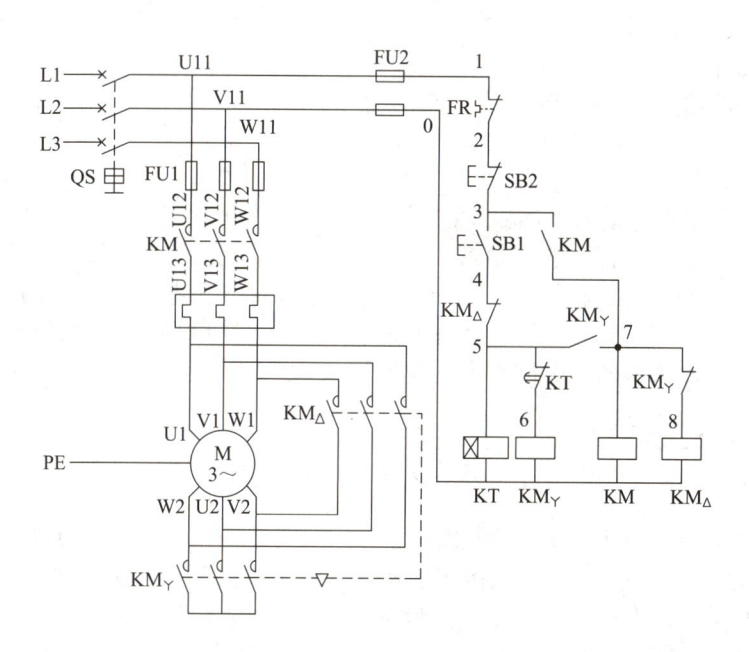

图 16-1　Y-△降压起动控制的电路

为了使电动机起动电流不对电网电压形成过大的冲击，一般要求在鼠笼型电动机的功率超过变压器额定功率的10%时就要采用星三角降压起动。

【考题样例】

1. 判断题

星三角降压起动电路的额定电压可以是220V。（   ）

参考答案：错　适用等级：初级

2. 单项选择题

1）以额定电压380V的电动机为例，星三角降压起动的电动机的特征，以下描述正确的有（   ）。

　A. 起动时为星形　　　　　　　　B. 运行时为星形
　C. 起动和运行时电压都是220V　　D. 只能使用时间继电器切换

参考答案：A　适用等级：初级

2）以额定电压380V的电动机为例，星三角降压起动的电动机的特征，以下描述正确的有（   ）。

　A. 星形起动：X-Y-Z相连，A、B、C三端接三相交流电压
　B. 星形起动时每相绕组电压为380V
　C. 所有电动机都可以采用星三角起动
　D. 星三角起动对起动力矩无影响

参考答案：A　适用等级：初级

3. 多项选择题

以额定电压380V的电动机为例，星三角降压起动的电动机三相绕组共有六个外接端子：A-X、B-Y、C-Z，以下描述正确的有（   ）。

　A. 星形连接时每相绕组电压为220V
　B. 三角形运行时每相绕组电压为380V
　C. 时间继电器的作用是实现星形-三角形的自动切换
　D. 只能使用时间继电器切换

参考答案：ABC　适用等级：中级

解析：星三角降压起动的电动机三相绕组共有六个外接端子：A-X、B-Y、C-Z（以下以额定电压380V的电动机为例），当负载对电动机起动力矩无严格要求又要限制电动机起动电流、电动机满足380V/△接线条件、电动机正常运行时定子绕组接成三角形时才能采用星三角起动方法；星形起动时，每相绕组电压为220V；三角形运行时，每相绕组电压为380V。可以使用速度继电器、时间继电器等低压电器进行切换。

16.3　行程开关

【考核点】

行程开关又称为位置开关或限位开关，其作用是将机械位移转变为电信号，使电动机运行状态发生改变，即按一定行程自动停车、反转、变速或循环，从而控制机械运动或实现安全保护。行程开关包括直动式行程开关、摆动式行程开关、限位开关、微动开关及由机械部件或机械操作的其他控制开关。

【考题样例】

1. 判断题

行程开关又称为位置开关或限位开关，其作用是将机械位移转变为电信号。（   ）

参考答案：对　适用等级：初级

2. 单项选择题

1）当电动机做自动往返工作时，只要按下起动按钮电动机就能自动完成正反转的转换控制，这种控制是（　　）。

A. 点动控制　　　B. 连续控制　　　C. 行程控制　　　D. 顺序控制

参考答案：C　适用等级：初级

2）当电动机做自动往返工作时，将行程开关安装在预先安排的位置，能实现电动机的正反转转换控制，这里的行程开关工作原理与（　　）类似。

A. 按钮　　　　　B. 继电器　　　　C. 接触器　　　　D. 转换开关

参考答案：A　适用等级：初级

3. 多项选择题

以下是接触式行程开关的有（　　）。

A. 直动式开关　　B. 接近开关　　　C. 限位开关　　　D. 微动开关

参考答案：ACD　适用等级：初级

解析：在电气控制系统中，行程开关的作用是实现顺序控制、定位控制和位置状态的检测。在实际生产中，将行程开关安装在预先安排的位置，当生产机械运动部件上的撞块撞击行程开关时，行程开关的触点动作，实现电路的切换。因此，行程开关是一种根据运动部件的行程位置而切换电路的电器，其作用原理与按钮类似。常用的接触式行程开关有直动式、限位式、微动式和组合式等。

16.4　三相异步电动机自动往返控制电路分析

【考核点】

在生产过程中，当有运动部件的行程或位置受到限制，或要求在一定范围内自动往返的循环工作，以实现对工件的连续加工时，可以采用在运行路线的两头各安装一个行程开关实现位置控制，运行路线如图 16-2 所示。行程开关要求安装牢固且位置正确，确保可靠地与撞块碰撞。

电动机自动往返控制的电气原理图如图 16-3 所示，采用两个接触器，即正转接触器 KM2、反转接触器 KM1。当 KM2 主触点接通时，三相电源 L1、L2、L3 按 U、V、W 正相序接入电动机；当 KM1 主触点接通时，三相电源 L1、L2、L3 按 W、V、U 反相序接入电动机，即对调了 W 和 U 两相相序，所以当两只接触器分别工作时，电动机的旋转方向相反。

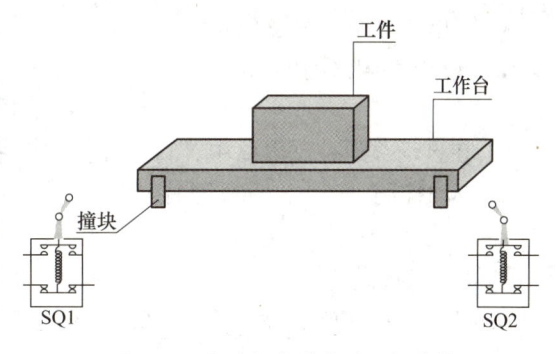

图 16-2　电动机自动往返运行路线

为防止两只接触器 KM1、KM2 的主触点同时闭合，造成主电路 L1 和 L3 两相电源短路，电路要求 KM1、KM2 不能同时通电。本例中，采用了按钮、接触器双重联锁。

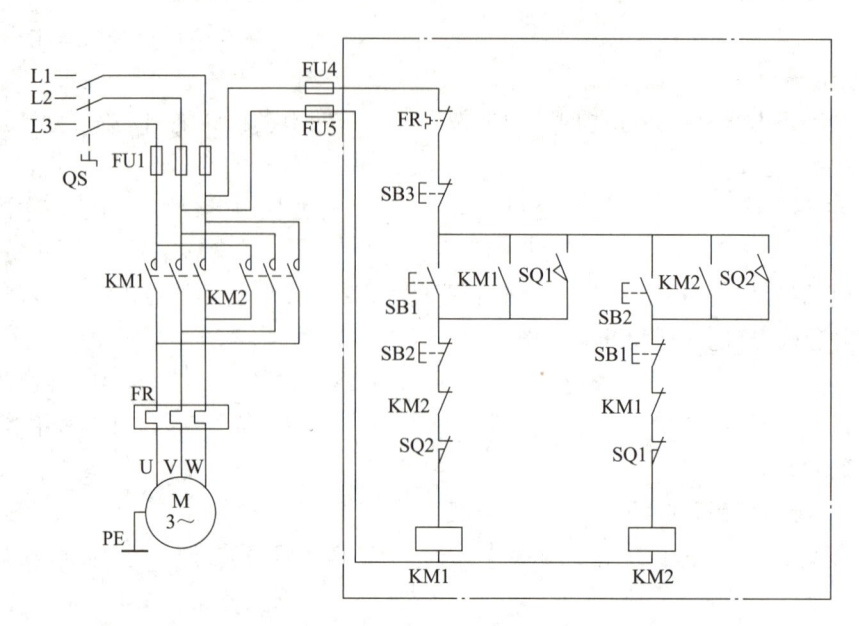

图 16-3　电动机自动往返控制的电气原理图

【考题样例】

1. 判断题

三相笼型异步电动机正反转控制电路中,工作最可靠的是接触器互锁正反转控制电路。(　　)

参考答案：错　适用等级：中级

2. 单项选择题

1) 在正反转控制电路中,联锁的作用是(　　)。

A. 防止主电路电源短路　　　　　　B. 防止控制电路电源短路

C. 防止电动机不能停车　　　　　　D. 防止正反转不能顺利过渡

参考答案：A　适用等级：初级

2) 在自动往返控制电路中,行程开关的作用是(　　)。

A. 点动控制　　　B. 顺序控制　　　C. 位置控制　　　D. 连续控制

参考答案：C　适用等级：初级

3. 多项选择题

在正反转控制电路中,可以用来实现双重联锁的低压电器是(　　)。

A. 按钮的动断触点　　　　　　　　B. 接触器的动断触点

C. 行程开关的动断触点　　　　　　D. 热继电器的动断触点

参考答案：ABC　适用等级：中级

解析：在电气控制系统中,通过预先安装的行程开关进行位置控制,到达该位置时控制线路进行正反转自动转换,从而实现自动往返控制。该控制线路的互锁环节一般通过按钮、接触器和行程开关的动断触点实现双重联锁,确保无须通过总停按钮停机自动换向,实现双向自动往返控制。

16.5 三相异步电动机双速控制电路分析

【考核点】

由三相异步电动机的转速公式 $n=(1-S)60f/P$ 可知,改变异步电动机磁极对数 P,可实现电动机调速。利用改变定子绕组接法来改变极数,这种电动机称为多速电动机。用按钮和接触器控制的△-YY双速电动机的电气原理图如图16-4所示,低速时电动机连接为△形,高速时电动机连接为YY形。

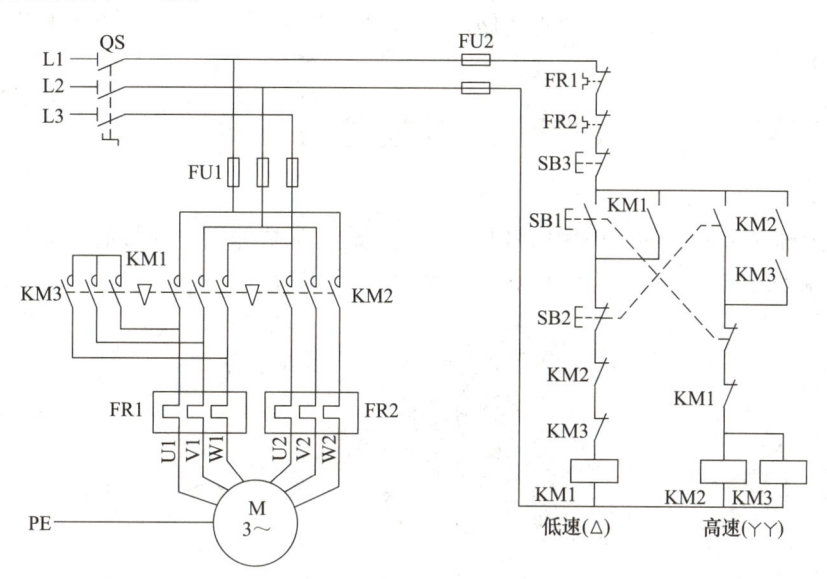

图16-4 △-YY双速电动机的电气原理图

【考题样例】

1. 判断题

交流异步电动机的双速控制线路是通过改变异步电动机磁极对数 P,从而实现电动机调速。( )

参考答案:对   适用等级:中级

2. 单项选择题

1)双速电动机定子绕组结构如图16-5所示,低速运转时,定子绕组出线端的连接方式应为( )。

A. U1、V1、W1接三相电源,U2、V2、W2空着不接
B. U2、V2、W2接三相电源,U1、V1、W1空着不接
C. U1、V1、W1接三相电源,U2、V2、W2并接在一起
D. U2、V2、W2接三相电源,U1、V1、W1并接在一起

参考答案:A   适用等级:中级

2)双速电动机常用的变极接线方式,以下( )结构是错误的。

A. Y-YY   B. 顺串Y-反串Y

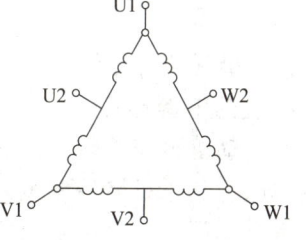

图16-5 双速电动机定子绕组结构

C. △-YY　　　　　D. △-Y

参考答案：D　适用等级：中级

3. 多项选择题

以下（　　）结构是双速电动机常用的变极接线方式。

A. Y-YY　　　　　B. 顺串Y-反串Y　　　　　C. △-YY　　　　　D. △-Y

参考答案：ABC　适用等级：中级

解析：改变电动机的极数实现电动机的调速，可以在定子铁心槽内嵌放两套不同极数的三相绕组，但是制造成本提高。通常的做法是利用改变定子绕组接法来改变极数，这种电动机称为多速电动机，常用的变极接线方式有Y-YY、顺串Y-反串Y、△-YY三种。

16.6　三相异步电动机的反接制动控制电路分析

【考核点】

速度继电器是以速度的大小为信号与接触器配合，完成笼型电动机的反接制动控制，故也称为反接制动继电器，外形、结构和符号如图16-6所示。

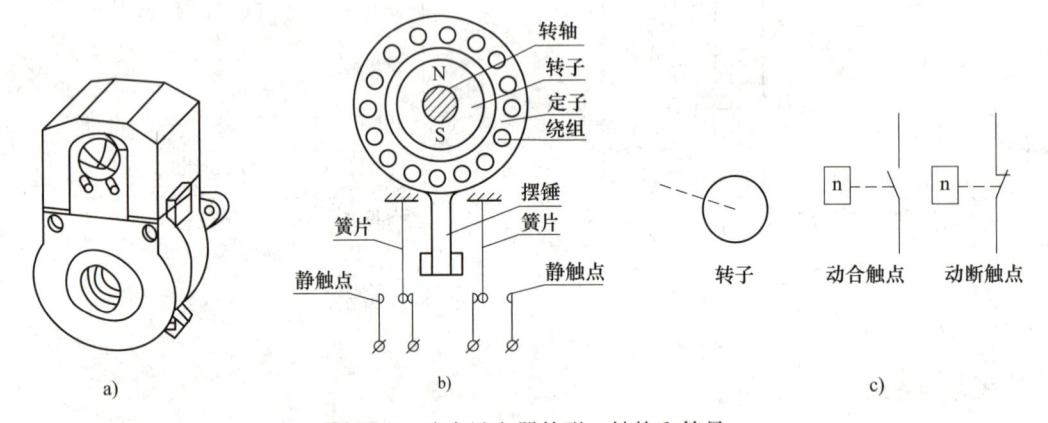

图16-6　速度继电器外形、结构和符号

三相异步电动机的反接制动控制是在电动机切断电源停转的过程中，产生一个和电动机实际旋转方向相反的电磁力矩（制动力矩），迫使电动机迅速制动停转的方法，电气原理图如图16-7所示。

反接制动时是依靠改变电动机定子绕组的电源相序来产生制动力矩，迫使电动机迅速停转的，其主电路的工作原理和正反转控制电路类似，但是也有不同，一是在制动回路中串接了电阻R，二是在电动机上安装有速度继电器。

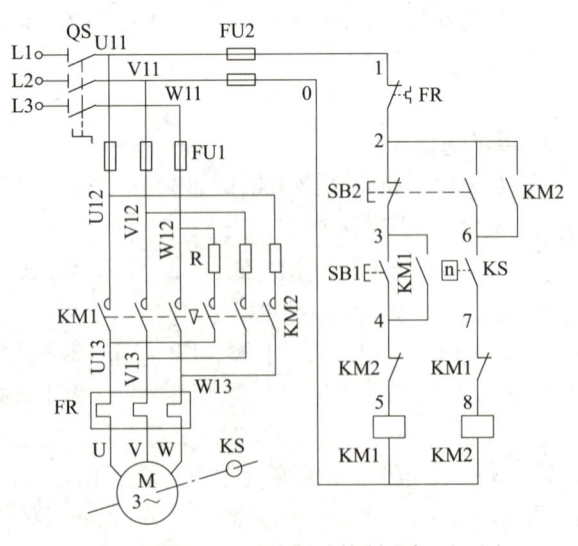

图16-7　电动机反接制动控制电气原理图

【考题样例】

1. 判断题

速度继电器是以速度的大小为信号来实现触点的开合，通常用来实现笼型电动机的反接制动控制。（　　）

参考答案：对　适用等级：初级

2. 单项选择题

1) 速度继电器的文字符号一般用（　　）来表示。
A. KS　　　　B. KT　　　　C. KA　　　　D. KM

参考答案：A　适用等级：初级

2) 在一般的反接制动控制线路中，常用来反映转速以实现自动控制的是（　　）。
A. 电流继电器　　B. 时间继电器　　C. 中间继电器　　D. 速度继电器

参考答案：D　适用等级：初级

3. 多项选择题

在一般的反接制动控制线路中，常用来实现自动控制的低压电器包括（　　）。
A. 时间继电器　　B. 行程开关　　C. 复合按钮　　D. 速度继电器

参考答案：CD　适用等级：中级

解析：速度继电器主要用于三相异步电动机反接制动控制电路中，它的任务是当三相电源的相序改变以后，产生与实际转子转动方向相反的旋转磁场，从而产生制动力矩。因此，使电动机在制动状态下迅速降低速度。在电动机转速接近零时立即发出信号，切断电源使之停车（否则电动机开始反方向起动）。

16.7　三相异步电动机的多地起停控制电路分析

【考核点】

在大型机床设备中，为了操作方便，常要求能在多个地点对机床进行控制。电气原理图设计中通常将起动按钮并联、停止按钮串联，从而实现多个按钮在各个地方对机床实行起停控制。图 16-8 所示为电动机两地控制的电气原理图，SB1 和 SB3 为甲地起停控制按钮，SB2 和 SB4 为乙地起停控制按钮，两组按钮共同控制电动机 M。

【考题样例】

1. 判断题

电动机多地控制的电路特征是停止按钮串联、起动按钮并联。（　　）

参考答案：对　适用等级：初级

2. 单项选择题

电动机多地起动的控制电路需要至

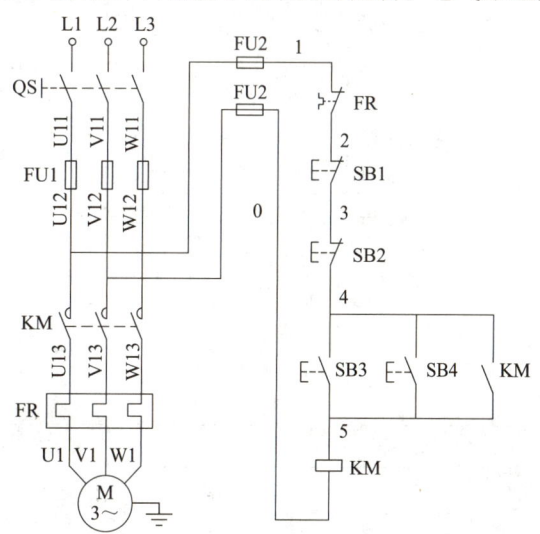

图 16-8　电动机两地控制的电气原理图

少（　　）个起动按钮。

A. 1　　　　　　　　B. 2　　　　　　　　C. 3　　　　　　　　D. 4

参考答案：B　适用等级：初级

3. 多项选择题

电动机两地起动的控制电路中起停按钮的安装一般是（　　）。

A. 停止按钮串联　　B. 起动按钮并联　　C. 停止按钮并联　　D. 起动按钮串联

参考答案：AB　适用等级：中级

16.8　卧式车床电气控制电路分析

【考核点】

CA6140 型车床的电气控制要求如下。

1) 主轴电动机 M1 一般选用三相笼型异步电动机，为满足调速要求，采用机械变速。

2) 为车削螺纹，主轴要求正反转。一般车床主轴正反转由主轴电动机正反转来实现；当主轴电动机容量较大时，主轴的正反转则靠摩擦离合器来实现，电动机只做单向旋转。

3) 车削加工时，刀具与工件温度高，需用切削液进行冷却。为此，设有一台冷却泵电动机 M2，使冷却泵输出切削液，且与主轴电动机有着联锁关系。

4) 为实现刀架的快速移动，要有一台刀架快速移动电动机 M3。

5) 必须具有短路、过载、失压和欠电压等必要的保护装置。

CA6140 型车床共有三台电动机，电气控制原理图如图 16-9 所示。M1 为主轴电动

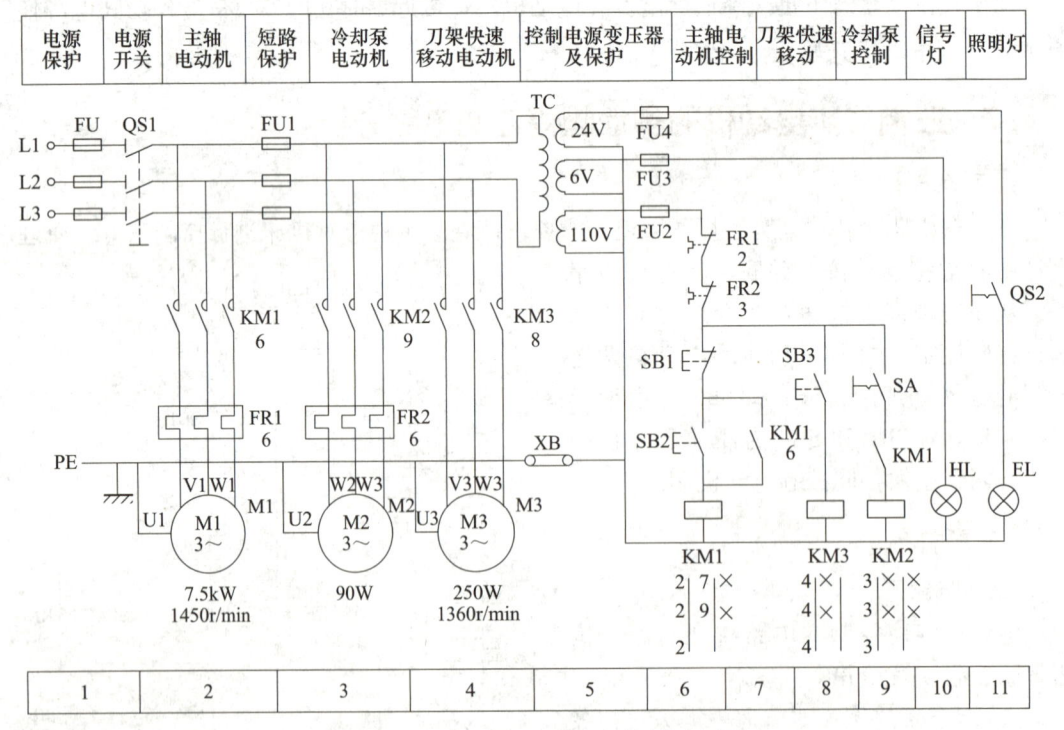

图 16-9　CA6140 型车床电气控制原理图

机（处于原理图的 2 区），带动主轴旋转和刀架做进给运动；M2 为冷却泵电动机；M3 为刀架快速移动电动机。

【考题样例】

1. 判断题

在 CA6140 型车床中，若主轴电动机 M1 只能点动，冷却泵电动机能正常工作。（　　）

参考答案：错　适用等级：初级

2. 单项选择题

1）在 CA6140 型车床中，控制主轴电动机 M1 的接触器 KM1 得电，冷却泵电动机 M2 的控制电路 KM2 才能在 SA 闭合时得电，这种控制线路是（　　）。

A. 保护控制　　　　B. 顺序控制　　　　C. 连续控制　　　　D. 多地控制

参考答案：B　适用等级：中级

2）CA6140 型车床的主轴电动机运行中自动停车后，操作者立即按下起动按钮，但电动机不能起动，故障原因可能是（　　）。

A. 热继电器动作　　　　　　　　　　B. 控制线路短路
C. 电压过低，KM 欠电压保护　　　　D. 按钮故障

参考答案：A　适用等级：初级

3. 多项选择题

在 CA6140 型车床中，若主轴电动机 M1 只能点动起动，则可能的故障原因有（　　）。

A. 接触器触点故障　　B. 自锁连接故障　　C. 电压过低　　D. 按钮故障

参考答案：AB　适用等级：中级

解析：主轴电动机 M1 由接触器 KM1 控制起动，热继电器 FR1 实现过载保护。起动时，按下起动按钮 SB2，接触器 KM1 的线圈获电吸合，KM1 主触点闭合，主轴电动机 M1 起动；停机时，按下停止按钮 SB1，接触器 KM1 断电复位，电动机 M1 停转。

16.9　X62W 型铣床控制电路分析

【考核点】

铣床可以用来加工平面、斜面和沟槽等，装上分度头后还可以铣切直齿齿轮和螺旋面，如果装上圆工作台还可以铣切凸轮和弧形槽。图 16-10 所示为其 X62W 型万能铣床，这是一种卧式铣床，具有主轴转速高、调速范围宽、操作方便和加工范围广等特点。

X62W 型万能铣床的主轴电动机需要正反转，但方向的改变并不频繁，可用电源相序转换开关实现主轴电动机的正反转；铣刀的切削是一种不连续切削，容易使机械传动系统发生振动，为了避免这种现象，在机械传动系统中装有惯性轮，但在高速切削后，停车很费时间，故采用电磁离合器制动；工作台既可以做六个方向的进给运动，又可以在六个方向上快速移动。X62W 型万能铣床电气控制原理图如图 16-11 所示。

主电路中共有三台电动机。

M1 是主轴电动机，带动主轴旋转对工件进行加工，是主运动电动机。它由 KM1 的主触点控制，其控制线圈在 14 区。因其正反转不频繁，在起动前通过组合开关 SA5 预先选择。热继电器 FR1 做过载保护，其动断触点在 11 区。M1 做直接起动，单向旋转，反接制动和

瞬时冲动控制，并通过机械机构进行变速，由 KM2 主触点控制，其控制线圈在 10 区。

M2 是进给电动机，带动工作台做进给运动。它由 KM3、KM4、KM5 的主触点做正反转控制、快慢速控制和限位控制，并通过机械机构使工作台能上下、左右、前后运动；其控制线圈在 17 区、20 区和 22 区。热继电器 FR2 做过载保护，其动断触点在 15 区。熔断器 FU2 做短路保护。M2 做直接起动，双向旋转。

M3 是冷却泵电动机，带动冷却泵供给铣刀和工件切削液，同时利用切削液带走铁屑。M3 由 KM6 主触点控制，其控制线圈在 9 区，在需要提供切削液时才接通。M3 做直接起动，单向旋转。

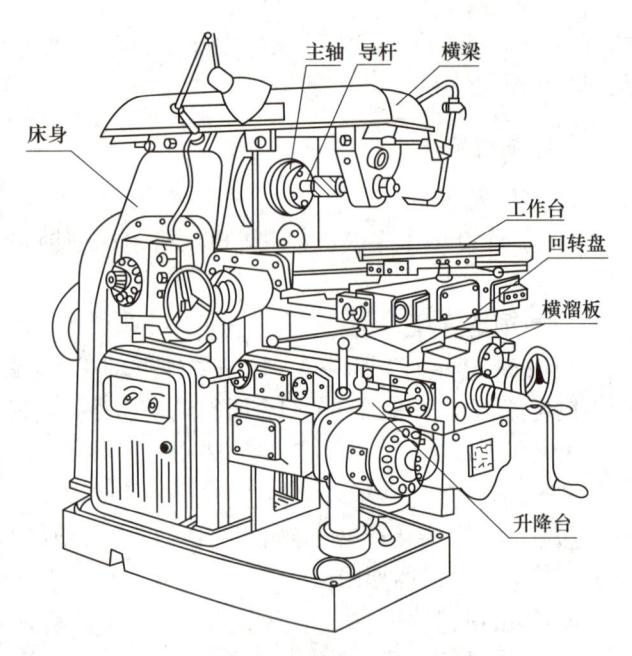

图 16-10　X62W 型万能铣床

【考题样例】

1. 判断题

X62W 型万能铣床的工作台可以在前后、左右、上下 6 个方向上进给；为扩大其加工能力，工作台可加装圆形工作台，圆形工作台的回转运动由进给电动机经传动机构驱动。（　　）

参考答案：对　适用等级：初级

2. 单项选择题

1）X62W 型万能铣床的主轴电动机，正反转不频繁，在起动前通过组合开关 SA5 预先选择。在反接制动控制回路中需要（　　）个速度继电器。

A. 1　　　　　　　B. 2　　　　　　　C. 3　　　　　　　D. 4

参考答案：A　适用等级：中级

2）在接触器控制电路中，自锁环节触点的正确连接方法是（　　）。

A. 接触器的动合辅助触点与起动按钮并联
B. 接触器的动合辅助触点与起动按钮串联
C. 接触器的动断辅助触点与起动按钮并联
D. 接触器的动断辅助触点与起动按钮串联

参考答案：A　适用等级：初级

3. 多项选择题

能实现欠电压保护的低压电器有（　　）。

A. 热继电器　　　B. 熔断器　　　C. 接触器　　　D. 低压断路器

参考答案：CD　适用等级：中级

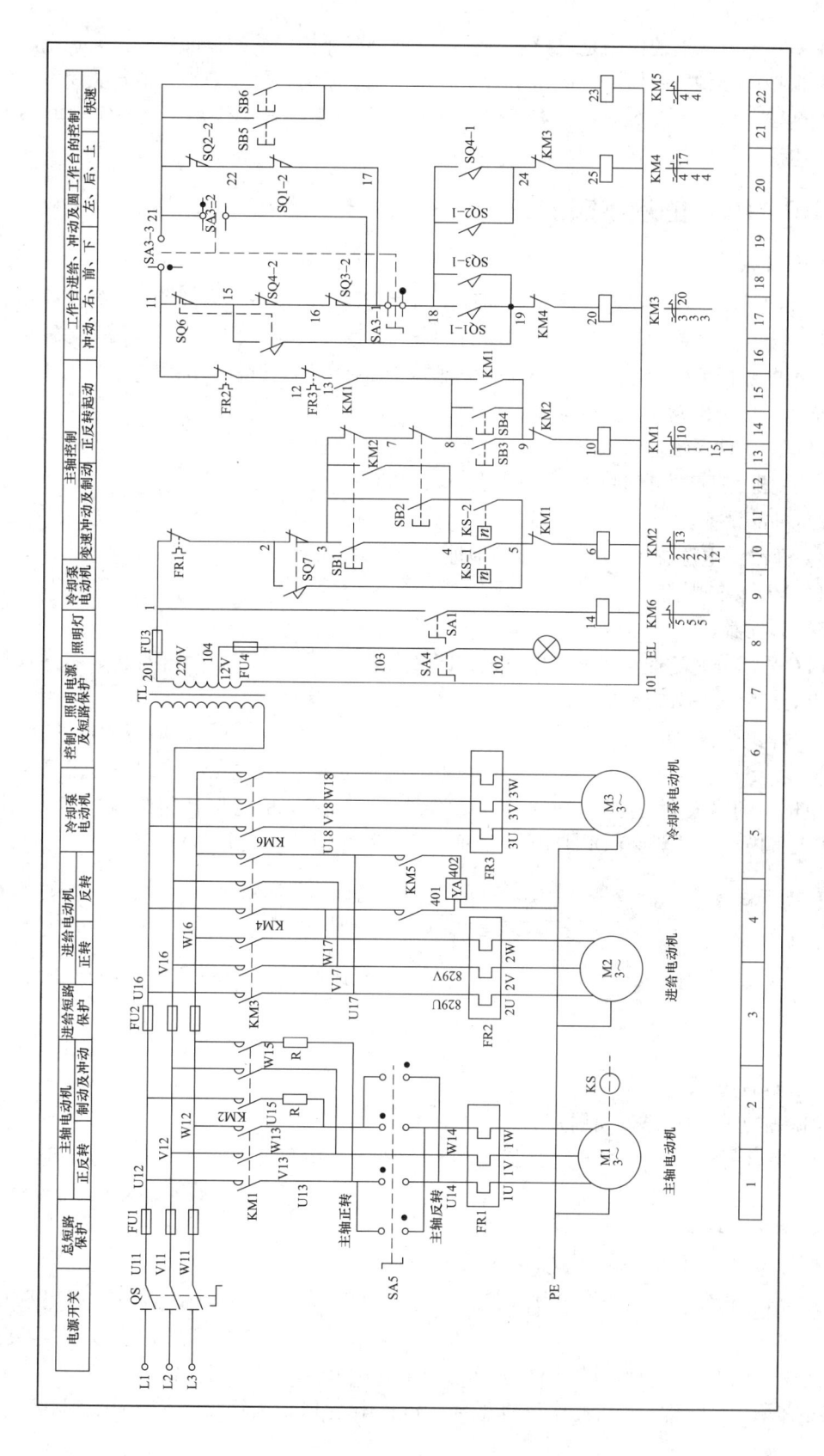

图 16-11 X62W 型万能铣床电气控制原理图

模块 16 机床电气控制

解析：热继电器的作用是对异步电动机进行过载保护；熔断器的作用是实现电路的短路大过载保护；接触器的作用是快速切断交流与直流主回路且可频繁地接通与关闭大电流控制电路的装置，可以实现欠电压保护。低压断路器既有手动开关作用，又能实现电路的失电压、欠电压、过载和短路保护。

16.10 PLC 的基本知识

【考核点】

PLC 即可编程序控制器，采用可编程序的存储器，用来在其内部存储执行逻辑运算、顺序控制、定时、计数和算术运算等操作的指令，并通过数字式、模拟式的输入和输出，控制各种类型的机械或生产过程。可编程序控制器及其有关外围设备，都按易于与工业系统联成一个整体，易于扩充其功能的原则设计。

PLC 的硬件系统包括：

1) 主机：CPU、存储器、I/O 单元。
2) 外部设备。
3) 总线：电源总线、控制总线、地址总线和数据总线。
4) I/O 接口电路。
5) 编程器。

PLC 采用分时处理及扫描工作方式，即输入处理阶段（输入采样阶段）、程序执行阶段和输出处理阶段是分时完成的。

可编程序控制器的主要技术指标包括 I/O（输入/输出）点数、应用程序的存储容量、扫描速度、编程语言；同时，可扩展性、可靠性、易操作性及经济性等指标也很重要。

主机中的各类继电器包括通用辅助继电器（M）、断电保持继电器（M）、定时器（TIMER、T）、计数器（COUNTER、CNT、C）、特殊辅助继电器（M）。

【考题样例】

1. 判断题

可编程序控制器是一种数字运算操作的电子系统，专为在工业环境下应用而设计。（　　）

参考答案：对　　适用等级：中级

2. 单项选择题

PLC 常见的图形语言编程方法是（　　）。

A. 梯形图语言　　B. 助记符语言　　C. 功能图语言　　D. 语句表

参考答案：A　　适用等级：中级

3. 多项选择题

PLC 根据 PLC 的点数，PLC 分为（　　）。

A. 小型 PLC　　B. 中型 PLC　　C. 大型 PLC　　D. 微型 PLC

参考答案：ABC　　适用等级：高级

解析：按 I/O 点数可以将 PLC 分为三类：小型 PLC 的 I/O 点数一般在 128 点以下，其特点是体积小、结构紧凑，整个硬件融为一体；中型 PLC 采用模块化结构，其 I/O 点数在

256~1024 点之间；大型 PLC 的 I/O 点数一般在 1024 点以上，软、硬件的功能极强、可靠性更高。

16.11 PLC 基本指令

【考核点】

PLC 基本指令及注释见表 16-1。

表 16-1 PLC 基本指令及注释

指令类型	指令名称	指 令 注 释
逻辑取与线圈驱动指令	LD、LDI、OUT	LD：取指令，用于动合触点与母线连接 LDI：取反指令，用于动断触点与母线连接 OUT：线圈驱动指令，用于将逻辑运算的结果驱动一个指定线圈
单个触点串联指令	AND、ANI	AND：与指令，用于单个触点的串联，完成逻辑"与"运算 ANI：与反指令，用于常闭触点的串联，完成逻辑"与非"运算
触点并联指令	OR、ORI	OR：或指令，用于单个动合触点的并联 ORI：或反指令，用于单个动断触点的并联
串联电路块的并联指令	ORB	ORB 指令用于将串联块并联，是块或指令
并联电路块的串联指令	ANB	ANB 指令用于将并联块串联，为块与指令
多重输出电路指令	MPS、MRD、MPP	MPS（Push）：进栈指令 MRD（Read）：读栈指令 MPP（POP）：出栈指令
置位与复位指令	SET、RST	SET 指令用于对逻辑线圈 M、输出继电器 Y、状态 S 的置位 RST 指令用于对逻辑线圈 M、输出继电器 Y、状态 S 的复位
脉冲输出指令	PLS、PLF	PLS 脉冲：上升沿微分输出，专用于操作元件的短时间脉冲输出 PLF 脉冲：下降沿微分输出，控制线路由闭合到断开
传送指令	MOV	MOV 是数据传送指令
条件跳转指令	CJ、CJ（P）	CJ 和 CJ（P）用于跳过顺序程序中的某一部分，以减少扫描时间

【考题样例】

1. 判断题

OUT 指令可以用在对 Y、M、X、T 的输出。（　　）

参考答案：错　适用等级：高级

2. 单项选择题

SET 命令不能操作的元件是（　　）。
A. M　　　　　　B. Y　　　　　　C. X　　　　　　D. S

参考答案：C　适用等级：高级

3. 多项选择题

决定 PLC 扫描周期长短的因素有（　　）。

A. CPU 执行指令的速度　　　　　　B. 每条指令占用的时间
C. 用户程序的长短　　　　　　　　D. 系统程序的长短

参考答案：ABC　　适用等级：高级

模块 17

数控诊断与维修

17.1 数控机床的日常保养制度

【考核点】

数控机床保养制度分为一级、二级和三级。

一级保养就是每天要做的日常保养,如开关机是否正常、各轴移动回零及行程是否正常、切削液等液位是否正常、是否有漏油漏气漏水等现象、各压力表读数是否正常、主轴连续运行 15min 以上是否有异常、换刀排屑等辅助机构是否正常等。

二级保养就是每月一次的保养,一般先完成一级保养后再进行二级保养。二级保养一般按数控机床的部位划分进行,如主轴系统、换刀系统、液压系统、气压系统等。对每个部件进行全面检查和清洁,要求工作正常且可靠。

三级保养一般根据企业设备使用时间确定保养间隔,通常是一个季度或半年一次。先完成二级保养后再进行三级保养。三级保养比二级保养增加了精度要求,如主轴间隙、主要几何精度、坐标轴运动精度的检测与调整等。

【考题样例】

1. 判断题

1) 对数控机床几何精度检测是一级保养的内容。(　　)

参考答案:错　　适用等级:初级

解析:对数控机床几何精度检测是三级保养的内容。

2) 检查润滑油液面是否正常是一级保养要做的工作之一。(　　)

参考答案:对　　适用等级:初级

解析:检查润滑油液面是否正常是一级保养的内容。

2. 单项选择题

1) 数控机床每天要做的保养是(　　)。

A. 三级保养　　　　B. 二级保养　　　　C. 一级保养　　　　D. 0 级保养

参考答案：C　适用等级：初级

2) 二级保养的时间间隔一般是（　　）。
A. 每天　　　　　B. 每周　　　　　C. 每个月　　　　　D. 每季度

参考答案：C　适用等级：初级

3. 多项选择题

下列（　　）是三级保养的内容。
A. 坐标轴运动精度检测
B. 主轴间隙测量
C. 检查润滑油液面
D. 清洁切削液过滤网

参考答案：AB　适用等级：中级

17.2　数控机床润滑系统保养与维护

【考核点】

数控机床的润滑系统在机床中不仅具有润滑作用，而且还具有冷却作用，以减小机床热变形对加工精度的影响。润滑系统的设计、调试和维护保养，对于保证机床加工精度、延长机床使用寿命等都具有十分重要的意义。

数控机床上常用的润滑方式有油脂润滑和油液润滑。数控机床上常用油脂润滑的部位有主轴支承轴承、滚珠丝杠支承轴承及低速滚动直线导轨等；常用油液润滑的部位有高速滚动直线导轨、贴塑导轨及变速齿轮等；丝杠螺母副有采用油脂润滑的，也有采用油液润滑的。

数控机床上的油液润滑一般采用集中润滑系统，即从一个润滑油供给源把一定压力的润滑油，通过各主、次油路上的分配器，按所需油量分配到各润滑点。同时，系统具备对润滑时间、次数的监控和故障报警以及停机等功能，以实现润滑系统的自动控制。集中润滑系统的特点是定时、定量、准确、高效，使用方便可靠，润滑剂不被重复使用，有利于提高机床使用寿命。集中润滑系统按润滑泵的驱动方式不同，可分为手动供油系统和自动供油系统；按供油方式不同，可分为连续供油系统和间歇供油系统。连续供油系统在润滑过程中产生附加热量且因过量供油而造成浪费和污染，往往得不到最佳的润滑效果。间歇供油系统是周期性定量对各润滑点供油，使摩擦副形成和保持适量润滑油膜。目前，数控机床的油液润滑系统一般采用间歇供油系统。

图 17-1 所示的润滑系统是间歇性集中自动润滑典型代表，润滑时间可以在系统参数中设定或在控制梯形图中设定，当润滑油液面低于 L 线时系统会提示润滑油液面低，要及时从注油口加入符合要求的润滑油，一般注入到 H 线位置即可。每月定期检查注油口滤网，清除杂质。

定期检查油排（润滑油分配器）是否堵塞，如图 17-2 所示。

【考题样例】

1. 判断题

1) 数控机床只有一种润滑方式——油液润滑。（　　）

参考答案：错　适用等级：初级

解析：数控机床上常用的润滑方式有两种。

注油口
高液面
低液面

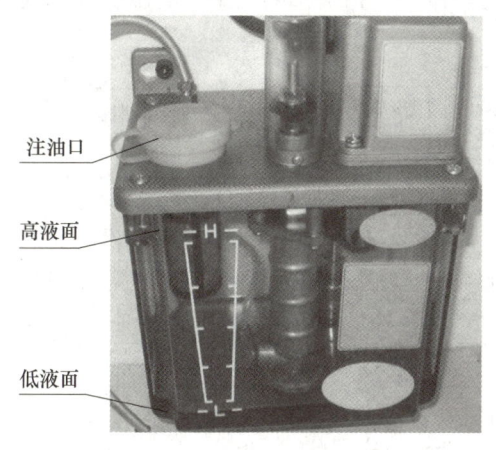

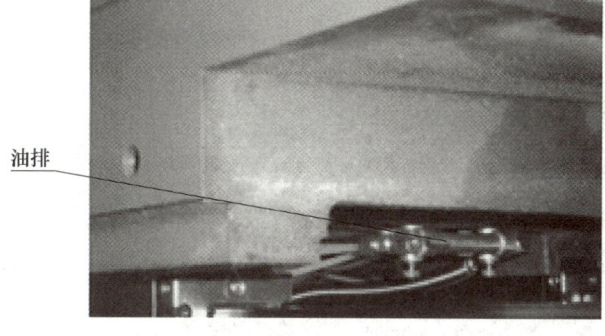

图 17-1　数控机床典型润滑示例图

油排

图 17-2　油排

2）连续供油润滑系统容易造成浪费和污染。（　　）

参考答案：对　适用等级：中级

解析：连续供油会持续不断，会造成浪费，如产生泄漏就会污染环境。

2. 单项选择题

主轴支承轴承一般采用（　　）润滑。

A．油液　　　　　　　　B．油脂
C．固体润滑剂　　　　　D．水

参考答案：B　适用等级：中级

3. 多项选择题

数控机床上常用的润滑介质有（　　）。

A．油液　　　　　　　　B．油脂
C．空气　　　　　　　　D．水

参考答案：AB　适用等级：中级

17.3　数控机床冷却系统保养与维护

【考核点】

广义的冷却系统包含用于功能部件的降温（如电主轴）、用于发热部件的降温（如电柜）和金属切削时带走刀具与工件之间热量的功能。狭义的冷却系统主要是指金属切削冷却系统。图 17-3 所示为典型工件切削冷却系统示意图。

每 2~3 天检查切削液浓度及使用状况，并调配好切削液与水的比率，以防机床生锈。每周定期清除切削液箱过滤网上的积屑，保持切削液循环畅通。定期清洁切削液箱，将切削液抽干，冲洗切削液箱及管路，清洁过滤网，再装切削液。典型冷却泵电动机控制电路图如图 17-4 所示。

冷却泵电动机一般由手动控制（机床操作面板中按键）或自动控制（程序中输入 M 指令）来实现：数控系统通过 PLC 输出信号（如图 17-4 所示的 Y0.5），让中间继电器 KA6 通电，进而让接触器 KM4 通电，最终让冷却泵电动机 M4 接入工作电源，从而带动冷却泵电动机开始工作。如果电路不正常，就会影响冷却泵的工作。电路引起的切削液故障通常需要检查冷却控制电路。

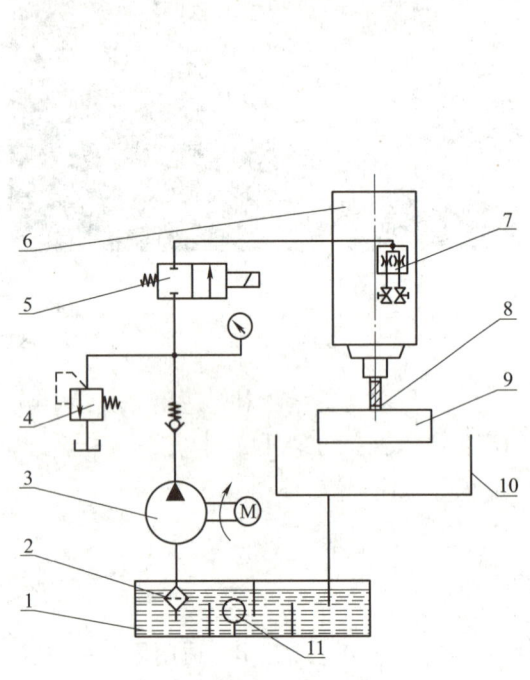

图 17-3 典型工件切削冷却系统示意图
1—切削液箱　2—过滤器　3—冷却泵　4—溢流阀
5—电磁阀　6—主轴部件　7—分流阀　8—切削液喷嘴
9—工件　10—切削液收集装置　11—液位指示计

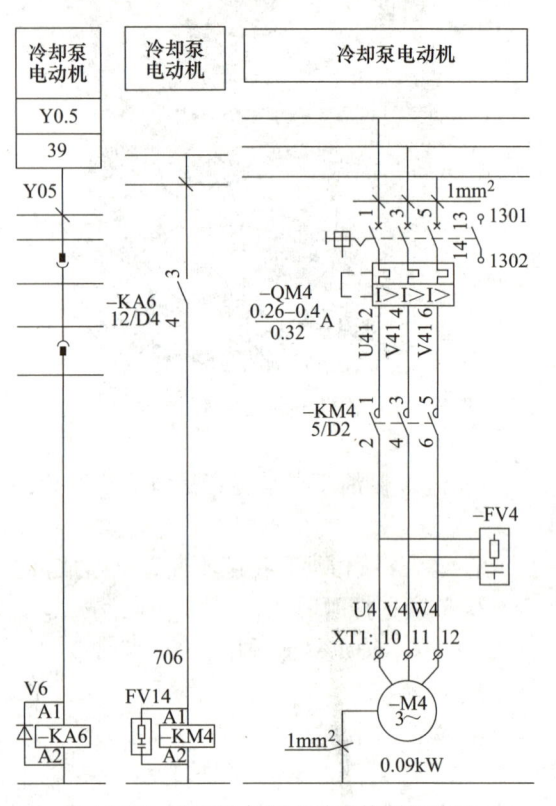

图 17-4 典型冷却泵电动机控制电路图

【考题样例】

1. 判断题

1) 切削液只要加水就可以了。（　　）

参考答案：错　适用等级：初级

解析：金属切削液的主要成分除了水之外还有：①油性添加剂和极压添加剂——作用是在加工金属时起到渗透和润滑的作用，降低金属与切削液接触界面的张力，防止损坏金属工件；②防锈添加剂——主要是防止机床、刀具、金属工件腐蚀，是一种极性很强的化合物；③防霉添加剂——防止细菌繁殖，起到杀菌的效果；④抗泡沫添加剂——防止在加工金属工件时有过多的泡沫，影响加工效果；⑤乳化剂——可以让油性切削液能够定向排列，吸附在油水两相界面上，降低油和水的界面张力。

2) 切削液箱的过滤网需要定期清理。（　　）

参考答案：对　适用等级：初级

解析：切削液箱的过滤网需要定期清理，防止堵塞。

2. 单项选择题

冷却泵电动机不工作的原因不可能是（　　）。
A. 电动机烧坏　　　　　　　　　　B. 没有切削液
C. 电动机电源没有接入　　　　　　D. PLC 没有输出信号

参考答案：B　　适用等级：中级

解析：没有切削液不影响冷却泵电动机工作。

3. 多项选择题

1）冷却泵电动机不工作的原因可能是（　　）。
A. 冷却泵电动机损坏
B. 冷却泵电动机电源电压没有达到正常值
C. 数控系统 PLC 没有输出信号
D. 电路中的电气元件损坏（中间继电器或接触器）

参考答案：ABCD　　适用等级：高级

解析：冷却泵电动机要正常工作的条件：PLC 正确输出控制信号、电气元件正常、电源正常、电动机正常、线路正常。

2）工件切削液无法喷出的原因可能是（　　）。
A. 过滤网堵塞　　　　　　　　　　B. 冷却泵电动机损坏
C. 管路堵塞　　　　　　　　　　　D. 冷却泵电动机转反

参考答案：ABCD　　适用等级：高级

解析：切削液正常喷出的基本条件是：管路正常、过滤网不能堵塞、冷却泵电动机正常工作（不能转反）。

17.4　数控机床排屑装置保养与维护

【考核点】

数控机床加工效率高，在单位时间内数控机床的金属切削量大大高于普通机床，而金属在变成切屑后所占的空间也成倍增大。切屑如果占用加工区域不及时清除，就会覆盖或缠绕在工件或刀具上，一方面，使自动加工无法继续进行；另一方面，这些炽热的切屑向机床或工件散发热量，将会使机床或工件产生变形，影响加工精度。因此，迅速、有效地排除切屑才能保证数控机床正常加工。

排屑装置是数控机床的必备附属装置，其主要作用是将切屑从加工区域排出数控机床之外。切屑中往往都混合着切削液，排屑装置从其中分离出切屑，并将其送入切屑收集箱（车）内，而切削液则被回收到切削液箱。数控铣床、加工中心和数控镗铣床的工件安装在工作台上，切屑不能直接落入排屑装置，往往需要采用大流量切削液冲刷或压缩空气吹扫等方法使切屑进入排屑装置，然后回收切削液并排出切屑。

排屑装置是一种具有独立功能的附件，其工作可靠性和自动化程度随着数控机床技术的发展而不断提高，并逐步趋向标准化和系列化，由专业工厂生产。数控机床排屑装置的结构和工作形式应根据机床的种类、规格、加工工艺特点、工件的材质和使用的切削液等来选择。常见的排屑装置见表17-1。

正确使用排屑装置是有效维护的前提。经常清理排屑装置内切屑，检查有无卡住等。排屑装置常见故障及排除方法见表 17-2。

表 17-1 常见的排屑装置

名　称	实　物	用途及特点
平板链式排屑装置		应用于各类数控机床、加工中心和柔性生产线等自动化程度高的机床，也可作为冲压、冷墩机床小型零件的输送机，也是组合机床切削液处理系统的主要排屑功能部件，适应性强
刮板式排屑装置		可用于数控机床、加工中心、磨床和自动生产线，应用广泛，驱动电动机功率较大
螺旋式排屑装置		螺旋式排屑装置结构简单，排屑性能良好，但只适合沿水平或小角度倾斜直线方向排屑，不能用于大角度倾斜、提升或转向排屑
磁性板式排屑装置		应用在加工铁磁材料的各种机械加工工序的机床和自动生产线上，也是水冷却和油冷却加工机床切削液处理系统中分离铁磁材料切屑的重要排屑装置
磁性辊式排屑装置		适用于湿式加工中粉状切屑的输送，更适用于切屑和切削液中含有较多油污状态下的排屑

表 17-2 排屑装置常见故障及排除方法

序号	故障现象	故障原因	排除方法
1	执行排屑装置起动指令后，排屑装置未起动	排屑装置上的开关未接通	将排屑装置上的开关接通
		排屑装置控制电路故障	由数控机床的电气维修人员来排除故障
		电动机保护热继电器跳闸	测试检查，找出跳闸的原因，排除故障后，将热继电器复位

(续)

序号	故障现象	故障原因	排除方法
2	排屑装置噪声增大	排屑装置机械变形或有损坏	检查修理，更换损坏部分
		铁屑堵塞	及时将堵塞的铁屑清理掉
		排屑装置固定松动	重新紧固
		电动机轴承润滑不良、磨损或损坏	定期维修，加润滑脂，更换已损坏的轴承
3	排屑困难	排屑口被切屑卡住	及时清除排屑口积屑
		机械卡死	调整修理
		刮板式排屑装置摩擦片的压紧力不足	调整碟形弹簧压缩量或调整压紧螺钉

【考题样例】

1. 判断题

1）排屑装置排屑困难一定是电动机烧毁了。（　　）

　　　　　　　　　　　　参考答案：错　适用等级：初级

2）正确使用排屑装置是有效维护的前提。（　　）

　　　　　　　　　　　　参考答案：对　适用等级：初级

解析：有效维护是大部分设备正常使用的前提。

2. 单项选择题

排屑装置未起动原因可能是（　　）。

A. 排屑装置电路故障　　　　　　B. 机械卡死

C. 机械变形　　　　　　　　　　D. 轴承润滑不良

　　　　　　　　　　　　参考答案：A　适用等级：初级

解析：这里强调的是排屑装置未启动，电路故障会影响起动；机械故障不会影响起动但会影响运行。

3. 多项选择题

1）常见的排屑装置有（　　）。

A. 螺旋式排屑装置　　　　　　　B. 平板链式排屑装置

C. 刮板式排屑装置　　　　　　　D. 磁性板式排屑装置

　　　　　　　　　　　　参考答案：ABCD　适用等级：高级

解析：常见的排屑装置有螺旋式排屑装置、平板链式排屑装置、刮板式排屑装置、磁性板式排屑装置等。

2）排屑装置噪声增大的原因可能是（　　）。

A. 铁屑堵塞　　　　　　　　　　B. 轴承损坏

C. 机械变形　　　　　　　　　　D. 电动机保护热继电器跳闸

　　　　　　　　　　　　参考答案：ABC　适用等级：高级

解析：排屑装置噪声增大的原因可能是铁屑堵塞、轴承损坏和机械变形等；跳闸之后就不会起动。

模块 17　数控诊断与维修

17.5 数控机床换刀装置保养与维护

【考核点】

1. 刀库与机械手使用注意事项

1) 严禁把超重、超长、非标准的刀具装入刀库,防止在机械手换刀时掉刀或刀具与工件、夹具等发生碰撞。

2) 采取顺序选刀方式的机床必须注意刀具放置在刀库上的顺序是否正确。其他的选刀方式也要注意所换刀具号是否与所需刀具一致,防止换错刀具导致事故发生。

3) 用手动方式往刀库上装刀时,要确保放置到位、牢固,同时还要检查刀座上锁紧装置是否可靠。

4) 刀库容量较大时,重而长的刀具在刀库上应均匀分布,避免集中于一段。否则易造成刀库的链带拉得太紧,变形较大,并且可能有阻滞现象,使换刀不到位。

5) 刀库的链带不能调得太松,否则会有"飞刀"的危险。

6) 经常检查刀库的回零位置是否正确,机床主轴回换刀点的位置是否到位,发现问题应及时调整,否则不能完成换刀动作。

7) 要注意保持刀具刀柄和刀套的清洁,严防异物进入。

8) 开机时,应先使刀库和换刀机械手空运行,检查各部分工作是否正常,特别是各行程开关和电磁阀能否正常动作;检查机械手液压系统的压力是否正常,刀具在机械手上锁紧是否可靠,发现异常时应及时处理。

2. 刀库与机械手维护保养注意事项

1) 每天用气枪吹掉刀库内的铁屑。

2) 每季度检查加工中心刀臂式换刀机构齿轮箱油量,不足时需要添加齿轮箱油。

3) 每季度在刀臂式刀库传动部分须及时加润滑油脂,保持刀套在刀库上能顺畅转动及刀库能灵活转动。

4) 每季度用油枪对换刀机械手加润滑脂,保证机械手换刀动作灵敏;对机械手上的活动部件加润滑油。

5) 每半年检查加工中心换刀缸润滑油,不足时需要及时添加。

刀库与机械手常见故障及排除方法见表17-3。

表17-3 刀库与机械手常见故障及排除方法

序号	故障现象	故障原因	排除方法
1	刀库不能旋转	连接电动机轴与蜗杆轴的联轴器松动	紧固联轴器上的螺钉
		刀具重量超重	刀具重量不得超过规定值
2	刀套不能夹紧刀具	刀套上的调节螺母松动或弹簧太松,造成卡紧力不足	顺时针旋转刀套两端的调节螺母,压紧弹簧,顶紧卡紧销
		刀具超重	刀具重量不得超过规定值
3	刀套上不到位	换刀装置调整不当或加工误差过大而造成拨叉位置不正确	调整好换刀装置,提高加工精度
		限位开关安装不正确或调整不当造成反馈信号错误	重新调整安装限位开关

(续)

序号	故障现象	故障原因	排除方法
4	刀具不能夹紧	气压不足	调整气压在额定范围内
		增压漏气	关紧增压
		刀具卡紧液压缸漏油	更换密封装置,使卡紧液压缸不漏
		刀具松卡弹簧上的螺母松动	旋紧螺母
5	刀具夹紧后不能松开	锁刀弹簧的压力过大	调节锁刀弹簧上的螺钉,使其最大载荷不超过额定值
6	刀具从机械手中脱落	机械手卡紧销损坏或没有弹出来	更换卡紧销或弹簧
		换刀时主轴箱没有回到换刀点或换刀点发生漂移	重新操作主轴箱运动,使其回到换刀点位置,并重新设定换刀点
		机械手抓刀时没有到位,就开始拔刀	调整机械手手臂,使手臂爪抓紧刀柄后再拔刀
		刀具重量超重	刀具重量不得超过规定值
7	机械手换刀速度过快或过慢	气压太高或节流阀开口过大	保证气泵的压力和流量,旋转节流阀到换刀速度合适

【考题样例】

1. 判断题

1)可以把超长、超重的刀具装入刀库。(　　)

参考答案:错　适用等级:初级

2)刀具在刀库上应该均匀布置。(　　)

参考答案:对　适用等级:初级

3)加工中心换刀缸的润滑油不足时要及时添加。(　　)

参考答案:对　适用等级:中级

解析:所有部位的润滑油不足时都要及时添加。

4)机械手换刀速度过慢有可能是换刀气泵压力不足造成的。(　　)

参考答案:对　适用等级:中级

解析:气泵压力不足会造成机械手换刀速度过慢。

5)刀库内的铁屑应及时清理掉。(　　)

参考答案:对　适用等级:初级

2. 单项选择题

机械手换刀速度过快或过慢的原因可能是(　　)。

A. 气压太高或节流阀开口过大　　B. 刀具超重

C. 气压不足　　D. 漏气

参考答案:A　适用等级:中级

模块17　数控诊断与维修　249

解析：气泵的压力和流量会影响换刀机械手的速度。

3. 多项选择题

刀具从机械手中脱落的原因可能是（　　）。

A. 机械手卡紧销损坏　　　　　　　　B. 换刀点发生漂移

C. 机械手抓刀时没有到位，就开始拔刀　D. 刀具重量超重

参考答案：ABCD　适用等级：高级

17.6 数控系统维护及软件升级

【考核点】

1. 数据备份与还原

当新机床调试完成可以正常使用时，应该对数控系统的参数、PLC、固定循环等所有数据进行备份，以防止系统崩溃或数据丢失后，不能及时恢复系统，数控系统升级也需要用到这些数据。管理人员首先要登录，输入登录密码后才能进行数据备份与还原等操作。其界面如图 17-5 所示。

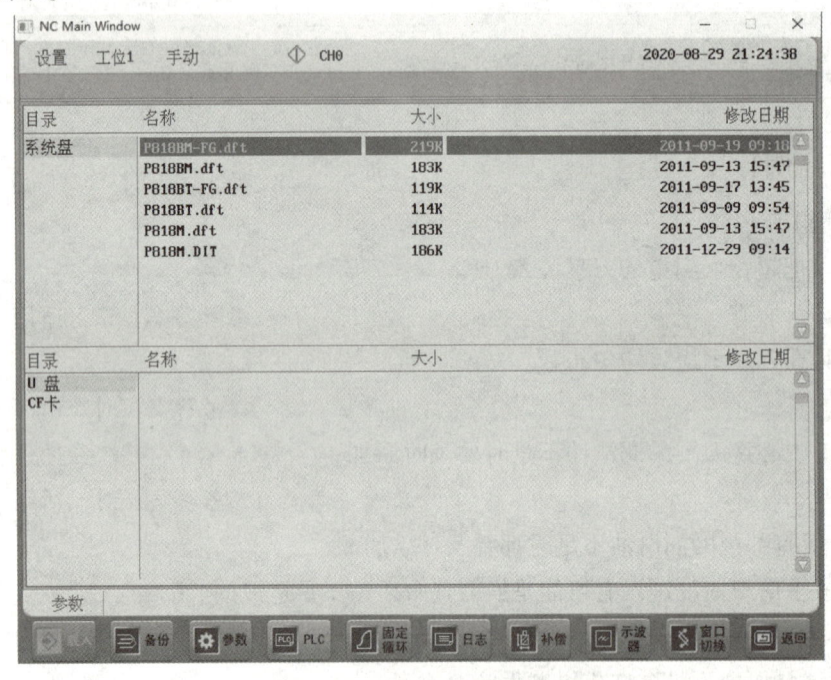

图 17-5　数据备份与还原界面

2. 系统升级

HNC8 系列数控系统升级包括 4 种：程序升级、参数升级、PLC 升级、BTF 全包升级。如果选择参数、PLC 或 BTF 全包升级需要先备份 PLC 及参数，否则升级完成后系统中的参数和 PLC 都被标准参数和 PLC 覆盖。

一般情况下，BTF 全包升级的文件要从数控厂家获取，系统全包升级最好要得到数控厂家的技术支持，以免出现系统崩溃的情况。系统升级界面如图 17-6 所示。

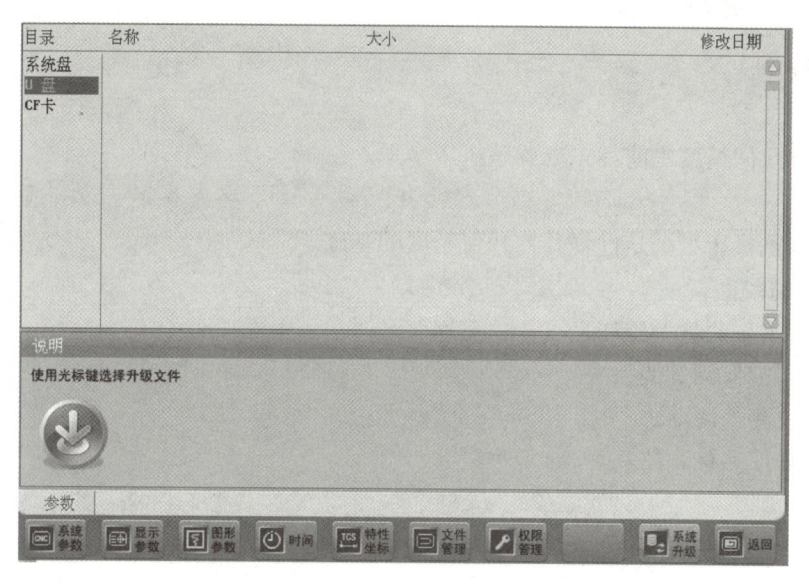

图17-6 系统升级界面

【考题样例】

判断题

1) 华中数控系统只能备份参数。（　　）

参考答案：错　适用等级：初级

解析：华中数控系统可以对参数、梯形图、加工程序等数据进行备份。

2) 数控系统即使BTF全包升级，也需要在原系统做好参数备份和PLC备份。（　　）

参考答案：对　适用等级：高级

解析：BTF全包升级导入的是标准参数，需要适配原系统做好的参数和PLC，机床才能正常工作。

17.7 数控机床水平测量调整

【考核点】

数控机床水平是机床几何精度和动态工作精度检测的前提条件。水平测量调整法通常有水平仪测量调整法、自准直仪测量调整法和激光干涉仪测量调整法三种。这里介绍一种最常用的也是最经济的水平测量调整法——水平仪测量调整法。

1) 水平测量调整需要用到两支水平仪，通常我们采用0.02mm/格精度的水平仪。

2) 将两支水平仪相互垂直放置于工作台中心，如图17-7所示。气泡在哪边说明哪边高。

3) 调整地脚螺栓，直至让两支水平仪气泡位于中心。

图17-7 水平仪摆放位置示意图

【考题样例】

1. 判断题

检测基础几何精度之前首先要调整机床水平。（ ）

参考答案：对   适用等级：中级

解析：调整机床水平是检测其他几何精度的基础。

2. 单项选择题

最常用的水平测量调整法是（   ）。
A. 激光干涉仪测量调整法
B. 水平仪测量调整法
C. 自准直仪测量调整法

参考答案：B   适用等级：中级

解析：水平仪是最常用、最简单的水平测量调整工具，另外两种无论是价格还是测量难度都比较高。

17.8 数控机床几何精度检测

【考核点】

数控机床几何精度常见项目及检测方法见表17-4。

表17-4 数控机床几何精度常见项目及检测方法

项目			检测方法			备注
部件自身精度	床身水平		精密水平仪置于工作台上X、Z向分别测量			几何精度检测的基础
	工作台面平面度		用平尺、等高量块、指示器测量			几何精度检测的基础
	主轴	主轴径向跳动	在主轴锥孔插入测量心轴，用指示器在近端和远端测量			体现主轴旋转轴线的状况
		主轴轴向跳动	在主轴锥孔插入专用心轴（钢球），用指示器测量			影响主轴轴承轴向精度
	X、Y、Z导轨直线度		用精密水平仪或光学仪器测量			影响零件的形状精度
	X、Y、Z三个轴移动方向相互垂直度		用角尺、指示器测量			影响零件的位置精度
部件间相互位置精度	主轴旋转轴线和三个移动轴的关系	主轴和Z轴平行	用指示器测量			影响零件的位置精度
		主轴和X轴垂直	主轴锥孔插入测量心轴	立式	用平尺和指示器测量	
				卧式	用角尺和指示器测量	
		主轴和Y轴垂直	用平尺和指示器测量			
	主轴旋转轴线与工作台面关系	立式为垂直度	用测量心轴、指示器、平尺、等高块测量			影响零件的位置精度
		卧式为平行度	用测量心轴、指示器、平尺、等高块测量			

【考题样例】

判断题

几何精度检测的依据是国家标准。（　　）

参考答案：对　　适用等级：初级

解析：国家标准是几何精度检测的依据。

17.9　数控机床定位精度检测

【考核点】

一般定位精度包含了三项：定位精度、重复定位精度、反向偏差值。不同的数控机床定位精度与重复定位精度的检验项目是不同的，精密加工中心定位精度和重复定位精度检验项目由 GB/T 20957.4—2007 规定。

【考题样例】

判断题

1）数控机床水平测量调整是其他几何精度检测的先决条件。（　　）

参考答案：对　　适用等级：初级

解析：进行其他几何精度检测之前先调整机床水平。

2）数控机床定位精度检测的依据也是国家标准。（　　）

参考答案：对　　适用等级：初级

解析：国家标准是精度检测的依据。

17.10　数控机床超程故障维修

【考核点】

为了保障机床的运行安全，机床的直线轴通常设置有软限位（参数设定限位）和硬限位（限位开关限位）两道保护"防线"。

硬限位是利用行程挡块和限位开关的碰撞，从而切换某电路，使工作台停止于机床某固定位置。一般采用挡块固定，而限位开关随工作台移动的方式，所以挡块的位置则代表了机床的硬限位。考虑到限位开关都有一定的寿命且机床工作环境也会对其可靠性有影响，为了更好保护机床顺利进行加工，一般在硬限位的前面再加一道保护环节：软限位。正负软限位之间为该轴加工行程区。硬限位是靠行程挡块和限位开关实现保护，而软限位则是利用机床参数的设定确定直线轴的极限位置，一般而言，软限位位置应该处在硬限位位置之前，而且只有在回参完成以后才起作用。

软超程：进给轴实际位置超出了机床参数中设定的进给轴极限位置。软超程报警解除：反向移动工作台即可。

硬超程：限位开关碰到了超程位置处的行程挡块。非故障原因造成的硬超程的解决办法：按住超程解除按键，然后反向移动坐标轴到合理位置即可。故障造成超程的可能原因有：限位开关损坏、相应电路出现异常、回参考点失败或参数被修改等，需要逐一排除。

【考题样例】

判断题

1）数控机床出现软超程不需要维修。（　　）

参考答案：对　　适用等级：初级

解析：软超程不是故障，只是超出了软件参数的定义，只要反向移动就行。

2）回参考点失败有可能会造成硬超程故障报警。（　　）

参考答案：对　　适用等级：中级

解析：回参考点失败有可能会撞上限位开关，进而引发超程报警。

17.11　数控机床急停故障维修

【考核点】

急停的产生一般有两种情况：①在机床运行过程中，在危险或紧急情况下，人为按下"急停"按钮，数控系统即进入急停状态，伺服进给及主轴运转立即停止工作；②机床发生超程、伺服报警等故障，系统自动使机床进入急停状态。在第1种情况下，只要旋开急停按钮，系统复位后，机床即可恢复正常。第2种情况就要进行分析和判断，如果是超程，解除后即可恢复；如果是故障则需要找到原因，排除后机床才能恢复正常。

系统急停故障，引起原因也较多，总的来说，引起此类故障的原因大致可以分为如下几方面。

1）电气方面的原因。这种情况就要检查机床的急停电路，排查元器件损坏、线路松断等情况。

2）系统参数设置错误。系统配置参数与硬件设备不匹配就会引发急停。要检查系统基本配置参数是否符合实际连接情况、关键参数是否设置正确。

3）PLC方面错误。检查急停有关的PLC逻辑是否正确和相关先决信号是否得到满足，如PLC中规定的系统复位所需要完成的信息，如"伺服准备好"和"主轴准备好"等信息未满足要求。

4）系统硬件损坏。如果前三种都正常，系统仍然无法解除急停，那就有可能是系统硬件损坏。这种情况较少发生。一旦发生就要发回系统厂家进行维修。

【考题样例】

1. 判断题

1）数控机床出现急停就一定是坏了，需要维修。（　　）

参考答案：错　　适用等级：初级

解析：按下"急停"按钮也会出现急停。

2）系统参数设置错误有可能造成急停故障。（　　）

参考答案：对　　适用等级：中级

解析：系统要正常运行需要具备很多条件，如系统参数与实际硬件匹配就是条件之一。

2. 单项选择题

急停不可能是由于下面（　　）原因造成的。

A. 按下"急停"按钮　B. 机床出现故障　C. 三相电源相序反了　D. 系统硬件损坏

参考答案：C　适用等级：中级

解析：三相电源相序反了不会影响急停，但是可能会影响电动机的正反转方向。

3. 多项选择题

下面（　　）情况，有可能会引发急停故障。

A. 急停电路中元器件损坏　　　　　　B. 系统参数设置错误
C. PLC 程序逻辑错误　　　　　　　　D. 系统硬件损坏

参考答案：ABCD　适用等级：高级

17.12　数控机床主轴常见故障维修

【考核点】

1. 外界干扰

由于电磁干扰、屏蔽或接地不良等原因，主轴伺服系统受到外界的干扰，主轴驱动出现随机和无规律的波动。当主轴转速指令为零时，主轴仍转动，即使经过调整也不能消除此故障，则多为外界干扰所致。

2. 主轴过热

导致此故障的原因主要有以下几个方面：负载过大；电动机冷却系统太脏；电动机的冷却风扇损坏或电动机与控制单元的连接不良；主轴前后轴承损伤或轴承不清洁；主轴润滑油脂耗尽或润滑油脂太多；主轴装配时间隙调整得不合适，轴承的装配间隙过紧。

3. 主轴定位抖动或定位不准

导致此故障的原因主要有三个方面：主轴定位检测传感器安装位置不正确，由于无法确定主轴状态，因而造成主轴定位时来回摆动；主轴控制单元参数设置错误；主轴停止回路调整不当。

4. 加工螺纹乱牙

导致此故障的原因主要是：机床主轴转速不稳；加工螺纹时操作不当；丝杠有窜动；编码器出现故障；主轴转速与进给速度不匹配；加工程序有问题。

5. 主轴异常噪声及振动

首先要区别噪声或振动的来源，是主轴电动机还是主轴箱内的机械部分。对于机械部分的噪声或振动主要可从两个方面进行诊断：主轴轴承是否有足够的润滑脂；主轴带轮传动是否正常。如果是电动机产生的噪声或振动，可能是主轴伺服系统出现故障。

6. 主轴电动机停转或转速不稳

首先确定是主轴电动机还是主轴箱内机械传动部件的故障。若是机械部分，故障多发生在采用带轮传动的机床上。应着重检查皮带是否过松、皮带表面是否有油污、皮带是否老化。若是主轴电动机故障，则更换电动机。

【考题样例】

1. 判断题

1）主轴有振动一定是主轴轴承润滑脂没有了。（　　）

参考答案：错　适用等级：初级

解析：主轴带轮松动也会引起主轴振动。

2）主轴电动机风扇损坏有可能造成主轴过热。（ ）

参考答案：对　适用等级：初级

解析：主轴电动机风扇损坏会影响主轴散热。

2. 单项选择题

主轴转速不稳的原因不可能是（　　）。

A. 主轴电动机故障　　　　　　　B. 皮带老化

C. 皮带有油污　　　　　　　　　D. 数控编程指令错误

参考答案：D　适用等级：中级

解析：数控编程指令错误不会引起主轴转速不稳。

3. 多项选择题

下面（　　）情况，有可能会造成主轴定位不准。

A. 主轴定位检测传感器位置不对　　B. 主轴参数设置错误

C. 主轴停止回路异常　　　　　　　D. 主轴风扇损坏

参考答案：ABC　适用等级：高级

17.13　数控机床常见 PLC 报警信息处理

【考核点】

数控机床的 PLC 报警信息一般分为三个级别：一级报警、二级报警和三级报警。一级报警是指使设备部分或整体无法正常动作的报警，如安全门锁打开、空开跳闸等；二级报警是指动作超时报警，如某个气缸在规定的时间内没有到达指定的位置，出现的超时报警；三级报警是指不影响设备正常运行的报警，只是提示操作者注意，及时处理将不会影响设备正常生产，如润滑液面低等。三级报警只要复位一下就可以继续运行机床，二级报警中局部报警设备不使用也不影响其他部件的运行，一级报警就需要解除才能正常运行机床。华中数控系统 PLC 报警界面如图 17-8 所示。

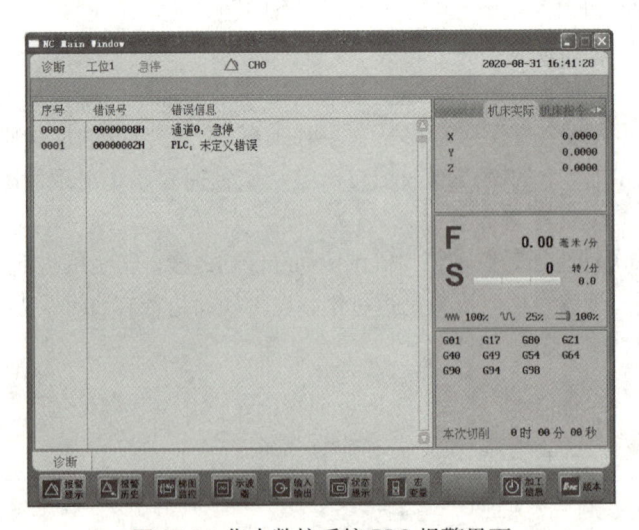

图 17-8　华中数控系统 PLC 报警界面

当 PLC 发生报警后，一般情况下会通过系统 G30×× 信号变化来显示出相关状态，进而查看梯形图找出触发原因，并根据触发原因解决相应的故障。华中数控系统报警信号监控表如图 17-9 所示。

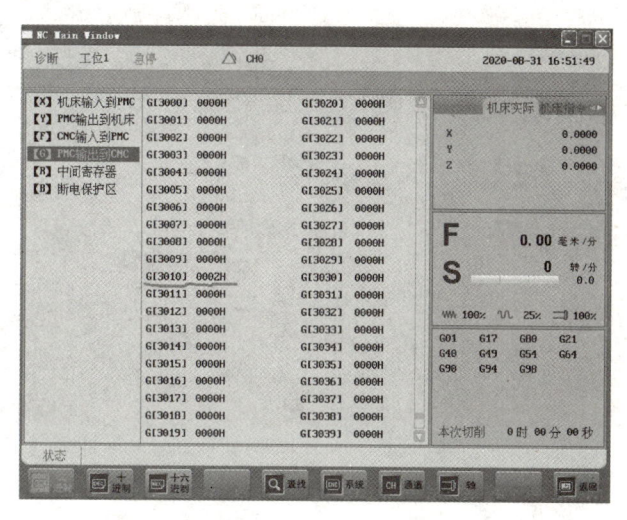

图 17-9　华中数控系统报警信号监控表

【考题样例】

1. 判断题

1）PLC 报警一定会造成机床不能运行。（　　）

参考答案：错　适用等级：初级

解析：有些提示性报警是不影响机床运行，如润滑液面低。

2）有些 PLC 提示性报警可以暂时不管。（　　）

参考答案：对　适用等级：初级

解析：提示性报警短期不影响机床运行。

2. 单项选择题

华中数控系统的 PLC 报警可以通过下面（　　）信号看出来。

A. X　　　　　　　　B. G　　　　　　　　C. R　　　　　　　　D. E

参考答案：B　适用等级：中级

解析：华中 8 型数控系统定义 G30×× 信号为 PLC 报警信号。

3. 多项选择题

下面（　　）情况，有可能会引发 PLC 报警。

A. 润滑液面低　　　　　　　　　　　　B. 换刀超时
C. 进给倍率设为 0　　　　　　　　　　D. 主轴倍率设为 0

参考答案：AB　适用等级：中级

解析：进给倍率、主轴倍率只会影响机床运行速度，不会报警；润滑液面和换刀超时则会报警。

模块 18

云数控

18.1 工艺参数评估

【考核点】

华中8型数控系统工艺参数评估功能主要针对要加工零件G代码的可优化百分比进行评估。通过数控系统采集加工过程中电控大数据，利用主轴功率与材料去除率的关联关系，评估加工效率是否有提升空间。通过工艺参数评估，在数控系统界面上显示每把刀的优化效率百分比和G代码总的优化效率百分比。如果评估结果显示效率有提升空间，则可以利用PC端"工艺参数优化"软件进行效率提升。

【考题样例】

1. 判断题

1）在华中8型数控系统工艺参数评估过程中，如果评估结果显示效率有提升空间，就可以直接在数控系统中进行工艺参数优化。（　　）

参考答案：错　适用等级：初级

2）华中8型数控系统工艺参数评估功能，是通过数控系统采集加工过程中电控大数据，利用主轴功率与材料去除率的关联关系，评估加工效率是否有提升空间。（　　）

参考答案：对　适用等级：初级

3）在华中8型数控系统工艺参数评估过程中，如果有急停情况，则在解除急停后可继续前面的评估。（　　）

参考答案：错　适用等级：初级

解析：在工艺参数评估过程中，在加载G代码循环启动后，要保证整个加工过程的连续。如果评估过程中有进给保持或急停情况，则需要重新开始评估，以确保评估结果的完整性和准确性。

2. 单项选择题

1）华中8型数控系统工艺参数评估功能是针对G代码的（　　）进行评估。

A. 工艺参数　　　　B. 刀具路径　　　　C. 可优化百分比　　　　D. 运行效率

参考答案：C 适用等级：初级

2）华中 8 型数控系统工艺参数评估功能适用于切削量（　　）的加工过程。
A. 保持不变　　　　B. 不断变换　　　　C. 持续变大　　　　D. 持续变小

参考答案：B 适用等级：初级

解析：工艺参数评估算法适用于切削量不断变换的加工过程，这样评估得到的结果更具有参考性、更可靠。

3. 多项选择题

华中 8 型数控系统工艺参数评估，将在数控系统界面上显示（　　）结果。
A. 各刀具的优化效率百分比　　　　B. G 代码总的优化效率百分比
C. 评估建议　　　　　　　　　　　D. 具体工艺参数优化建议

参考答案：ABC 适用等级：初级

18.2　健康保障

【考核点】

华中 8 型数控系统健康保障功能是通过运行自检程序，采集数控和伺服的指令域电控信号，对采集的指令域电控信号进行分析诊断，对运动轴（X、Y 和 Z 轴）、主轴和刀库（简称为铁人三项）等容易出故障的部件进行健康体检，通过获得的健康指数，检测机床的健康状况，实现预防性运维以及机床装配一致性检验。

【考题样例】

1. 判断题

1）在华中 8 型数控系统中运行健康保障自检程序，应该在机床空载状态下运行。（　　）

参考答案：对 适用等级：初级

解析：自检应该在空载状态下运行，避免受刀具或工件的干涉影响。

2）在华中 8 型数控系统中建立机床健康基准，需在机床完全调试好后进行。（　　）

参考答案：对 适用等级：初级

3）在华中 8 型数控系统中建立机床健康基准时，采样次数对健康基准的准确性没有影响。（　　）

参考答案：错 适用等级：中级

解析：机床健康基准采样次数最好大于 20 次，次数越多，健康基准越准确。

4）在华中 8 型数控系统中运行健康保障功能的机床自检程序，需要事先调整相关系统参数与建立基准时参数一致。（　　）

参考答案：对 适用等级：中级

解析：健康基准建立后，机床后续自检时，系统某些参数（如加工加减速捷度时间常数、伺服增益等参数，若修改则可能导致健康指数变大或变小）应保持与建立基准时参数一致。

2. 单项选择题

1）同类型同批次相同配置的机床批量装机时，选取一台装配质量较好的机床作为模

模块 18　云数控

板，将其他机床健康保障自检数据复制到模板机床中进行对比的方式，在华中 8 型数控系统机床健康保障功能中称为（　　）。

A. 纵向比较　　　　B. 横向比较　　　　C. 一致性比较　　　　D. 差异性比较

参考答案：B　　适用等级：初级

2) 机床调试完成后，在华中 8 型数控系统运行健康保障自检程序，通过采集机床电控信号，建立机床健康数据库，作为机床后续健康体检参照，该步骤称为（　　）。

A. 机床健康基准设定　　　　　　　　B. 机床健康体检

C. 机床数据库初始化　　　　　　　　D. 机床自检程序检验

参考答案：A　　适用等级：中级

3. 多项选择题

华中 8 型数控系统健康保障功能主要包含（　　）健康检查，简称为铁人三项。

A. 刀具能耗　　　　B. 运动轴　　　　C. 主轴

D. 刀库　　　　　　E. 电气控制

参考答案：BCD　　适用等级：初级

18.3　全生命周期机床负荷图

【考核点】

华中 8 型数控系统全生命周期机床负荷图功能，可以通过采集数控系统内部电控信号，统计分析丝杠全生命周期负荷分布情况，对丝杠各区域使用状况进行全生命周期评估。该功能对各个轴丝杠按照机床实际位置进行分段，对每个段点所在截面的负荷进行统计。根据统计数据用于对丝杠的状态进行评估，也可用于系统的误差补偿。

【考题样例】

1. 判断题

1) 华中 8 型数控系统全生命周期机床负荷图功能在手动、手轮、回零状态下不会记录各直线轴负荷。（　　）

参考答案：对　　适用等级：初级

2) 华中 8 型数控系统全生命周期机床负荷图功能在系统断电后，之前统计的机床各轴负荷特征信息会清零。（　　）

参考答案：错　　适用等级：初级

解析：系统断电后会存储断电之前统计的机床各轴负荷特征信息，在系统上电后会自动读取存储的特征信息，新的负荷会在历史负荷上进行累加。

2. 单项选择题

1) 在图 18-1 所示的华中 8 型数控系统全生命周期机床负荷图中，（　　）区域显示的是丝杠在各区点负荷曲线图。

A. 1 号　　　　B. 2 号　　　　C. 3 号　　　　D. 4 号

参考答案：B　　适用等级：初级

解析：1 号区域：丝杠运行通过各区间点次数曲线图；2 号区域：丝杠在各区点负荷曲

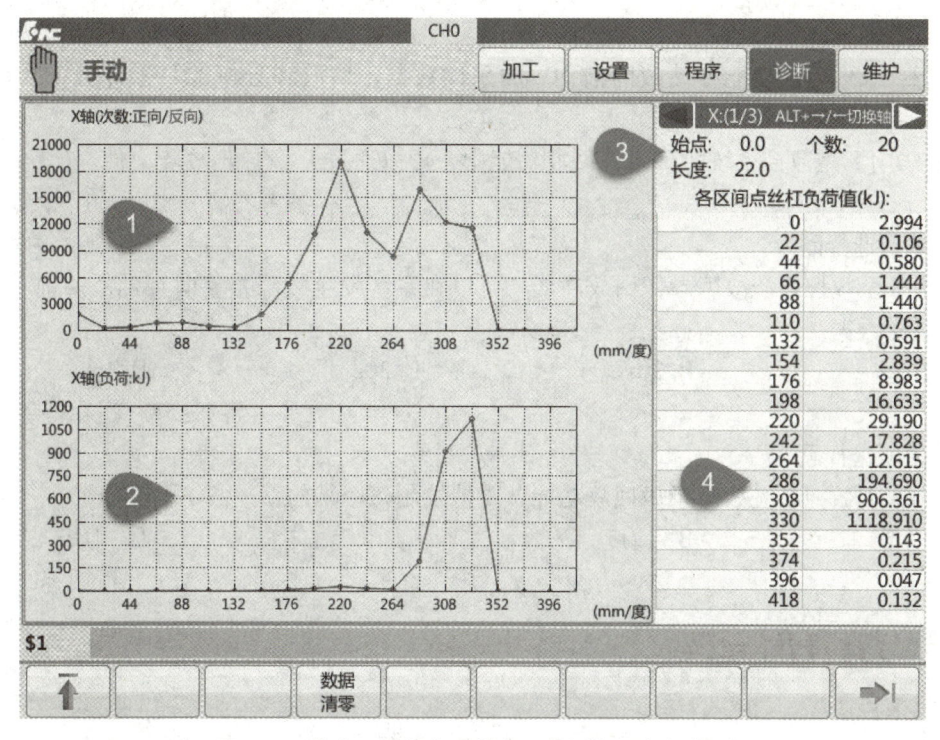

图 18-1　华中 8 型数控系统全生命周期机床负荷图

线图；3 号区域：丝杠区间点配置表；4 号区域：各区间点丝杠负荷值统计表。

2) 通过华中 8 型数控系统全生命周期机床负荷图，可以统计分析（　　）全生命周期负荷分布情况。

A. 丝杠　　　　　　B. 刀具　　　　　　C. 刀库　　　　　　D. 数控系统

参考答案：A　适用等级：初级

3. 多项选择题

华中 8 型数控系统全生命周期机床负荷图统计数据，可用于（　　）。

A. 系统误差补偿　　B. 工艺参数优化　　C. 丝杠状态评估　　D. 刀具磨损评估

参考答案：AC　适用等级：中级

18.4　故障录像回放

【考核点】

华中 8 型数控系统故障录像回放功能，能在程序运行时进行数据采样，在系统发生故障报警时存储故障前 10s 的采样数据，通过配置报警类型，选择录像历史文件进行回放，用以分析、查找故障原因。

【考题样例】

1. 判断题

1) 华中 8 型数控系统故障录像回放功能，可以回放系统发生故障报警前的视频。（　　）

参考答案：错　适用等级：初级

解析：录像回放功能存储故障前 10s 的采样数据，回放和分析的是采样数据，而不是视频。

2）华中 8 型数控系统故障录像回放功能中，可以通过 U 盘导出故障文件。（　　）

参考答案：对　适用等级：初级

2. 单项选择题

华中 8 型数控系统故障录像回放功能，可以在系统发生故障报警时存储故障前（　　）时间的采样数据。

A. 10s　　　　　　B. 20s　　　　　　C. 30s　　　　　　D. 1min

参考答案：A　适用等级：初级

3. 多项选择题

华中 8 型数控系统故障录像回放功能，支持绘制每个轴的（　　）曲线。

A. 位置　　　　　　B. 速度　　　　　　C. 电流　　　　　　D. 力矩

参考答案：ABC　适用等级：中级

18.5　刀具智能管理

【考核点】

华中 8 型数控系统断刀检测功能，是通过 PLC 模块进行实时检测，当检测到断刀情况则进行 PLC 报警。目前，该功能仅适用于钻孔刀的断刀检测。

华中 8 型数控系统刀具寿命综合管理功能，可对同一把刀同时设置多种管理方式及每种方式的权重，以权重比计算已用寿命的方式进行综合寿命的统计。

刀具寿命管理方式有五种。

1）刀具计数。通过刀具的安装次数来统计其寿命，其统计单位为次数。每调用一次刀具且遇到切削指令时，其刀具寿命累加一次。

2）刀具计时。通过刀具的使用时间来统计其寿命，其统计单位为 min。

3）切削能耗。计算当前刀具的切削能耗，单位为 kW·h。

4）切削里程。计算当前刀具的切削里程，需将当前刀具的半径值设在刀补表中，其统计单位为 m/km 等。

5）主轴转速。统计当前刀具的主轴转速，其统计单位为 r/min。

【考题样例】

1. 判断题

1）目前华中 8 型数控系统断刀检测功能，仅适用于钻孔刀的断刀检测。（　　）

参考答案：对　适用等级：初级

2）在华中 8 型数控系统刀具寿命综合管理功能中，每种方式的权重是系统自动确定的。（　　）

参考答案：错　适用等级：初级

3）在华中 8 型数控系统刀具寿命综合管理功能中，刀具计数的方法是 G 代码每调用一次刀具，其刀具寿命累加一次。（　　）

参考答案：错　适用等级：初级

解析：刀具计数的寿命统计单位为次数，每调用一次刀具且遇到切削指令时，其刀具寿命累加一次。

2. 单项选择题

华中 8 型数控系统断刀检测功能，是通过（　　）进行实时检测。

A. PLC 模块　　　　B. 摄像头　　　　C. 传感器　　　　D. 加工数据分析

参考答案：A　适用等级：初级

3. 多项选择题

在华中 8 型数控系统刀具寿命综合管理功能中，刀具寿命管理方式有（　　）。

A. 刀具计数　　　　B. 刀具计时　　　　C. 切削能耗

D. 切削里程　　　　E. 主轴转速　　　　F. 刀具磨损

参考答案：ABCDE　适用等级：初级

18.6　误差补偿

【考核点】

1. 华中 8 型数控系统热误差补偿功能

它主要用于解决机床主轴等结构部件和丝杠等传动部件在运行过程中产生的热变形。该补偿方法包含了与机床结构相关的热误差偏置补偿以及与丝杠热膨胀相关的热误差斜率补偿。

系统提供了三种热补偿方式。

1）热误差偏置补偿，主要用于补偿机床结构部件发热产生的刀具相对于工件的空间位置变化。

2）热误差斜率补偿，主要用于补偿机床传动部件发热产生的和定位位置相关联的热膨胀误差。

3）热误差混合补偿，同时包含热误差偏置补偿和热误差斜率补偿。

2. 华中 8 型数控系统空间误差补偿功能

它用于读取激光干涉仪测量结果，显示测量数据曲线图，并载入到误差补偿参数中。

空间误差补偿有三类。

1）线性误差补偿。它包含反向间隙补偿和螺距误差补偿。

2）直线度误差补偿。直线度误差从水平方向和垂直方向进行测量。

3）角度误差补偿。角度误差从偏摆角、仰俯角、滚动角进行测量。

【考题样例】

1. 判断题

1）与机床结构相关的热误差补偿方法是热误差斜率补偿。（　　）

参考答案：错　适用等级：中级

解析：与机床结构相关的是热误差偏置补偿，与丝杠热膨胀相关的是热误差斜率补偿。

2）利用华中 8 型数控系统误差补偿功能，能提高机床加工精度。（　　）

参考答案：对　适用等级：中级

2. 单项选择题

1) 华中 8 型数控系统热误差补偿功能,主要用于解决机床主轴等结构部件和丝杠等传动部件在运行过程中产生的(　　)。
　A. 热膨胀　　　　B. 热变形　　　　C. 热应力　　　　D. 热量

　　　　　　　　　　　　　　　　　　　　　　　参考答案:B　适用等级:中级

2) 华中 8 型数控系统空间误差补偿功能,用于读取(　　)测量结果,显示测量数据曲线图,并载入到误差补偿参数中。
　A. 传感器　　　　B. 三维测量头　　C. 激光干涉仪　　D. 激光扫描仪

　　　　　　　　　　　　　　　　　　　　　　　参考答案:C　适用等级:中级

3) (　　) 主要用于补偿机床结构部件发热产生的刀具相对于工件的空间位置变化。
　A. 空间误差补偿　　　　　　　　　　B. 热误差斜率补偿
　C. 热误差混合补偿　　　　　　　　　D. 热误差偏置补偿

　　　　　　　　　　　　　　　　　　　　　　　参考答案:D　适用等级:中级

4) 在华中 8 型数控系统空间误差补偿功能中,线性误差补偿包含(　　)和螺距误差补偿。
　A. 直线度误差补偿　B. 垂直度误差补偿　C. 反向间隙补偿

　　　　　　　　　　　　　　　　　　　　　　　参考答案:C　适用等级:中级

3. 多项选择题

在华中 8 型数控系统空间误差补偿功能中,角度误差是从(　　)进行测量。
　A. 偏摆角　　　　B. 仰俯角　　　　C. 滚动角　　　　D. 倾斜角

　　　　　　　　　　　　　　　　　　　　　　参考答案:ABC　适用等级:中级

18.7　智优曲面加工

【考核点】

华中 8 型数控系统智优曲面加工功能是指数控系统对三维曲面小线段 G 代码程序进行实时速度规划的功能。使用该功能将减小高速加工过程中的速度波动,确保加工速度平滑与相邻刀路轨迹速度的一致性,提高三维曲面加工表面质量与效率。

智优曲面加工操作方式是:程序编辑,编辑需要优化的加工 G 代码,在程序移动指令前添加 G125 指令;G 程序优化,选定需要的 G 代码,执行 G 代码优化;加载已优化的 G 代码程序,进行加工。

【考题样例】

1. 判断题

1) 华中 8 型数控系统智优曲面加工功能适用所有的 G 代码程序。(　　)

　　　　　　　　　　　　　　　　　　　　　　　参考答案:错　适用等级:中级

解析:智优曲面加工功能适用范围为三维曲面小线段 G 代码程序。

2) 华中 8 型数控系统智优曲面加工功能优化时间与程序大小有关,程序越大其优化时间越长。100 万行的程序,其优化时间在 15s 左右。(　　)

　　　　　　　　　　　　　　　　　　　　　　　参考答案:对　适用等级:中级

3）在华中 8 型数控系统智优曲面加工功能中，对于已优化的 G 代码，对其进行相关编辑、修改等操作后，程序需要重新优化。（　　）

参考答案：对　　适用等级：中级

4）在华中 8 型数控系统智优曲面加工功能中，对于已优化的 G 代码，如果在程序头中将 G125 指令删除，程序仍然按照优化后的算法运行。（　　）

参考答案：错　　适用等级：中级

解析：已优化 G 代码程序中未添加 G125 指令，则按原始模式运行，选择原始速度规划算法运行程序；未优化的 G 代码，在程序头添加 G125，运行程序时，系统报警。

2. 单项选择题

1）华中 8 型数控系统智优曲面加工功能可以对 G 代码程序进行实时（　　）规划。

A. 路径　　　　　　B. 速度　　　　　　C. 时间　　　　　　D. 加工精度

参考答案：B　　适用等级：中级

2）华中 8 型数控系统智优曲面加工功能的开启，需要在程序移动指令前添加（　　）指令。

A. G124　　　　　　B. G125　　　　　　C. G126　　　　　　D. G127

参考答案：B　　适用等级：中级

解析：G125 表示开启优化加工功能，G126 表示关闭优化加工功能。

3）华中 8 型数控系统智优曲面加工功能中，（　　）指令表示关闭优化加工功能。

A. G124　　　　　　B. G125　　　　　　C. G126　　　　　　D. G127

参考答案：C　　适用等级：中级

3. 多项选择题

使用华中 8 型数控系统智优曲面加工功能的好处有（　　）。

A. 减小高速加工过程中的速度波动　　　　B. 提高加工表面质量

C. 提高加工效率　　　　　　　　　　　　D. 优化刀路运行轨迹

E. 确保加工速度平滑与相邻刀路轨迹速度的一致性

参考答案：ABCE　　适用等级：中级

18.8　数控云服务平台

【考核点】

华中数控云服务平台 iNC-Cloud（intelligent Numerical Controller-Cloud）是面向数控机床用户、数控机床厂商、数控系统厂商打造的以数控系统为中心的智能化、网络化数字服务平台。它主要提供了设备监控、生产统计、故障案例、故障报修、设备分布和电子资料库等功能。

iNC-Cloud 对机床 7×24h 不间断采集到的数据进行统计和分析，通过数控云管家 APP 和 WEB 网页，可实时查看车间每条生产线中机床的当前运行状态，记录了每个机床的今日产量，为用户提供车间、机床相关利用率、开机率、运行率、加工件数和报警次数等统计报表，用户可依据机床利用率等数据，合理排序或调整每台机床加工零件的工序，可大幅度提高产品加工效率，节约人力、物力资源。

云服务平台技术特点如下。

1）提升调机效率。使用移动端 APP 扫描机床调机报表二维码获取调机信息，查看调试评分，记录调试内容，上传调机数据到 iNC-Cloud 大数据中心，参考机床调机历史记录，大幅减少客服人员调试时间，迅速提升机床加工的速度和精度。

2）提供机床故障解决方案。使用移动端 APP 扫描报警二维码获取机床当前故障，基于 iNC-Cloud 云系统的维护平台数据库将自动分析匹配，输出解决方案，轻松解决机床故障。

3）提供机床健康保障功能。通过"铁人三项"对数控机床进行定期"体检"，充分发挥 iNC-Cloud 平台的存储、计算、管理、跨平台和远程通信功能，对数控系统产生的海量电控数据进行处理、分析与可视化，用户可以通过云服务平台或手机、平板等移动终端掌握机床的健康状态及其变化趋势，及时做出决策，保障数控机床的健康。

iNC-Cloud 联网方式有：有线网络、无线 WIFI、4G/5G 网络、NB-IoT（窄带物联网）。

【考题样例】

1. 判断题

1）基于云计算的数控机床大数据中心是运用物联网、大数据、云数控等关键技术，围绕数控机床加工效率和质量的提升以及机床智能化管理的车间信息化管理系统。（　　）

参考答案：对　适用等级：中级

2）NB-IoT 联网方式适合车间无任何网络设施，且不具备部署网线条件的使用场景。（　　）

参考答案：对　适用等级：高级

解析：NB-IoT 联网方式适合车间无任何网络设施，且不具备部署网线条件，所需硬件为 NB-IoT 通信盒、吸盘天线、NB-IoT 电源线、网线。

2. 单项选择题

1）华中数控云服务平台 iNC-Cloud 可以通过（　　）APP 和 WEB 网页实时查看车间每条生产线中机床的当前运行状态。

A. 数控云　　　　B. 数控云管家　　　　C. 智能云　　　　D. 智能云管家

参考答案：B　适用等级：中级

2）华中数控云服务平台 iNC-Cloud 的技术特点有：提升调机效率、提供机床故障解决方案和（　　）。

A. 提供加工数据存储功能　　　　B. 提供机床误差补偿功能
C. 提供加工参数优化功能　　　　D. 提供机床健康保障功能

参考答案：D　适用等级：中级

3. 多项选择题

1）华中数控云服务平台 iNC-Cloud 主要提供了（　　）功能。

A. 设备监控　　　B. 生产统计　　　C. 工艺参数评估
D. 故障报修　　　E. 设备分布

参考答案：ABDE　适用等级：中级

2）华中数控云服务平台 iNC-Cloud 的联网方式有（　　）。

A. 有线网络　　　B. RFID　　　C. 4G/5G 网络
D. NB-IoT　　　E. 无线 WIFI

参考答案：ACDE　　适用等级：高级

3）数控机床大数据中心应用的技术基础有（　　）。
A. 数控机床 CPS 模型　　　　　B. 大数据采集与存储
C. 开放式云计算应用架构　　　　D. 机床互联通信协议

参考答案：ABCD　　适用等级：高级

18.9　数控云管家 APP

【考核点】

数控云管家 APP 是华中数控股份有限公司开发的一款工业大数据可视化、面向生产过程的高效智能化管理手机应用软件，后台集成有数据采集、数据存储、数据统计等功能模块。主要功能有：机床注册、设备分布图浏览、设备信息管理、设备状态时序图、状态分布时间统计、加工件数统计、机床报警统计、开机时间/运行时间统计、故障持续时间统计、机床产值统计、机床或产线的运行时间排名、产量排名、产量产值统计、故障诊断等。

数控云管家包含的功能模块有：设备监控、生产统计、案例库、故障报修、设备分布、电子资料库、维护保养、机床装配。

【考题样例】

1. 判断题

1）数控云管家 APP 在未登录状态下，用户只能浏览华中数控系统的分布图，无法使用其他功能。（　　）

参考答案：对　　适用等级：高级

2）在数控机床没有联网或数控机床网络通信不佳的情况下，可以通过数控云管家 APP 扫描华中数控系统二维码，实现数据上传到数控云服务平台的操作。（　　）

参考答案：对　　适用等级：高级

2. 单项选择题

1）数控云管家是一款工业大数据可视化、面向生产过程的（　　）软件。
A. WEB 应用　　　B. 手机应用　　　C. 计算机　　　D. 数控系统

参考答案：B　　适用等级：中级

2）通过（　　）二维码功能，可以获取机床的加工状态、工件统计、报警历史、故障诊断、健康保障等数据，并上传到数控云服务平台数据中心，实现对机床的全生命周期管理。
A. 数控云管家 APP　　　　　　B. 数控机床
C. 华中数控系统　　　　　　　D. 华中数控云服务平台 iNC-Cloud

参考答案：C　　适用等级：高级

3. 多项选择题

数控云管家不包含的功能模块有（　　）。
A. 维护保养　　　B. 故障报修　　　C. 远程操机
D. 工艺优化　　　E. 设备分布

参考答案：CD　　适用等级：高级

模块 19

智能制造技术

19.1 离散型智能制造模式

【考核点】

离散型制造是指生产过程中基本上没有发生物质改变,只是物料的形状和组合发生改变,即产品是由各种物料装配而成,并且产品与所需物料之间有确定的数量比例,如一个产品有多少个部件,一个部件有多少个零件,这些物料不能多也不能少。按通常行业划分,属于离散行业的有机械制造业、汽车制造业、家电制造业等。

离散型制造企业的生产特点明显区别于流程型制造企业,主要表现为:

1) 生产模式——按定单生产、按库存生产。
2) 批量特点——多品种、小批量或单件生产。
3) 对工人技术水平的依赖——产品的质量和生产率很大程度上依赖于工人的技术水平。
4) 自动化水平——自动化主要集中在单元级(如数控机床),自动化水平相对较低。
5) 检验方式——需要检验每个单件、每道工序的加工质量。
6) 工艺过程——产品的工艺过程经常变更。

离散型智能制造模式的目标是在机械、航空、航天、汽车、船舶、轻工、服装、医疗器械、电子信息等离散制造领域,开展智能车间/工厂的集成创新与应用示范,推进数字化设计、装备智能化升级、工艺流程优化、精益生产、可视化管理、质量控制与追溯、智能物流等试点应用,推动企业全业务流程智能化整合,该模式下需要达到的要素条件有如下几个方面。

1) 车间/工厂的总体设计、工艺流程及布局均已建立数字化模型,并进行模拟仿真,实现规划、生产、运营全流程数字化管理。

2) 应用数字化三维设计与工艺技术进行产品、工艺设计与仿真,并通过物理检测与试验进行验证与优化。建立产品数据管理系统(PDM),实现产品数据的集成管理。

3）实现高档数控机床与工业机器人、智能传感与控制装备、智能检测与装配装备、智能物流与仓储装备等关键技术装备在生产管控中的互联互通与高度集成。

4）建立生产过程数据采集和分析系统，充分采集生产进度、现场操作、质量检验、设备状态、物料传送等生产现场数据，并实现可视化管理。

【考题样例】

1. 判断题

1）离散型制造企业的产品质量和生产率更依赖于工人的技术水平。（　　）

参考答案：对　适用等级：中级

2）离散型制造企业相对流程型制造企业的自动化程度更高。（　　）

参考答案：错　适用等级：中级

2. 单项选择题

图 19-1 所示为三一重工数字化车间的示意图，从中可以看出该智能车间是属于（　　）。

图 19-1　三一重工数字化车间的示意图

A. 离散型智能制造模式　　　　　　　B. 流程型智能制造模式
C. 网络协同制造模式　　　　　　　　D. 大规模个性化定制模式

参考答案：A　适用等级：中级

解析：图 19-1 中有混凝土机械、路面机械、港口机械等多条装配线，通过在生产车间建立"部件工作中心岛"，即单元化生产，将每一类部件从生产到下线所有工艺集中在一个区域内完成全部生产。这种组织方式属于离散型智能制造模式。

3. 多项选择题

1）离散型制造是指生产过程中基本上没有发生物质改变，只是（　　）发生改变。

A. 物质的形状　　　　　　　　　　　B. 物质的组合
C. 物质的化学成分　　　　　　　　　D. 物质的粉碎

参考答案：AB　适用等级：中级

2）下列属于离散型制造行业的有（　　）。

A. 机械制造业　　　B. 汽车制造业　　　C. 家电制造业　　　D. 石化工业

参考答案：ABC　适用等级：中级

3）下列属于离散型智能制造模式要达到的要素条件的是（　　）。
A. 实现规划、生产、运营全流程数字化管理
B. 建立产品数据管理系统（PDM），实现产品数据的集成管理
C. 实现关键技术装备在生产管控中的互联互通与高度集成
D. 建立生产过程数据采集和分析系统并实现可视化管理

参考答案：ABCD　　适用等级：中级

19.2　流程型智能制造模式

【考核点】

流程型制造是指通过对原材料进行混合、分离、粉碎、加热等物理或化学方法，以批量或连续的方式使原材料增值的制造模式。它主要包括石油、化工、造纸、冶金、电力、轻工、制药、环保等多种原材料加工和能源行业。流程工业处于整个制造业的上游，从行业覆盖范围及其在国民经济中所占比例来看，流程工业在制造业以及整个国民经济中均占据着举足轻重的地位，其生产水平直接影响我国制造业的强弱以及国家的整个经济基础。

流程型制造企业的基本特征主要表现为：

1）流程型制造企业资源密集、技术密集、生产规模大、流程连续且生产过程复杂，对生产过程控制要求较高。

2）大批量生产，品种固定，订单通常与生产无直接关系。

3）流程工业生产的工艺过程连续进行且不能中断。

4）生产过程通常需要严格的过程控制和大量的投资资本。

5）设备大型化、自动化程度较高、生产周期较长、过程连续或批处理、生产设施根据工艺流程固定化。

6）产品种类繁多且结构复杂，生产环境要求苛刻，需要克服纯滞后、非线性、多变量等影响。

流程型智能制造模式的目标是在石油开采、石化化工、钢铁、有色金属、稀土材料、建材、纺织、民爆、食品、医药、造纸等流程制造领域，开展智能工厂的集成创新与应用示范，提升企业在资源配置、工艺优化、过程控制、产业链管理、质量控制与溯源、能源需求侧管理、节能减排及安全生产等方面的智能化水平，该模式下需要达到的要素条件有如下几个方面。

1）工厂总体设计、工艺流程及布局均已建立数字化模型，并进行模拟仿真，实现生产流程数据可视化和生产工艺优化。

2）实现全流程监控与高度集成，建立数据采集和监控系统，生产工艺数据自动数采率达到90%以上。

3）采用先进控制系统，工厂自控投用率达到90%以上，关键生产环节实现基于模型的先进控制和在线优化。

4）建立制造执行系统（MES），生产计划、调度均建立模型，实现生产模型化分析决策、过程量化管理、成本和质量动态跟踪以及从原材料到产成品的一体化协同优化。建立企业资源计划系统（ERP），实现企业经营、管理和决策的智能优化。

5）对于存在较高安全风险和污染排放的项目，实现对有毒有害物质排放和危险源的自

动检测与监控、安全生产的全方位监控，建立在线应急指挥联动系统。

6）建立工厂内部互联互通网络架构，实现工艺、生产、检验、物流等各环节之间以及数据采集系统和监控系统、制造执行系统（MES）与企业资源计划系统（ERP）的高效协同与集成，建立全生命周期数据统一平台。

7）建有工业信息安全管理制度和技术防护体系，具备网络防护、应急响应等信息安全保障能力。建有功能安全保护系统，采用全生命周期方法有效避免系统失效。

【考题样例】

1. 判断题

1）流程型制造企业资源密集、技术密集、生产规模大、流程连续且生产过程复杂，对生产过程控制要求较高。（　　）

参考答案：对　适用等级：中级

2）流程型制造企业的生产模式是按订单生产、按库存生产。（　　）

参考答案：错　适用等级：中级

3）流程型智能制造模式的一个要素条件是通过建立制造执行系统（MES），实现企业经营、管理和决策的智能优化。（　　）

参考答案：错　适用等级：中级

2. 单项选择题

流程工业处于整个制造业的（　　）。

A. 上游　　　　B. 中游　　　　C. 下游　　　　D. 第三方服务

参考答案：A　适用等级：中级

3. 多项选择题

1）流程型制造是指通过对原材料进行（　　）等物理或化学方法，以批量或连续的方式使原材料增值的制造模式。

A. 混合　　　　B. 分离　　　　C. 粉碎
D. 加热　　　　E. 组装

参考答案：ABCD　适用等级：中级

2）下列属于流程型制造行业的有（　　）。

A. 石油　　　　B. 化工　　　　C. 电子信息　　　　D. 钢铁

参考答案：ABD　适用等级：中级

3）下列属于流程型智能制造模式要达到的要素条件的是（　　）。

A. 实现生产流程数据可视化和生产工艺优化

B. 建有工业信息安全管理制度和技术防护体系，具备网络防护、应急响应等信息安全保障能力

C. 采用先进控制系统，工厂自控投用率达到70%以上，关键生产环节实现基于模型的先进控制和在线优化

D. 建有工业互联网网络化制造资源协同云平台，具有完善的体系架构和相应的运行规则

参考答案：AB　适用等级：中级

解析：C 选项中工厂自控投用率应达到 90% 以上。D 选项是网络协同智能制造模式的要素条件。

19.3 网络协同智能制造模式

【考核点】

网络协同制造是指充分利用 Internet 技术为特征的网络技术、信息技术，实现供应链内及跨供应链间的企业产品设计、制造、管理和商务等的合作，最终通过改变业务经营模式与方式达到资源最充分利用的目的。它是 21 世纪的现代制造模式，也是智能制造核心内容。网络协同智能制造模式的特点如下：

1）基于网络技术的先进制造模式。它是在 Internet 和企业内外网环境下，企业组织和管理其生产经营过程的理论和方法。

2）覆盖了企业生产经营的所有活动和产品生命周期的各个环节，可用来支持企业生产经营的所有活动。

3）它以快速响应市场为实施的主要目标之一，通过网络化制造提高企业的市场响应速度，进而提高企业的竞争力。

4）突破地域限制。通过网络突破由于地理空间上的差距给企业的生产经营和企业间协同造成的障碍。

5）强调企业间的协作与社会范围内的资源共享，提高企业产品创新能力和制造能力，缩短产品开发周期。

网络协同智能制造模式的目标是在机械、航空、航天、船舶、汽车、家用电器、集成电路、信息通信产品等领域，利用工业互联网等技术，建设网络化制造资源协同平台，集成企业间研发系统、信息系统、运营管理系统，推动创新资源、生产能力、市场需求的跨企业集聚与对接，实现设计、供应、制造和服务等环节的并行组织和协同优化。该模式下需要达到的要素条件有如下几个方面。

1）建有工业互联网网络化制造资源协同云平台，具有完善的体系架构和相应的运行规则。

2）通过企业间研发系统的协同，实现创新资源、设计能力的集成和对接。

3）通过企业间管理系统、服务支撑系统的协同，实现生产能力与服务能力的集成和对接，以及制造过程各环节和供应链的并行组织和协同优化。

4）利用工业云、工业大数据、工业互联网标识解析等技术，建有围绕全生产链协同共享的产品溯源体系，实现企业间涵盖产品生产制造与运维服务等环节的信息溯源服务。

5）针对制造需求和社会化制造资源，开展制造服务和资源的动态分析和柔性配置。

6）建有工业信息安全管理制度和技术防护体系，具备网络防护、应急响应等信息安全保障能力。

【考题样例】

1. 判断题

网络协同智能制造模式可以突破地域限制，通过网络突破由于地理空间上的差距给企业的生产经营和企业间协同造成的障碍。（　　）

参考答案：对　适用等级：中级

2. 单项选择题

网络协同制造最终是通过改变（　　）达到资源最充分利用的目的。
A. 网络技术　　　　　　　　　　　　B. 业务经营模式与方式
C. 信息技术　　　　　　　　　　　　D. 产品设计技术

参考答案：B　适用等级：中级

3. 多项选择题

下列属于网络协同智能制造模式要达到的要素条件的是（　　）。
A. 建有工业互联网网络化制造资源协同云平台，具有完善的体系架构和相应的运行规则
B. 通过企业间研发系统的协同，实现创新资源、设计能力的集成和对接
C. 通过企业间管理系统、服务支撑系统的协同，实现生产能力与服务能力的集成和对接
D. 针对制造需求和社会化制造资源，开展制造服务和资源的动态分析和柔性配置

参考答案：ABCD　适用等级：中级

19.4　大规模个性化定制模式

【考核点】

大规模个性化定制是一种集企业、用户、供应商、员工和环境于一体，在系统思想指导下，用整体优化的观点，充分利用企业已有的各种资源，在标准技术、现代设计方法、信息技术和先进制造技术的支持下，根据用户的个性化需求，以大批量生产的低成本、高质量和高效率等特点提供定制产品和服务的生产方式。大规模个性化定制模式的主要特点如下。

1）大规模定制的基础是产品的模块化设计、零部件的标准化和通用化。
2）以精确的用户需求信息为导向，是一种需求拉动型的生产模式。
3）大规模定制的实现依赖于现代信息技术和先进制造系统。
4）大规模定制是以竞合的供应链管理为手段的。在定制经济中，竞争不是企业与企业之间的竞争，而是供应链与供应链之间的竞争。大规模定制企业必须与供应商建立起既竞争又合作的关系，才能整合企业内外部资源，通过优势互补，更好地满足需求。

大规模个性化定制模式的目标是在化工、钢铁、有色金属、建材、汽车、纺织、服装、家用电器、家居、数字视听产品等领域，利用工业云计算、工业大数据、工业互联网标识解析等技术，建设用户个性化需求信息平台和个性化定制服务平台，实现研发设计、计划排产、柔性制造、物流配送和售后服务的数据采集与分析，提高企业快速、低成本满足用户个性化需求的能力。该模式下需要达到的要素条件有如下几个方面。

1）产品采用模块化设计，通过差异化的定制参数，组合形成个性化产品。
2）建有工业互联网个性化定制服务平台，通过定制参数选择、三维数字建模、虚拟现实或增强现实等方式，实现与用户深度交互，快速生成产品定制方案。
3）建有个性化产品数据库，应用大数据技术对用户的个性化需求特征进行挖掘和分析。
4）工业互联网个性化定制平台与企业研发设计、计划排产、柔性制造、营销管理、供

应链管理、物流配送和售后服务等数字化制造系统实现协同与集成。

> 【考题样例】

1. 判断题

1) 在大规模个性化定制经济中,竞争是企业与企业之间的竞争,而不是供应链与供应链之间的竞争。( )

参考答案:错　适用等级:中级

2) 大规模定制企业必须与供应商建立起既竞争又合作的关系,才能整合企业内外部资源,通过优势互补,更好地满足需求。( )

参考答案:对　适用等级:中级

2. 单项选择题

1) ( ) 模式是一种集企业、用户、供应商、员工和环境于一体,在系统思想指导下,用整体优化的观点进行制造生产。
A. 网络协同智能制造　　　　　　B. 大规模个性化定制
C. 流程型智能制造　　　　　　　D. 远程运维服务

参考答案:B　适用等级:中级

2) 大规模个性化定制模式是以精确的( )为导向,是一种需求拉动型的生产模式。
A. 高效化生产需求　　　　　　　B. 创新管理需求
C. 用户需求信息　　　　　　　　D. 高品质产品需求

参考答案:C　适用等级:中级

3. 多项选择题

1) 下列属于大规模个性化定制模式要达到的要素条件的是( )。
A. 产品采用模块化设计,通过差异化的定制参数,组合形成个性化产品
B. 针对制造需求和社会化制造资源,开展制造服务和资源的动态分析和柔性配置
C. 建有个性化产品数据库,应用大数据技术对用户的个性化需求特征进行挖掘和分析
D. 建立信息安全管理制度,具备信息安全防护能力

参考答案:AC　适用等级:中级

2) 大规模个性化定制模式是根据用户的个性化需求,以大批量生产的( )等特点提供定制产品和服务的生产方式。
A. 低成本　　　B. 高质量　　　C. 高通用性　　　D. 高效率

参考答案:ABD　适用等级:中级

19.5　远程运维服务模式

> 【考核点】

远程运维是运维服务在新一代信息技术与制造装备融合集成创新和工程应用发展到一定阶段的产物。它打破了人、物和数据的空间与物理界限,是智慧化运维在智能制造服务环节的集中体现。

远程运维服务模式的目标是在化工、钢铁、建材、机械、航空、家用电器、家居、医疗

设备、信息通信产品、数字视听产品等领域，集成应用工业大数据分析、智能化软件、工业互联网联网、工业互联网 IPv6 地址等技术，建设产品全生命周期管理平台，开展智能装备/产品远程操控、健康状况监测、虚拟设备维护方案制定与执行、最优使用方案推送、创新应用开放等服务试点，通过持续改进，建立高效、安全的智能服务系统，提供的服务能够与产品形成实时、有效互动，大幅度提升嵌入式系统、移动互联网、大数据分析、智能决策支持系统的集成应用水平。该模式下需要达到的要素条件有如下几个方面：

1）智能装备/产品配置开放的数据接口，具备数据采集、通信和远程控制等功能，利用支持 IPv4、IPv6 等技术的工业互联网，采集并上传设备状态、作业操作、环境情况等数据，并根据远程指令灵活调整设备运行参数。

2）建立智能装备/产品远程运维服务平台，能够对装备/产品上传数据进行有效筛选、梳理、存储与管理，并通过数据挖掘、分析，提供在线检测、故障预警、故障诊断与修复、预测性维护、运行优化、远程升级等服务。

3）实现智能装备/产品远程运维服务平台与产品全生命周期管理系统（PLM）、用户关系管理系统（CRM）、产品研发管理系统的协同与集成。

4）建立相应的专家库和专家咨询系统，能够为智能装备/产品的远程诊断提供决策支持，并向用户提出运行维护解决方案。

5）建立信息安全管理制度，具备信息安全防护能力。

【考题样例】

1. 判断题

远程运维服务模式是以竞合的供应链管理为手段的。（　　）

参考答案：错　适用等级：中级

2. 单项选择题

1）图 19-2 所示为某制造公司车间管理流程图，从图中可以看出该智能车间采用了（　　）。

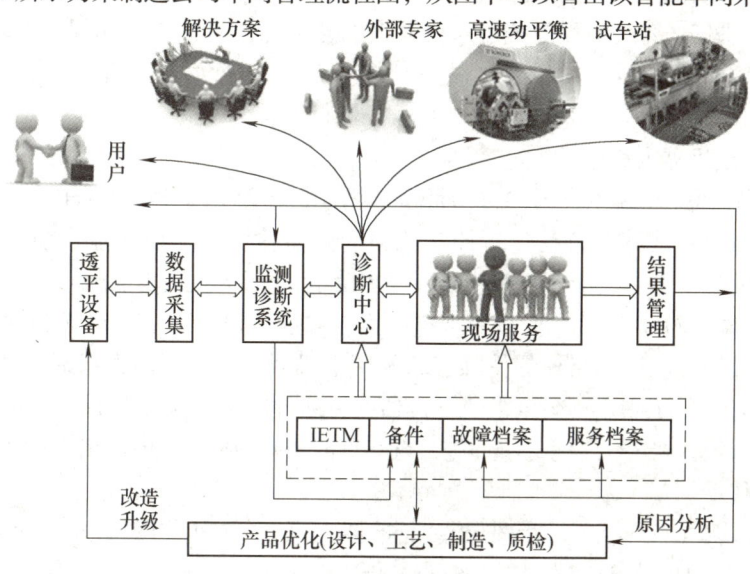

图 19-2　某制造公司车间管理流程图

A. 离散型智能制造模式　　　　　　B. 远程运维服务模式
C. 网络协同智能制造模式　　　　　D. 大规模个性化定制模式

参考答案：B　适用等级：中级

2）远程运维服务模式是智慧化运维在智能制造（　　）环节的集中体现。
A. 采购　　　　B. 设计　　　　C. 生产　　　　D. 服务

参考答案：D　适用等级：中级

3. 多项选择题

下列属于远程运维服务模式要达到的要素条件的是（　　）。
A. 智能产品配置开放的数据接口，具备数据采集、通信和远程控制等功能
B. 建立信息安全管理制度，具备信息安全防护能力
C. 建立相应的专家库和专家咨询系统
D. 建立智能装备/产品远程运维服务平台

参考答案：ABCD　适用等级：中级

19.6　工业机器人离线编程

【考核点】

工业机器人编程是指为了使机器人完成某项作业而进行的程序设计。目前，应用于机器人的编程方法主要有三种：示教编程、机器人语言编程、离线编程。

离线编程是在专门的软件环境下，用专用或通用程序在离线情况下进行机器人轨迹规划编程的一种方法。离线编程程序通过支持软件的解释或编译产生目标程序代码，最后生成机器人轨迹规划数据。与在线示教编程相比，离线编程具有如下优点。

1）减少机器人不工作时间。当对机器人下一个任务进行编程时，机器人仍可在生产线上工作，从而不占用机器人的工作时间。

2）使编程者远离危险的编程环境。

3）使用范围广。离线编程系统可对机器人的各种工作对象进行编程。

4）便于和 CAD/CAM 系统结合，做到 CAD/CAM/Robotics 一体化。

5）可使用高级计算机编程语言对复杂任务进行编程。

6）便于修改机器人程序。

为实现离线编程，ABB 公司的 RobotStudio 采用 ABBVirtualRobot TM 技术，其可以实现 CAD 导入、自动路径生成、自动分析伸展能力、碰撞检测、在线作业、模拟仿真、应用功能包、二次开发 8 个主要功能。RobotStudio 常用的运动指令主要有：

1）关节运动（MoveJ）。在该指令下机器人会以最快捷的方式运动至目标点，机器人运动状态不完全可控，但运动路径保持唯一，常用于机器人在空间内大范围移动。

2）线性运动（MoveL）。在该指令下机器人以线性方式运动至目标点，当前点与目标点两点决定一条直线，机器人运动状态可控，运动路径保持唯一，可能出现死点，常用于机器人在工作状态移动。

3）圆弧运动（MoveC）。在该指令下机器人通过中间点以圆弧移动方式运动至目标点，当前点、中间点与目标点三个点决定一段圆弧，机器人状态可控，运动路径保持唯一，常用于机器人在工作状态移动。

4）绝对位置运动（MoveAbsJ）。在该指令下机器人使用六个轴和外轴的角度值来定义目标位置数据，常用于回到机械零点的位置。

【考题样例】

1. 判断题

1）离线编程比在线编程使用范围更广，可对机器人的各种工作对象进行编程。（   ）

参考答案：对   适用等级：中级

2）在 MoveC 指令下机器人可以通过当前点与目标点这两个点决定一段圆弧。（   ）

参考答案：错   适用等级：高级

2. 单项选择题

下列（   ）指令常用于对路径精度要求不高的情况。

A. 关节运动　　　　B. 线性运动　　　　C. 圆弧运动　　　　D. 绝对位置运动

参考答案：A   适用等级：中级

解析：由于在关节运动下，虽然机器人的运动路径保持唯一，但其运动状态不完全可控。所以常用于对路径精度要求不高的情况。

3. 多项选择题

应用于机器人的编程方法主要有（   ）。

A. 示教编程　　　B. 机器人语言编程　　　C. 汇编语言编程　　　D. 离线编程

参考答案：ABD   适用等级：中级

模块 20

生产现场管理

20.1 现场管理六大要素(5M1E)

【考核点】

造成产品质量波动的原因主要有六大要素。

人(Man):操作者对质量的认识、技术熟练程度、身体状况等。

机器(Machine):机器设备、工夹具的精度和维护保养状况等。

材料(Material):材料的成分、物理和化学性能等。

方法(Method):生产工艺、工装选择、操作规程等。

测量(Measurement):测量时所采用的方法和标准等。

环境(Environment):生产环境的温度、湿度、光照强度、清洁条件等。

这六大要素的英文名称第一个字母是 M 和 E,所以常简称为 5M1E。工序质量受 5M1E 的影响,工序标准化就是要寻求 5M1E 的标准化。

【考题样例】

1. 判断题

现场的工序受 5M1E 六大要素的影响,工序标准化就是要寻求这六大要素的标准化。( )

参考答案:对 适用等级:中级

2. 单项选择题

1)现场管理的六大要素:人、机器、材料、方法、测量、环境可以用下面( )缩写表示。

A. 5M1E   B. 1M5E   C. 4M2E   D. 2M4E

参考答案:A 适用等级:初级

2)为了减少工序质量波动的不良影响,现场管理中需要寻求工序各大要素的( )。

A. 集成化   B. 标准化   C. 统一化   D. 整齐化

参考答案：B　适用等级：初级

解析：工序质量波动是生产现场管理的大敌，工序质量受 5M1E 的影响，寻求 5M1E 的标准化，能有效减少工序质量波动。

3. 多项选择题

5M1E 分析法可适用于（　　）情况。

A. 判断工序质量是否符合企业规定，以改善工序质量，预防出现次品
B. 对品质异常进行及时、有效处理
C. 对不合格的原因进行调查，纠正错误、改善对策、防止不合格品的再次出现
D. 分析能力不足的工序，以找出提高工序质量的措施

参考答案：ABCD　适用等级：中级

20.2　生产人员管理

【考核点】

人员是生产管理六大要素中变化点最多、最不容易量化的一个要素，做好人员管理包括以下几个重点内容。

1）生产人员符合岗位技能要求，经过相关培训考核。
2）对特殊工序应明确规定特殊工序操作、检验人员应具备的专业知识和操作技能，考核合格者持证上岗。
3）对有特殊要求的关键岗位，必须选派经专业考核合格、有现场质量控制知识、经验丰富的人员担任。
4）生产人员能严格遵守公司制度和严格按工艺文件操作，对工作和质量认真负责。
5）检验人员能严格按工艺规程和检验指导书进行检验，做好检验原始记录，并按规定报送。
6）企业可以通过岗位轮换、在岗培训、脱岗培训等方式培养多能工。多能工的培养是现场基层管理者的重要工作事项之一。在进行多能工培养时，要重点加强重点岗位、关键技能的多能工培养。

【考题样例】

1. 判断题

检验人员需要严格按工艺规程和检验指导书进行检验，做好记录，不需要进行结果的报送。（　　）

参考答案：错　适用等级：中级

2. 单项选择题

1）对有特殊要求的（　　）岗位，必须选派经专业考核合格、有现场质量控制知识、经验丰富的人员担任。

A. 普通　　　　B. 一般　　　　C. 关键　　　　D. 特别

参考答案：C　适用等级：初级

2）为了更好应对生产变化，应对日常生产线人员的临时缺失，提高人员安排管理的灵活性，企业应当考虑培养（　　）。

A. 专业人才　　　　B. 关键人员　　　　C. 流动人员　　　　D. 多能工

　　　　　　　　　　　　　　　　　　　　　　　　参考答案：D　适用等级：中级

　　解析：多能工是指具有操作多种仪器设备能力的作业人员。企业培养多能工，一方面能够鼓励员工进行自我学习和提升，提高员工工作满意度；另一方面，也能帮助企业更好应对生产变化，应对日常生产线人员的临时缺失，提高生产的灵活性和连续性。

3. 多项选择题

　　下面（　　）是多能工的培训形式。

　　A. 岗位轮换　　　　B. 在岗培训　　　　C. 在职学位教育　　　　D. 脱岗培训

　　　　　　　　　　　　　　　　　　　　　　　　参考答案：ABD　适用等级：高级

20.3　生产设备的操作和维护

【考核点】

　　良好的设备状态是生产持续进行的必要条件，生产设备的维护和保养主要包括以下几个方面的内容。

　　1）有完整的设备管理办法，包括设备的购置、流转、维护、保养、检定等。

　　2）设备管理办法各项规定均有效实施，有设备台账、设备档案、维修检定计划等，有相关记录，并且记录内容完整准确。

　　3）生产设备、检验设备、工装夹具、计量器具等均符合工艺规程要求，能满足工序能力要求，若加工条件随时间变化，能及时采取调整和补偿措施，保证质量要求。

　　4）生产设备、检验设备、工装夹具、计量器具等处于完好状态和受控状态。

　　5）每台设备必须有操作使用规程和维护规程，作为正确使用维护的依据。

　　6）设备的使用应实行岗位责任制，凡有固定人员操作的设备，一般情况下，该员工即为设备的责任人。由多人操作的设备，则指定一人为设备的责任人。设备的使用者除了使用设备之外，同时也要负责设备的维护保养工作。

【考题样例】

1. 判断题

　　1）对于一般设备，日常维护保养就是清洁、除灰、去污。（　　）

　　　　　　　　　　　　　　　　　　　　　　　　参考答案：对　适用等级：初级

　　2）设备的使用者只需要明确设备状态是否良好，不需要负责设备的维护保养等其他任何工作。（　　）

　　　　　　　　　　　　　　　　　　　　　　　　参考答案：错　适用等级：初级

2. 单项选择题

　　1）设备的使用应实行岗位责任制，凡有固定人员操作的设备，一般情况下，该员工即为设备的（　　）。

　　A. 所有人　　　　B. 责任人　　　　C. 相关人　　　　D. 使用人

　　　　　　　　　　　　　　　　　　　　　　　　参考答案：B　适用等级：初级

　　2）每台设备必须编写操作（　　）规程和维护规程，作为正确使用维护的依据。

　　A. 使用　　　　B. 安装　　　　C. 报废　　　　D. 闲置

参考答案：A　适用等级：中级

3. 多项选择题

1) 完整的设备管理办法应包括设备的购置、（　　）等方面的规定。
A. 流转　　　　B. 维护　　　　C. 保养　　　　D. 检定
参考答案：ABCD　适用等级：高级

2) 现场的设备一般包括（　　）。
A. 生产设备　　B. 检验设备　　C. 工装夹具　　D. 计量器具
参考答案：ABCD　适用等级：中级

20.4　生产物料管理

【考核点】

生产物料管理主要包括以下几个重点内容。
1) 有明确可行的物料采购、仓储、运输、质检等方面的管理制度，并严格执行。
2) 建立进料验证、入库、保管、标识、发放制度，并认真执行，严格控制质量。
3) 转入本工序的原料或半成品，必须符合技术文件的规定。
4) 所加工出的半成品、成品符合质量要求，有批次或序列号标识。
5) 对不合格品有控制办法，职责分明，能对不合格品有效隔离、标识、记录和处理。
6) 生产物料信息管理有效，质量问题可追溯。

【考题样例】

1. 判断题

与原材料不同，转入本工序的半成品不需要严格遵守技术文件规定。（　　）
参考答案：错　适用等级：中级

2. 单项选择题

1) 对生产物料信息实施有效管理，当发生质量问题时，可以实现问题的（　　）。
A. 解决　　　　B. 跟进　　　　C. 赔付　　　　D. 追溯
参考答案：D　适用等级：高级

2) 对生产物料实施有效质量管理，对（　　）进行有效隔离、标识、记录和处理。
A. 不合格品　　B. 一等品　　　C. 一般物品　　D. 降级品
参考答案：A　适用等级：中级

20.5　生产工序管理

【考核点】

工序是指一个（或一组）工人在一个工作地对一个（或几个）劳动对象连续进行生产活动的过程，是组成生产过程的基本单位。根据性质和任务的不同，工序可分为工艺工序、检验工序、运输工序等。生产工序管理主要包括以下几个重点内容。
1) 工序流程设计科学合理，能满足产品质量的要求。
2) 能区分关键工序、特殊工序和一般工序，有效确立工序质量控制点。
3) 有正规有效的生产管理办法、质量控制办法和工艺操作文件。

4）有作业指导书或其他工艺文件对人员、工装、设备、操作方法、生产环境、过程参数等提出具体的技术要求。

5）特殊工序的工艺规程除明确工艺参数外，还应对工艺参数的控制方法、试样的制取、工作介质、设备和环境条件等做出具体的规定。

6）工艺文件重要的过程参数和特性值经过工艺评定或工艺验证；特殊工序主要工艺参数的变更，必须经过充分试验验证或专家论证合格后，方可更改。

7）对每个质量控制点规定检查要点、检查方法和接收准则，并规定相关处理办法。

8）规定并执行工艺文件的编制、评定和审批程序，以保证生产现场所使用文件的正确、完整、统一性，工艺文件处于受控状态，现场能取得现行有效版本的工艺文件。

9）各项文件能严格执行，记录资料能及时按要求填报。

10）大多数重要的生产过程采用了控制图或其他的控制方法。

【考题样例】

1. 判断题

应该对每个质量控制点规定检查要点、检查方法和接收准则，并规定相关处理办法。（　　）

参考答案：对　　适用等级：初级

2. 单项选择题

1）识别关键和特殊工序，确定有效的（　　），是实现生产过程控制的重要步骤。

A. 工序控制点　　B. 可识别状态　　C. 可获取状态　　D. 可见问题

参考答案：A　　适用等级：中级

2）有（　　）或其他工艺文件，对人员、工装、设备、操作方法、生产环境、过程参数等提出具体的技术要求。

A. 图片示例　　B. 作业指导书　　C. 操作要求　　D. 注意事项

参考答案：B　　适用等级：中级

解析：作业指导书是指用来描述某个过程的具体的可操作性描述文件，是生产现场必不可少的指导文件。

3. 多项选择题

生产现场的作业指导书或其他工艺文件应该包括的内容有（　　）。

A. 人员要求　　B. 设备要求　　C. 操作要求　　D. 工艺参数

参考答案：ABCD　　适用等级：中级

20.6　生产环境管理

【考核点】

生产环境的温度、湿度、光照强度、清洁条件等对产品质量有着直接或间接的影响。在生产管理中，生产环境管理也是重要的一个要素。生产环境管理主要包括以下几个重点内容。

1）有生产现场环境卫生方面的管理制度。

2）环境因素，如温度、湿度、光照强度等符合生产技术文件要求。

3）生产环境中有相关的安全环保设备和措施，职工健康安全符合法律法规要求。
4）生产环境保持清洁、整齐、有序，无与生产无关的杂物，可借鉴 5S 相关要求。
5）材料、工装、夹具等均整齐存放。
6）相关环境记录能有效填报或取得。

【考题样例】

1. 判断题

生产现场环境卫生方面的管理制度是可有可无的。（　　）

参考答案：错　适用等级：初级

2. 单选题

1）（　　）是 5M1E 中的一大内容，对产品质量会有直接或间接影响。（　　）
A. 价格　　　　　　B. 交货期　　　　　　C. 环境因素　　　　　　D. 数量

参考答案：C　适用等级：中级

2）原材料或能源使用量和废气排放量（如 CO_2 等）属于（　　）。
A. 环境指标　　　　B. 环境目标　　　　　C. 环境方针　　　　　　D. 环境因素

参考答案：A　适用等级：中级

3. 多项选择题

生产环境的（　　）等对产品质量有着直接或间接的影响。
A. 温度　　　　　　B. 湿度　　　　　　　C. 洁净度　　　　　　　D. 漂亮程度

参考答案：ABC　适用等级：中级

20.7　质量检查与反馈

【考核点】

生产现场的质量管理主要包括以下几个重点内容。

1）应规定工艺质量标准，明确技术要求。质量检查计划包括检查项目、检查标准、检查频次、检查方法等内容。

2）按技术要求和检验规程对半成品和成品进行检验，并检查原始记录是否齐全，填写是否完整，检验合格后应按要求填写合格证明文件并在指定部位打上合格标志（或挂标签）。

3）严格控制不合格品，对返修、返工进行跟踪记录，按规定程序进行处理。

4）对待检品、合格品、返修品、废品应加以醒目标志，分别存放或隔离。

5）特殊工序的各种质量检验记录、理化分析报告、控制图表等都必须按归档制度整理保管。

6）编制和填写各工序质量统计表及其他各种质量问题反馈单。对突发性质量信息应及时处理和填报。

7）制定对后续工序（包括交付使用）中发现的工序质量问题的反馈和处理的制度，并认真执行。

8）制定和执行质量改进制度。按规定的程序对各种质量缺陷进行分类、统计和分析，针对主要缺陷项目制定质量改进计划，并组织实施，必要时应进行工艺试验，取得成果后纳入工艺规程。

> 【考题样例】

1. 判断题

为了防止现场混用的情况，对待检品、合格品、返修品、废品应加以醒目标志，分别存放或隔离。（ ）

参考答案：对　适用等级：中级

2. 单项选择题

1）根据不合格品情况，可以有（ ）、返工、降级、报废等多种处理方式。
　A. 返修　　　　　　B. 修理　　　　　　C. 修补　　　　　　D. 更正

参考答案：A　适用等级：中级

2）质量检查的实质是（ ）。
　A. 事前预防　　　　B. 事后把关　　　　C. 全面控制　　　　D. 应用统计

参考答案：B　适用等级：中级

3. 多项选择题

完整质量检查计划通常包括（ ）等。
　A. 检查项目　　　　B. 检查标准　　　　C. 检查频次　　　　D. 检查方法

参考答案：ABCD　适用等级：中级

20.8　ISO9000 族质量管理体系

> 【考核点】

ISO 是国际标准化组织 International Organization for Standardization 的简称。ISO9000 族标准是国际标准化组织（ISO）在 1994 年提出的概念，是指"由 ISO/TC176（国际标准化组织质量管理和质量保证技术委员会）制定的所有国际标准"。

ISO9001：2015《质量管理体系 要求》是 ISO9000 族的一个核心标准，我国等同采用并发布了国家标准 GB/T 19001—2016，其中代号"GB/T"是推荐性国家标准，企业可自愿采用，非强制性要求。该标准倡导在建立、实施质量管理体系以及提高其有效性时采用基于 PDCA（策划、实施、检查、处置）的方法对过程体系进行有效管理，通过满足顾客要求，增强顾客满意度。

ISO9000：2015《质量管理体系 基础和术语》明确了质量管理体系的七大原则：以顾客为关注焦点、领导作用、全员参与、过程方法、改进、循证决策、关系管理。

> 【考题样例】

1. 判断题

GB/T 19001—2016《质量管理体系 要求》是国家的强制标准，每个企业都必须实施。（ ）

参考答案：错　适用等级：中级

解析：代号"GB/T"是推荐性国家标准，企业可自愿采用，非强制性要求。

2. 单选题

1）为消除不合格的原因并防止再发生所采取的措施是（ ）。
　A. 预防措施　　　　B. 纠正措施　　　　C. 改进措施　　　　D. 防止措施

参考答案：A　适用等级：中级

解析：为消除不合格的原因并防止再发生所采取的措施，这里强调的是提前预防再发，因此是预防措施。

2）ISO9001：2015《质量管理体系 要求》是（　　）。
A. 产品要求的国际标准
B. 由 ISO/TC176 制定的质量管理体系国际标准
C. 产品审核的依据
D. 用于检验产品质量的国际标准

参考答案：B　适用等级：中级

解析：该标准是质量体系的国际标准，并非产品标准，因此不能用于产品审核和检验。

3. 多项选择题

下面（　　）属于质量管理七大原则。
A. 以顾客为关注焦点　　B. 领导作用　　C. 全员参与　　D. 过程方法

参考答案：ABCD　适用等级：初级

20.9　质量管理 QC 七大工具

【考核点】

在进行质量管理时，常用到的基础方法有七项，一般称为质量管理七大工具或质量管理七大手法，包括检查表、层别法、帕累托图、因果图、散布图、直方图、控制图。

1. 检查表

检查表也称为调查表、统计分析表，用于系统搜集资料，确认事实并对资料进行粗略整理和分析的图表。例如，设备点检表（图 20-1）、工位自检表、缺陷统计表等都属于检查表。

2. 层别法（层别分析）

对观察到的现象或所收集到的数据，按照它们共同的特征加以分类、统计的一种分析方法，如图 20-2 所示，A 机器和 B 机器是两个不同的层别。它是容易观察，有效掌握事实的最有效、最简单的方法。

3. 帕累托图（主次分析）

帕累托图又称为排列图或主次图，是以图表的形式，把构成问题的许多要素按照各自所占的份额用相应高低的长方形依次排列出来，如图 20-3 所示。帕累托图的习惯用法是：按照累计百分数分成 ABC 三类。其中 A 类主要因素种类少，累计占比大，是解决质量问题的主要方向。

4. 因果图（原因分析）

因果图也称为石川图或鱼骨图，用来分析产生质量问题的种种可能原因，从而找到问题的原因和结果之间关系的一种图形化的工具，如图 20-4 所示。该方法常常结合头脑风暴（Brainstorm）一起使用。

5. 散布图（相关性分析）

散布图也称为散点图、相关图，用于表征两个变量间是否有相关性。几种典型的散布图如图 20-5 所示。

整车铭牌打标机设备点检表

序号	检 查 项 目	判断标准	实施日期											
			1	2	3	4	5	6	7	8	9	10	11
1	检查设备整体外观	无破损											
2	检查吸尘器软管	连接处无松动											
3	检查气路	无泄漏											
4	检查气动三联件气压是否正常	0.3~0.5MPa											
5	控制按钮与动作的一致性	一致											
6	检查送纸机构张紧辊松紧程度	正常,轻拉可拉动											
7	设备整理、整顿、清扫情况	达到3S要求											
备注:													

图 20-1　设备点检表

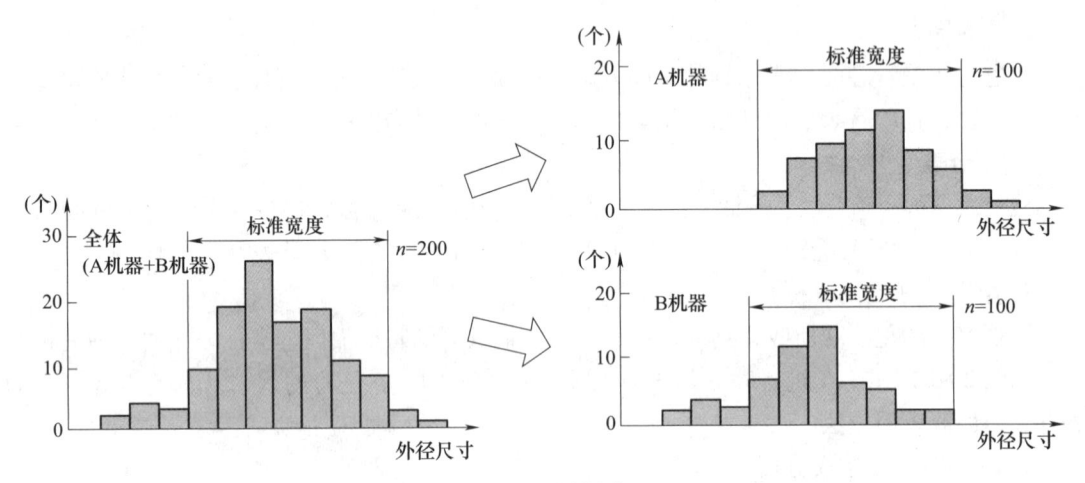

图 20-2　层别法

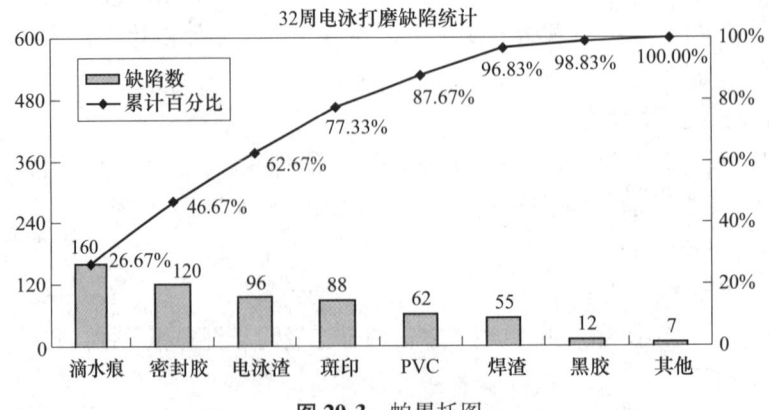

图 20-3　帕累托图

图 20-4 因果图

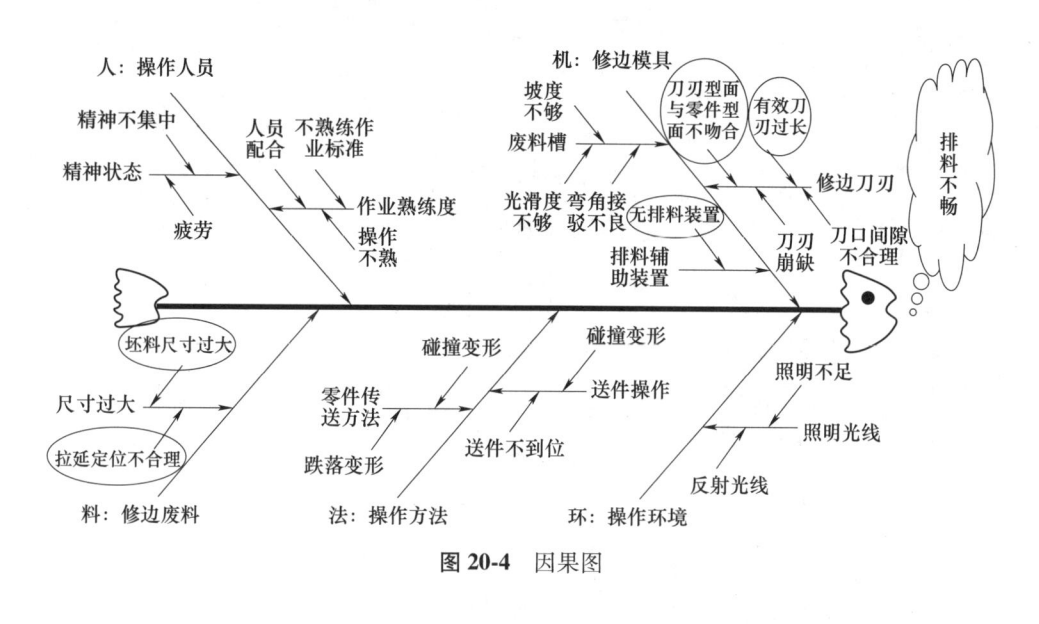

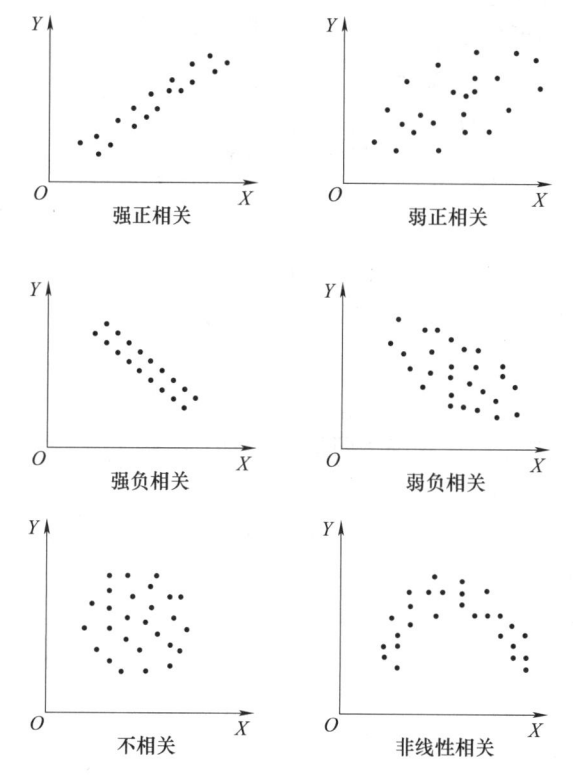

图 20-5 几种典型的散布图

6. 直方图（分布分析）

直方图也称为质量分布图，是一种统计报告图如图 20-6 和图 20-7 所示。它是将数据存在的范围分成若干区间，记数据落入各个区间的频率并列出频数表，然后根据频数表（以组距为底边、频数为高度）绘制成的图。

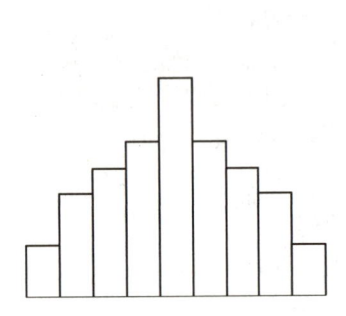

图 20-6 正常型直方图

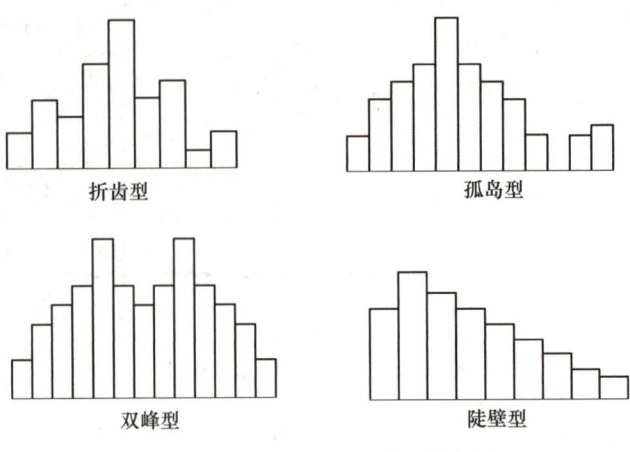

图 20-7 几种典型的异常型直方图

7. 控制图（异常分析）

控制图是用来判断过程是否处于稳定状态的带有控制界限的一种图形化工具，如图 20-8 所示。UCL 为控制上限，LCL 为控制下限。注意，此处的控制限不等于产品的规格限。

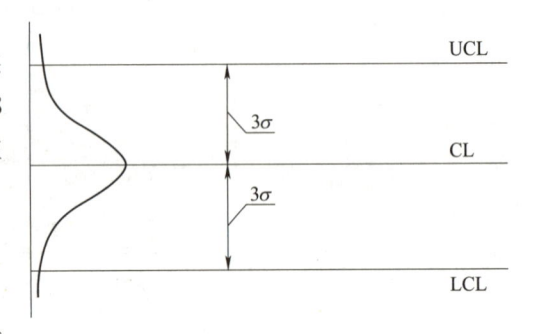

图 20-8 控制图

【考题样例】

1. 判断题

散布图也称为散点图、相关图，用于表征两个变量间是否有相关性。（　　）

参考答案：对　适用等级：初级

2. 单项选择题

1）在质量管理七大工具中，用于做因果分析的工具是（　　）。

A. 检查表　　　　B. 层别法　　　　C. 帕累托图　　　　D. 因果图

参考答案：D　适用等级：中级

2）在质量管理七大工具中，用于做相关性分析的工具是（　　）。

A. 散布图　　　　B. 检查表　　　　C. 帕累托图　　　　D. 因果图

参考答案：A　适用等级：中级

3. 多项选择题

下面（　　）属于质量管理七大工具。

A. 控制图　　　　B. 检查表　　　　C. 因果图　　　　D. 散布图

参考答案：ABCD　适用等级：中级

20.10　现场管理基础：5S 管理

【考核点】

5S 就是整理、整顿、清扫、清洁、素养五个项目，因日语和罗马拼音均以"S"开头，简称为5S。

1. 整理

为了避免工作现场出现凌乱情况。工作场所5S应从整理开始，应清楚将需要的和不需要的物品区别出来，而整理就是把不需要的物品搬离现场，这包括：

1）设立准则分出什么物品是需要的，什么物品是不需要的，包括考虑物品的使用频次和使用数量等。

2）建立不需要物品的处理规则，包括丢弃、放回仓库或卖掉等。

3）建立需要物品的处理规则，包括留在身边、放在架上或存储于工厂附近。

2. 整顿

整顿就是让保留在现场的物品能够被马上找到，不浪费时间找东西。实施要点：三定原则和标识。三定原则是指定点、定容、定量。常用的标识方法有标识牌、区域线、颜色等。

3. 清扫

清扫是指扫除、清理污垢的动作，其着眼点不单要把工作场所打扫干净，而且要在清扫时同时检查各项设施、工具、机器是否在正常状态（通过清扫可检查所有的"人、机、料、法、环、测"六大要素安排是否有异常）。

4. 清洁

清洁是维护整理、整顿和清扫的工作成果，将其标准化、持久化和制度化的过程，也可称为规范。

5. 素养

素养是指养成能正确执行决定事情的习惯。对于规定了的事情，大家都按要求去执行，并养成一种良好的习惯。

【考题样例】

1. 判断题

1）认真规范的意识是我们每个人的立身之本，也是企业的立业之根，只有认真做好每一件事才能实现我们的目标。（　　）

参考答案：对　适用等级：初级

2）这些物品是什么，我知道就行，标识与否没关系，这样可以减少浪费。（　　）

参考答案：错　适用等级：初级

3）仓库保管员清楚物品在哪就行了，不做标识也没什么关系。（　　）

参考答案：错　适用等级：初级

2. 单项选择题

1）关于"5S"中清扫的定义，正确的是（　　）。

A. 将生产、工作、生活场所内的所有物品分开，并把不要的物品清理掉

B. 把有用的物品分类摆好，并做好适当的标识

C. 把生产、工作、生活场所打扫得干干净净

D. 对员工进行素质教育，要求员工有纪律观念

参考答案：C　适用等级：中级

2）关于"5S"中素养的定义，正确的是（　　）。

A. 将生产、工作、生活场所内的物品分类，并把不要的物品清理掉
B. 把有用的物品按规定分类摆放好，并做好适当的标识
C. 将生产、工作、生活场所打扫得干干净净
D. 每个员工在遵守公司规章制度的同时，维持成果，养成良好的工作习惯及积极主动的工作作风

参考答案：D　适用等级：中级

3）公司（　　）地方需要整理整顿。
A. 工作现场　　　B. 办公室　　　C. 每个地方　　　D. 仓库

参考答案：C　适用等级：初级

4）公司的5S应如何做？（　　）
A. 5S是日常工作一部分，靠大家持之以恒做下去
B. 第一次有计划地大家做，以后靠干部做
C. 做四个月就可以了
D. 车间做就行了

参考答案：A　适用等级：初级

3. 多项选择题

"5S"整顿中的"三定"是指（　　）。
A. 定点　　　B. 定容　　　C. 定量　　　D. 定人

参考答案：ABC　适用等级：中级

20.11　库存ABC管理

【考核点】

企业物资种类非常繁多，如果通过不断盘点、发放订单、接收订货等工作来维持库存，这将是一项复杂而繁重且耗费大量时间和资金的工作。为了提高管理效率，企业应该集中精力对重要物资进行重点库存控制。ABC分析法便是库存控制中常用的一种重点控制法。

ABC分析法把物资按总价值分成ABC 3类。

1）A类物资，资金占比非常大。A类物资可能是单价不高但耗用量极大的组合，也可能是用量不多但单价很高的组合。例如，对于一个汽车服务站而言，汽油属于A类物资，从订货周期来考虑的话，A类物资可以控制得紧些，应该每日或每周进行补充。

2）B类物资，资金占比较大，如汽车服务站轮胎、蓄电池、各类润滑油以及液压传动油可能属于B类物资，可以2~4周订购一次。

3）C类物资，价格很低，占用资金少。例如，汽车服务站C类物资可能包括门杆、刮水器、散热器盖、软管盖、风扇皮带、汽油添加剂、汽车上光蜡等。C类物资以每月或每两个月订购一次，甚至等用光后再订购也不迟，因为它缺货造成的损失并不严重。

为了防止库存损耗、失效、变质等情况，库存管理一般采用先进先出的方法，让先入库的物资先发出来。

【考题样例】

1. 判断题

库存ABC分类法就是按照库存产品名称首字母的26个字母顺序进行排序。（　　）

参考答案：错　适用等级：初级

2. 单项选择题

1）库存控制中常用的一种重点控制法称为（　　）。
A. 难易分类法　　　B. ABC 分类法　　　C. 先进先出法　　　D. 有效控制法

参考答案：B　适用等级：中级

2）为了防止库存损耗、失效、变质等情况，库存管理一般采用（　　）方法。
A. 先进先出　　　B. 后进先出　　　C. 随意管理　　　D. 同进同出

参考答案：A　适用等级：中级

3. 多项选择题

库存 ABC 分类法就是把物资按总价值分成（　　）。
A. A 类物资　　　B. B 类物资　　　C. C 类物资　　　D. D 类物资

参考答案：ABC　适用等级：初级

20.12　"5why" 分析法

【考核点】

"5why" 分析法又称为"5 问法"，也就是对一个问题点连续以 5 个"为什么"来自问，以追究其根本原因。虽是 5 个为什么，但使用时不限定只做"5 次为什么的探讨"，主要是必须找到根本原因为止，有时可能只要 3 次，有时也许要 10 次，如古话所言"打破砂锅问到底"。"5why" 分析法的关键是鼓励解决问题的人要努力避开主观或自负的假设和逻辑陷阱，从结果着手，沿着因果关系链条，顺藤摸瓜，直至找出原有问题的根本原因。

【考题样例】

1. 判断题

"5why" 分析法中的 5 个 why 是相互关联，层层递进的。（　　）

参考答案：对　适用等级：初级

2. 单项选择题

1）下面"5why"的提问，正确的是（　　）。

A. 为什么机器会停止呢？因为电量超负荷，烧断了熔体。为什么会电量超负荷？因为轴承部分润滑不够。为什么润滑不够？因为唧筒（PUMP）未充分汲起，为什么未充分汲起？因为轴有磨损，附着了一些胶状物。为什么附着有胶状物？因为没有安装过滤网，附着了一些胶状物。

B. 为什么上班会迟到？因为昨天睡得晚。为什么睡得晚？因为昨天喝酒了。为什么喝酒？因为爸爸生日。为什么爸爸生日？因为爸爸是那个日期出生的。

C. 为什么地上有水？因为水杯掉了。为什么掉水杯？因为没有拿稳。为什么没拿稳？因为水太热。为什么水太热？因为我想喝热水。

D. 为什么观光玻璃变模糊？因为上面有水汽。为什么有水汽？因为里面坐了 6 个人。为什么坐了 6 个人？因为有 6 个座位。

参考答案：A　适用等级：中级

2）下面"5why"分析法，正确的是（　　）。

A. "5why"分析法就是连续问5个为什么，不能多也不能少

B. "5why"分析法就是连续问5个为什么，前后问题可以是平行关系也可以是递进关系

C. "5why"分析法就是连续问几个为什么，不一定要5个，前后问题可以是平行关系也可以是递进关系

D. "5why"分析法虽为5个为什么，但使用时不限定只做"5次为什么的探讨"，问题层层递进，找到根本原因为止

参考答案：D 适用等级：中级

20.13 识别现场七大浪费

【考核点】

在企业运行的过程中，存在着各种各样的浪费，日本丰田把大规模制造方法的浪费分成七个主要类别，简称为七大浪费，包括：

1. 等待的浪费

等待就是闲着没事，等着下一个动作的来临。造成等待的原因通常有作业不平衡、安排作业不当、停工待料、品质不良等。

2. 搬运的浪费

搬运不产生价值，从增值的角度考虑，所有不产生价值的动作都是浪费。搬运的浪费若分解开来，又包含放置、堆积、移动、整理等动作的浪费。

3. 不良品的浪费

在产品制造过程中，任何不良品产生，皆造成材料、机器、人工等的浪费，任何修补都是额外的成本支出。关键是第一次要做正确，及早发现不良品，确定不良的来源，从而减少不良品的产生。

4. 动作的浪费

工作中很多不必要的动作、重复的动作都是浪费。

5. 加工的浪费

在制造过程中，为了达到作业的目的，有一些加工程序是可以省略、替代、重组或合并的，这些都是浪费。

6. 库存的浪费

管理者为了自身的工作方便或本区域生产量化，一次性批量下单生产，而不结合实际需求导致局部大批量库存。

7. 制造过多（早）的浪费

管理者认为制造过多与过早能够提高效率或减少产能的损失和平衡车间生产力。在丰田，制造过多（早）的浪费被视为各大浪费中，最大、最严重的浪费。为了消除制造过多（过早）的浪费，丰田公司创造了"即时生产"，即JIT（Just In Time）模式。

【考题样例】

1. 判断题

在各种浪费之中，被丰田视为最大、最严重的浪费是制造过多（过早）的浪费。（　　　）

参考答案：对　适用等级：中级

2. 单项选择题

1）制造过早实际上就是（　　）。
A. 提前投产　　　B. 推迟投产　　　C. 适时投产　　　D. 延迟投产
参考答案：A　适用等级：初级

2）因断料、作业不平衡、计划不当等造成无事可做的等待，这种浪费是（　　）。
A. 等待的浪费　　B. 搬运的浪费　　C. 库存的浪费　　D. 动作的浪费
参考答案：A　适用等级：初级

3. 多项选择题

下面属于七大浪费的是（　　）。
A. 等待的浪费　　B. 搬运的浪费　　C. 不良品的浪费　　D. 库存的浪费
参考答案：ABCD　适用等级：中级

20.14　现场改善 PDCA 循环

【考核点】

PDCA 循环的含义是将质量管理分为四个阶段，即策划（Plan）、实施（Do）、检查（Check）和处置（Act）。在质量管理活动中，要求把各项工作按照 PDCA 循环进行，即策划（计划）、实施、检查实施效果，然后将成功经验纳入标准，不成功的问题留待下一循环去解决。这一工作方法是质量管理的基本方法，也是企业管理各项工作的一般规律。

运用 PDCA 的方法，四个阶段一般可以分为以下八个步骤。

1）分析现状，找出问题。分析现状，找出目前存在的问题；找出问题是解决问题的第一步，是分析问题的前提。

2）分析各种影响因素或原因。找出问题后分析产生问题的原因，可以使用头脑风暴法等多种集思广益的科学方法，尽可能把导致问题的所有原因都罗列出来。

3）找出影响问题的主要因素，确认需要改善的目标。

4）拟定措施，制定计划。针对导致问题的主要因素制定出有操作性的计划。在制定计划时需要计划好执行人员、执行地点、执行时期、成本等内容。

5）执行、实施计划。即按照预定的计划，努力实现预期目标。实施过程中也包括对工作计划的调整（如人员变动、时间变动等），此外，在这一阶段应同时建立原始记录和数据等文档。

6）检查计划执行结果。使用收集的数据来检查效果，确认目标是否完成。若未达成预期目标，首先应确认是否严格按计划实施，若实施到位，则说明对策失效，需要重新制定对策。

7）标准化。对有效的措施进行标准化，制定成工作标准，组织有关人员培训，巩固已取得的成绩。

8）问题总结。对于这一循环未解决的问题或新出现的问题进行总结，为开展新一轮的 PDCA 循环提供依据，并转入下一个 PDCA 循环的第一步。

其中前四步都是策划（Plan）的内容。PDCA 循环大环套小环，小环保大环，互相促进，推动大循环，每转动一周，质量就提高一步。

【考题样例】

1. 判断题

PDCA 循环是爬楼梯上升式的循环，每转动一周，质量就提高一步。（　　）

参考答案：对　　适用等级：中级

2. 单项选择题

1）PDCA 循环的含义是将质量管理分为四个阶段，其中 D 是指（　　）。
A. 策划　　　　　　B. 实施　　　　　　C. 检查　　　　　　D. 处理

参考答案：B　　适用等级：初级

2）PDCA 循环的含义是将质量管理分为四个阶段，其中 C 是指（　　）。
A. 策划　　　　　　B. 实施　　　　　　C. 检查　　　　　　D. 处理

参考答案：C　　适用等级：初级

3. 多项选择题

以下属于 PDCA 管理循环中 Plan 阶段内容正确的有（　　）。
A. 分析现状，找出问题　　　　　　B. 分析问题产生的原因
C. 找出主要的要因　　　　　　　　D. 执行措施，执行计划

参考答案：ABC　　适用等级：高级

参 考 文 献

[1] 王欣，郭砚荣．机械制造基础［M］．北京：化学工业出版社，2017．
[2] 黄健求，韩立发．机械制造技术基础［M］．3版．北京：机械工业出版社，2021．
[3] 柳青松，王树凤．机械制造基础［M］．北京：机械工业出版社，2017．
[4] 柴鹏飞．工程力学与机械设计基础［M］．北京：机械工业出版社，2013．
[5] 濮良贵，陈国定，吴立言．机械设计［M］．北京：高等教育出版社，2013．
[6] 胡运林．机械制造工艺与实施［M］．北京：冶金工业出版社，2011．
[7] 马敏莉，陈广键，陈旭东，等．机械制造工艺编制及实施［M］．北京：清华大学出版社，2011．
[8] 姜晶，刘华军．机械制造技术［M］．北京：机械工业出版社，2017．
[9] 陈向云．机床夹具设计［M］．北京：电子工业出版社，2013．
[10] 陈爱华．机床夹具设计［M］．北京：机械工业出版社，2020．
[11] 佟冬，宋小春，邢焕武．数控机床电气控制入门［M］．北京：化学工业出版社，2020．
[12] 任级三，孙承辉．数控机床与维护［M］．北京：机械工业出版社，2006．
[13] 穆国岩，许玲萍，李绍春．数控机床编程与操作［M］．3版．北京：机械工业出版社，2020．
[14] 徐晓风．数控机床机械结构与装调工艺［M］．北京：机械工业出版社，2020．
[15] 张耀满．机床数控技术［M］．北京：机械工业出版社，2020．
[16] 何四平．数控机床装调与维修［M］．北京：机械工业出版社，2017．
[17] 昝华，郝永刚．数控车削编程与操作［M］．北京：机械工业出版社，2019．
[18] 陈何生．数控车床编程与操作［M］．北京：中国劳动社会保障出版社，2019．
[19] 田坤，聂广华，陈新亚，等．数控机床编程、操作与加工实训［M］．2版．北京：电子工业出版社，2015．
[20] 王军，刘劲松．数控加工工艺［M］．武汉：武汉大学出版社，2009．
[21] 施晓芳．数控加工工艺［M］．北京：电子工业出版社，2011．
[22] 卢万强，饶小创．数控加工工艺与编程［M］．北京：机械工业出版社，2020．
[23] 宋宏明，杨丰．数控加工工艺［M］．北京：机械工业出版社，2019．
[24] 张绪祥，熊海涛．机械制造技术基础［M］．北京：人民邮电出版社，2013．
[25] 戴乃昌．金属切削原理与刀具［M］．北京：北京邮电大学出版社，2019．
[26] 陆剑中，周志明．金属切削原理与刀具［M］．2版．北京：机械工业出版社，2016．
[27] 人力资源与社会保障部教材办公室．数控机床机械装调与维修［M］．北京：中国劳动社会保障出版社，2012．
[28] 吴毅．数控机床故障维修情境式教程［M］．北京：高等教育出版社，2010．
[29] 王隆太．机械CAD/CAM技术［M］．4版．北京：机械工业出版社，2017．
[30] 朱建民．NX多轴加工实战宝典［M］．北京：清华大学出版社，2017．
[31] 孙玉文，徐金亭，任斐，等．复杂曲面高性能多轴精密加工技术与方法［M］．北京：科学出版社，2014．
[32] 宋晓松．液压与气压传动［M］．北京：科学出版社，2011．
[33] 徐念玲，朱红娟．液压与气压传动［M］．北京：电子工业出版社，2015．
[34] 张立秀，李爱国．液压与气动技术［M］．南京：南京大学出版社，2015．
[35] 廖友军，余金伟．液压传动与气动技术［M］．北京：北京邮电大学出版社，2012．

[36] 王振臣，李海滨．机床电气控制技术［M］．北京：机械工业出版社，2020．

[37] 庞国锋，徐静，马明琮．远程运维服务模式［M］．北京：电子工业出版社，2019．

[38] 庞国锋，徐静，沈旭昆．离散型制造模式［M］．北京：电子工业出版社，2018．

[39] 庞国锋，徐静，张磊．流程型制造模式［M］．北京：电子工业出版社，2019．

[40] 庞国锋，徐静，沈旭昆．网络协同制造模式［M］．北京：电子工业出版社，2019．

[41] 庞国锋，徐静，郑天舒．大规模个性化定制模式［M］．北京：电子工业出版社，2019．

[42] 张平亮．现代生产现场管理［M］．2版．北京：机械工业出版社，2016．

[43] 张平亮．班组长现场管理使用手册：方法、实例和工具［M］．北京：机械工业出版社，2016．

[44] 张凤荣．质量管理与控制［M］．北京：机械工业出版社，2011．

[45] 张勇，柴邦衡．ISO 9000质量管理体系［M］．3版．北京：机械工业出版社，2016．

[46] 沈永刚．现代设备管理［M］．3版．北京：机械工业出版社，2020．